Detlef Singer

Was fliegt denn da?

DER FOTOBAND

KOSMOS

Der Kosmos-Farbcode

Watvögel Seite 266	Taucher, Enten und andere Seite 332
Austernfischer	Haubentaucher
Uferschnepfe	Saatgans
Sturmmöwe	Kormoran
Grylltäiste	Basstölpel

Inhalt

06	So finden Sie sich zurecht
08	Erkennen leicht gemacht
10	Vögel beobachten
14	Vogelstimmen
18	Vogelflug
20	Vogelzug
22	Wald
24	Feld und Wiese
26	Gewässer und Moore
28	Küste und Meer
30	Gebirge und Tundra
32	Stadt, Park und Garten
34	Vogelparadies Garten
36	Vogelschutz im Garten
38	**Die Vogelarten**
40	Singvögel
170	Tauben, Spechte und andere
206	Eulen und Greifvögel
236	Hühner, Schreitvögel und Rallen
266	Watvögel
332	Taucher, Enten und Andere
386	Welches Ei ist das?
390	Service
391	Register

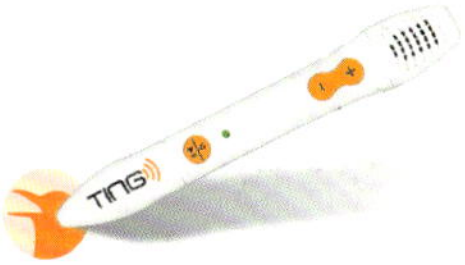

Klappe vorne:
Das Buch, das zwitschert
Bestimmen mit dem Kosmos-Farbcode

Klappe hinten:
Körper und Gefieder
Typische Flugweisen, Bewegungen und Körperhaltungen

So finden Sie sich zurecht

Die **Silhouette** gibt die Familie bzw. Untergruppe an.

Der **Farbbalken** informiert über die Zugehörigkeit zu einer Vogelgruppe.

Deutscher Name

Wissenschaftlicher Name

Deutscher Familienname

Die **Farbzeichnung** stellt in der Regel das Weibchen vor, ggf. auch ein vom männlichen Prachtkleid abweichendes Kleid, meist das Schlicht- oder ein Jugendkleid.

Wissenswertes über Revierverhalten, Balz, Brut und Jungenaufzucht, Nahrungserwerb oder Bemerkenswertes über die Lautäußerungen u. Ä.

Beobachtungstipp/ Schon gewusst? Besondere Tipps und Hintergrundinformationen.

Ting-Symbol zum Hören der Stimmen

Merkmale zur sicheren Bestimmung von Männchen, Weibchen, Jungen und Farbvarianten sowie Flugbild, Flugweise und typische Stimme. Länge des Vogels in cm, von der Schnabelspitze bis zum Schwanzende.

Singvögel

Rotkehlchen
Erithacus rubecula — Schnäpper
ganzjährig

Als Unterlage für das tiefmuldige Napfnest des Rotkehlchens aus Gras, Moos und alten Blättern dient nicht selten ein altes Nest einer anderen Vogelart. Neststandort ist meist eine geschützte Stelle oder Höhlung in dichtem Bodenbewuchs oder ein Mauerloch.

MERKMALE 12,5–14 cm. Gesicht, Kehle und Brust orangerot. Olivbraune Oberseite. Zarte, helle Flügelbinde nur von nahem erkennbar. Jungvögel anfangs hell gefleckt ohne Rot. Ruft scharf „zick", oft in schneller Folge.
VORKOMMEN In ganz verschiedenen Waldtypen bis zur Baumgrenze, in Feldgehölzen, häufig auch in Parks und Friedhöfen sowie in größeren, gebüschreichen Gärten.
BEOBACHTUNGSTIPP Der klare Gesang mit abfallender Tonreihe klingt feierlich und melancholisch. Er wird häufig in der Dämmerung vorgetragen.

Jungvogel gefleckt

Blaukehlchen
Luscinia svecica — Schnäpper
März –Sept

Die Gesangsstrophen des Blaukehlchens beginnen häufig mit grillenartigen Zirplauten, die immer schneller werden und in ein Potpourri aus eilig vorgetragenen, gepressten und scharfen Tönen und hervorragenden Imitationen übergehen.

MERKMALE 13–14 cm. Stets mit weißlichem Überaugenstreif und rostroter Schwanzwurzel. Gestalt recht ähnlich dem Rotkehlchen. Nordeuropäische Blaukehlchen mit rotem Fleck im Blau der Kehle (rotsterniges Blaukehlchen). Ruft hart „track" und „hüit".
VORKOMMEN An verschiedlich Gewässerufern und Gräben, in feuchtem Weidengebüsch und Auwald. In den Alpen (selten) und Nordeuropa oberhalb der Baumgrenze. *Der Blauschwanz*, ein Brutvogel Sibiriens, hat sich nach Westen ausgebreitet, wo er derzeit sporadisch bis nach Ostfinnland und Nordschweden vorkommt.

Männchen rotsternig

Farbige Verbreitungskarten grün = ganzjähriges Vorkommen, rot = Brutgebiet, hellblau = Winterareal, gelb = Durchzugsgebiet, gelbe Linien = Hauptzugrouten. Die Grenzen unterliegen Verschiebungen.

Das **Vorkommen** gibt den typischen Lebensraum an, in dem die Vogelart zur Brutzeit und in der übrigen Zeit des Jahres anzutreffen ist.

In diesen **Monaten** kommt der Vogel bei uns in Mitteleuropa vor. Lebt der Vogel nicht in Mitteleuropa, bezieht sich die Angabe auf das Verbreitungsareal im übrigen Europa (s. Karte).

Typisches Flugbild. Ist das Flugbild sehr aussagestark, tauscht es seinen Platz mit dem großen Foto.

Das **große Foto** stellt meist das Männchen im Prachtkleid dar. Wichtige und typische Merkmale sind deutlich gekennzeichnet.

Gesicht und Kehle orangerot

Das Rotkehlchen sucht oft am Boden Nahrung, dabei knickst es immer wieder.

Der **Text zum Foto** nennt Bestimmungsmerkmale, die als erstes auffallen.

Bei manchen Arten stehen hier **Flugsequenzbilder**, die einen Teil des Flugbildes simulieren.

weißlicher Überaugenstreif

rostrote Schwanzwurzel

Das Blaukehlchen startet im Frühjahr häufig zu kurzen Singflügen über dem Brutrevier.

Wenn Sie mit dem **Ting-Stift** dieses Symbol treffen, ertönen typische Rufe und Gesänge dieser Vogelart.

Dieser Naturführer stellt 346 Vogelarten und damit alle wichtigen Brut- und Gastvogelarten, die regelmäßig in Mittel- Nordwest- und Nordeuropa auftreten: Deutschland, Beneluxländer, Schweiz, Österreich, Ungarn, Tschechien, Slowakei und Polen, Teile Frankreichs, Britische Inseln, Island, Dänemark, Skandinavien, Finnland, Baltikum und Nordwestrussland.

Erkennen leicht gemacht

DER KOSMOS-FARBCODE
Mit Hilfe des Kosmos-Farbcodes finden Sie sich in den Vogelgruppen schnell zurecht.

Singvögel

Die große Gruppe der **Singvögel** ist in Europa mit 30 Familien vertreten. Dazu gehören die ursprünglicheren Singvögel, wie Pirole, Würger und Krähenvögel, und die übrigen Singvögel. Typisch sind: Leben an Land (Ausnahme z. B. Wasseramsel); geringe Größe: von wenigen Gramm (Goldhähnchen) bis max. 1000 g (Kolkrabe); ein kurzer Fuß, bei dem drei Zehen nach vorne und eine nach hinten gerichtet sind (Klammerfuß); außerordentliche Gesangsleistungen dank des hoch entwickelten Stimmorgans.

Eulen und Greifvögel

Die **Eulen** sind großköpfige Jäger der Nacht mit großen, nach vorne gerichteten Augen. Sie lokalisieren ihre Beutetiere meist nach dem Gehör. Viele Arten haben einen Gesichtsschleier, der die Schallwellen reflektiert und die Ortung erleichtert. Einen herzförmigen Schleier besitzen die **Schleiereulen**, die als eigene Familie neben den übrigen Eulen stehen.

Die **Greifvögel**, die man in **Fischadler** und **Habichtverwandte** unterteilt, haben einen Hakenschnabel und kräftige, spitze Krallen. Zu letzterer Gruppe gehören auch **Weihen**, **Milane**, **Bussarde**, **Adler** und **Geier**. Die oft rasanten **Falken** bilden eine eigene Ordnung.

Tauben, Spechte und andere

Zu dieser Gruppe zählen neben den **Tauben** die **Kuckucke**, die rasanten **Segler**, die vor allem in südlichen Ländern verbreiteten **Racken**, **Spinte** und **Eisvögel**, aber auch die **Wiedehopfe**.

Die **Spechte** besitzen, bis auf den Wendehals, alle kräftige Meißelschnäbel, mit denen sie Rinde und Holz bearbeiten. Sie haben kräftige Füße, zwei Zehen nach vorne und zwei nach hinten gerichtet sowie einen steifen Stützschwanz, der ihnen das Klettern an senkrechten Stämmen ermöglicht.

Hühner, Schreitvögel u. Rallen

Hühner sind kompakte Laufvögel mit kräftigen Beinen, deren Flugvermögen durch kurze, runde Flügel eingeschränkt ist (Ausnahme Wachtel). Aufgrund der Fußbefiederung unterteilt man sie in **Raufußhühner**, die vorwiegend in Wäldern und Gebirgen leben und **Glattfußhühner**, die eher in offener Landschaft vorkommen.

Die **Schreitvögel** umfassen ganz unterschiedliche Großvögel wie **Reiher**, **Löffler**, **Flamingos**, **Störche** und **Kraniche** mit langen Beinen und langem Hals, die meist in offener Landschaft und in flachen Gewässern Nahrung suchen.

Die eher kleinen **Rallen**, eine Familie der Kranichvögel, leben häufig versteckt in dichter, feuchter Vegetation. Eine Art, das Blässhuhn ist dagegen ein weniger scheuer Wasservogel.

Watvögel

Hier findet man ganz unterschiedliche Anpassungen – hauptsächlich in der Schnabellänge und -form – an feuchte Lebensräume wie Meere und Küsten, Binnengewässer, Moore und Feuchtwiesen sowie Uferbereiche. Die eigentlichen Watvögel, die **Limikolen**, sind **Triele**, **Säbelschnäbler**, **Austernfischer**, **Regenpfeifer** und **Schnepfen**. Viele von ihnen erscheinen bei uns zu den Zugzeiten auf Schlammflächen, vor allem am Meer.

Die dunklen **Raubmöwen**, die überwiegend weißen **Möwen** und die zierlichen **Seeschwalben** bilden eine Gruppe von kleinen bis bussardgroßen Seevögeln. Und die kräftig gebauten und oft aufrecht sitzenden **Alken** erinnern eher an Pinguine als an Watvögel.

Taucher, Enten und andere

Diese Farbgruppe umfasst drei recht unterschiedliche Vogelordnungen, die stark an das Leben auf dem Wasser bzw. auf und über dem Meer angepasst sind.

Die **Seetaucher** sind schlanke Fischjäger, die an nordischen Binnengewässern brüten und auf dem Meer überwintern. Die **Lappentaucher** erinnern etwas an Enten. Auch bei ihnen setzen die Beine am Hinterende an, ihre Zehen sind aber nicht durch Schwimmhäute verbunden wie bei den Seetauchern, sondern weisen Schwimmlappen auf.

 Die **Entenvögel** sind Wasservögel mit breitem Körper, kurzen Beinen und Schwimmhäuten zwischen den Vorderzehen. **Schwäne** sind die größten und langhalsigsten Entenvögel. **Gänse** besitzen einen langen, dicken Hals und einen kräftigen Schnabel, mit dem sie an Land Pflanzenteile rupfen. **Halbgänse** (Brand-, Rost- und Nilgans) weisen Merkmale von Enten und Gänsen auf. **Enten** besitzen einen breiten, flachen, vorn abgerundeten Schnabel. **Gründel- oder Schwimmenten** gründeln bei der Nahrungssuche häufig in senkrechter Haltung im Wasser. **Tauchenten** benötigen zum Starten von der Wasseroberfläche Anlauf. Ihre Nahrung suchen sie hauptsächlich tauchend.

Die **Röhrennasen** sind Meeresvögel und besitzen röhrenförmige Schnabelaufsätze, die der Ausscheidung von Salz dienen. **Sturmvögel** (und **Sturmtaucher**) sind möwenähnliche Meeresvögel. Sie gleiten meist mit steif gehaltenen Schwingen über den Wellen. **Sturmschwalben** erinnern an große Schwalben und flattern über dem Meer.

Vögel beobachten

Die großen und auffälligen Kraniche bereiten kaum Bestimmungsprobleme.

VÖGEL ERLEBEN UND BESTIMMEN

Die Lust am Beobachten und Bestimmen von frei lebenden Vögeln ist mittlerweile in vielen Ländern Europas weit verbreitet und hat sich zu einem Hobby entwickelt, das die unterschiedlichsten Menschen in seinen Bann zieht. Der Feld-Ornithologie nachzugehen heißt, seine Freizeit in der Natur zu verbringen und der Vogelwelt nachzuspüren. Das bringt viel Freude und Entspannung. Vögelbeobachten ist ein schönes Hobby, das keiner jahreszeitlichen Einschränkung unterliegt und an jedem Ort stattfinden kann – im eigenen Garten oder im Park der Heimatstadt genauso wie in fremden Ländern während des Urlaubs.

Die Beschäftigung mit der Vogelbestimmung, ob lediglich zum eigenen Privatvergnügen oder mit wissenschaftlichem Hintergrund, erfordert Kenntnisse, Erfahrung und natürlich viel Geduld.

GEWUSST WIE

Vogelbestimmung ist keine Hexerei. Jeder kann mit etwas Ausdauer eine Vielzahl von wild lebenden Vögeln bestimmen lernen. Dabei sollte man sich in der oft kurzen Zeit, in der ein Vogel gut sichtbar ist, möglichst viele Details über Aussehen und Verhalten einprägen. Besondere Beachtung verdienen folgende Merkmale: Größe und Gestalt des Vogels, im Flug auch Flügelform und -länge, Größe und Form des Schnabels und Länge der Beine, Länge und Form des Schwanzes, auffällige Gefiedermerkmale wie besondere Kontraste und Färbungen,

z. B. Augenstreifen oder Flügelbinden. Wichtig sind aber auch besondere Bewegungen und Verhaltensweisen, im Flug auch Flügelschlagfrequenz und Flugbahn. Schließlich spielt der Lebensraum, in dem man den Vogel antrifft, sowie die Jahreszeit des Auftretens eine entscheidende Rolle.
Da den Lautäußerungen bei der Vogelbestimmung große Bedeutung zukommt, können Sie über dieses Thema ausführlicher ab Seite 12 lesen.

Der Stieglitz ist an seiner außergewöhnlichen Farbenpracht eindeutig zu bestimmen.

GUT KOMBINIERT – SICHER BESTIMMT

Die Gewichtung der einzelnen Feldkennzeichen kann je nach Art des gesehenen Vogels sehr verschieden sein: So erkennt man den Zilpzalp vorwiegend an seinem Reviergesang, den Stieglitz an seiner Farbenpracht oder die Schwanzmeise an ihrer Gestalt (kleiner Vogel mit sehr langem Schwanz). Sind diese typischen Merkmale jedoch nicht wahrzunehmen, so können andere Kennzeichen an Bedeutung gewinnen und zum Ziel führen. Häufig hilft nur eine Kombination aus mehreren Merkmalen weiter. Doch selbst Menschen mit jahrelanger Erfahrung und gediegenen Kenntnissen in der Feldbestimmung, die vielfach auch als „Birder" bezeichnet werden, haben nicht immer sofort eine Antwort parat, wenn ihnen ein unbekannter Vogel begegnet.

BEOBACHTUNGSTIPP

Zu den Hochzeiten des Vogelzugs in Frühjahr und Herbst ist das Beobachten besonders spannend. Der NABU veranstaltet daher jedes Jahr ein „Wochenende des Vogelzugs" am ersten Oktober-Wochenende. Dann greifen Vogelfreunde zeitgleich rund um den Globus zu den Ferngläsern und spähen gemeinsam in den Himmel. Wer mitmachen möchte, sollte seine Beobachtungen beim NABU zentral melden. Hier werden alle Beobachtungen aus Deutschland gesammelt, ausgewertet und anschließend auch BirdLife International, einer weltweit tätigen Vogelschutzorganisation, zur Verfügung gestellt (www.NABU.de).

Vögel beobachten

Der Drosselrohrsänger sitzt oft hoch auf einer Schilfspitze.

GENAU HINGEHÖRT
Verständigung untereinander und mit anderen Arten findet bei vielen Vögeln hauptsächlich mithilfe der Lautäußerungen statt. Besonders die Singvögel haben ein sehr reichhaltiges Repertoire an Stimmen entwickelt, das im täglichen Leben bei ganz unterschiedlichen Anlässen zum Einsatz kommt.
Da die Lautäußerungen meist artspezifisch sind, also jeweils nur von den Mitgliedern einer Art geäußert werden, eignen sie sich sehr gut für Vogelbeobachter, um die einzelnen Arten voneinander unterscheiden zu können.

Ohne die Kenntnis ihrer Stimmen würden wir von der Anwesenheit vieler Vögel gar nichts merken, denn sie halten sich häufig in Gebüsch oder dichten Baumkronen auf, wo wir sie kaum entdecken können.

WER SINGT DENN DA?
Will man feststellen, wie viele verschiedene Vogelarten in einem bestimmten Waldgebiet leben, gelingt dies nur, wenn man ihre Stimmen kennt. Mit rein optischen Methoden lässt sich nur ein Bruchteil der anwesenden Arten erfassen. Diese Vogelkartierungen werden oft mit dem Gehör durchgeführt.

Die genaue Kenntnis der Stimmen macht es dem Vogelkundigen nicht nur möglich, die Zusammensetzung der Vogelarten eines Gebietes anzugeben, sondern erlaubt auch Schätzungen zur Bestandsdichte der einzelnen Arten und zur Situation, in der sich ein Vogel gerade befindet. Beispielsweise verrät heftiges Gezeter die Anwesenheit einer Katze oder eines Wiesels (Bodenfeind). Ein hohes, gedehntes „Zieh" bedeutet, dass die Gefahr diesmal aus der Luft droht, z. B. wenn ein Sperber mit seinem typischen Flugbild erscheint. Lang anhaltender Gesang lässt auf einen unverpaarten Junggesellen schließen. Bettelrufe von Jungvögeln erlauben die Schlussfolgerung, dass in der Nähe eine erfolgreiche Brut stattgefunden hat.

VON KURZEN RUFEN …

Die unterschiedlichen Funktionen der Vogellaute lassen sich grob in Rufe und Gesänge einteilen. Rufe sind in der Regel kurze Laute, die nicht gelernt werden müssen, sondern zum angeborenen Stimminventar gehören. Meist hört man die Rufe das ganze Jahr über. Je nach Funktion lassen sich Lockrufe, Stimmfühlungsrufe, Warnrufe, Drohrufe oder auch Bettelrufe unterscheiden.

… UND LANGEN GESÄNGEN

Im Gegensatz zu den Rufen ist der Gesang auf bestimmte Jahreszeiten beschränkt. Die Männchen der meisten Singvögel singen im Frühjahr, bei einigen Arten gibt es auch einen ausgeprägten Herbstgesang. Der Gesang ist in der Regel komplizierter aufgebaut als die Rufe. Er ist entweder in Strophen unterteilt oder er plätschert ohne kontinuierliche Gliederung dahin. Gesangstalent in der Vogelwelt beschränkt sich nicht auf die Singvögel, auch die Balzgesänge einiger Arten aus anderen Vogelgruppen sind wohlklingend.

Es gibt Vogelarten mit nur einem Strophentyp, der ständig wiederholt wird. Andere wie der Buchfink wechseln jeweils nach einer mehr oder weniger großen Anzahl von gleichen Strophen zu einem anderen Strophentyp, den sie wiederum eine Zeit lang vortragen. Meistersänger beherrschen sehr viele verschiedene

SCHON GEWUSST?
Es gibt nah verwandte Arten, die einander so ähnlich sind, dass man sie nach äußeren Merkmalen draußen nur selten voneinander unterscheiden kann. Glücklicherweise sind die Stimmen dieser „Zwillingsarten" meist so verschieden, dass wir sie anhand ihrer Rufe und Gesänge eindeutig der einen oder der anderen Art zuordnen können. Die unscheinbaren Laubsänger Fitis (Foto) und Zilpzalp sind passende Beispiele für solche „Zwillingsarten". Ihre Rufe sind sehr ähnlich, der des Fitis' ist jedoch zweisilbig.

Vogelstimmen

Strophen, die Nachtigall über 200; die Heidelerche kommt auf etwa 100 Strophen, die immer in einer festgelegten Reihenfolge vorgetragen werden.

Die Funktion des Gesangs ist vor allem die akustische Abgrenzung und Verteidigung des Brutreviers. Ist der Revierinhaber noch ledig, so dient sein Gesang auch dem Anlocken eines Weibchens. Bei Trauerschnäppern beispielsweise konzentriert sich die Gesangsaktivität vor allem auf die Weibchen; nach erfolgreicher Verpaarung stellt das Männchen seinen Gesang ein.

Da die Männchen vieler Vogelarten auch nach der Verpaarung noch weiterhin singen, liegt es nahe, dass der Gesang auch eine Rolle bei der Synchronisation des Paares während der Balz spielt. Eine weitere Funktion des Gesangs, die des Paarzusammenhalts, wurde nur bei wenigen Singvögeln gefunden: Bei den Tannenmeisen singen Männchen und Weibchen das ganze Jahr über, um akustisch miteinander in Kontakt zu bleiben und den Partner nicht aus den Augen zu verlieren.

MEISTENS MÄNNERSACHE

Ein weit tragender Gesang stammt in der Regel von einem Männchen. Früher definierte man Vogelgesang insgesamt als eine Lautäußerung, die im Frühjahr von einem Vogelmännchen hervorgebracht wird. Die Gesangsaktivität der Vögel wird von den Keimdrüsen gesteuert. Der Frühjahrsgesang dient der Revierverteidigung gegenüber fremden Vögeln des gleichen Geschlechts und der Darstellung der eigenen Qualität gegenüber Vögeln des anderen Geschlechts, um dadurch zu einem Partner für die Brut zu kommen. Bei den meisten unserer Vögel versuchen die Männchen ein Revier zu behaupten und eine Partnerin zu gewinnen.

Folglich sind es auch die Männchen, die den Frühjahrsgesang vortragen, z. B. bei Buchfinken oder Amseln. Die wenigen Male, bei denen man einen Vogel im Weibchenkleid singen sieht, handelt es sich meist um junge Männchen, die sich im Gefieder kaum von Weibchen unterscheiden, z. B. bei Zwergschnäpper und Karmingimpel.

SCHON GEWUSST?

Nicht nur im Frühjahr werden bei einigen Singvogelarten die Reviere behauptet. So verteidigen Rotkehlchen während des Herbstzuges und im Winterquartier Territorien, die der Sicherung von Nahrung dienen. Männchen und Weibchen verhalten sich hierbei in gleicher Weise territorial und bringen einfache und ziemlich leise Herbstgesänge hervor, die der Reviermarkierung dienen. Im Gegensatz zum Vollgesang im Frühjahr ist dieser Gesang leiser, kontinuierlicher, variabler und enthält oft Imitationen anderer Vogelstimmen.

Bei den Tannenmeisen singen Männchen und Weibchen das ganze Jahr.

DIE WEIBCHEN SINGEN AUCH
Bei einigen Singvogelarten wie dem Rotkehlchen bringen auch die Weibchen einen Vollgesang hervor, wenn auch weniger häufig als ihre männlichen Artgenossen. Beim Gimpel singen die Weibchen nur verhalten. Allerdings klingt selbst der Frühjahrsgesang der Gimpel-Männchen schon recht gedämpft. Während der Brutzeit und der Mauser singen die Weibchen mancher Arten leise vor sich hin, z. B. beim Zaunkönig. Möglicherweise enthält dieser Weibchengesang, ähnlich einem Lockruf, Informationen für die Jungen. Eine Form des weiblichen Gesangs dient dem Paarzusammenhalt. Sie wurde nur bei wenigen Singvögeln gefunden, z. B. bei der Tannenmeise.

Viele Jungvögel tragen nach dem Flüggewerden leise, kontinuierliche Gesänge vor, die bei Weitem noch nicht den arttypischen Gesängen entsprechen, sondern aus wenig differenzierten, oft geräuschähnlichen Lauten bestehen. Im Gegensatz zum Vollgesang im Frühjahr ist dieser leiser, kontinuierlicher, variabler und enthält oft Imitationen anderer Vogelstimmen. Er ist angeboren, der Amsel beginnt er beispielsweise im Alter von knapp drei Wochen.

Vogelstimmen

Auch beim Buchfink sind verschiedene Dialekte bekannt.

MANCHE VÖGEL SINGEN DIALEKTE

Wie auch bei anderen Merkmalen zeigen Vögel bei ihren Lautäußerungen eine gewisse geografische Variabilität. So hört man je nach Herkunft des Sängers bei einigen Singvögel oft mehr oder weniger deutliche Unterschiede heraus, was mit den menschlichen Dialekten durchaus vergleichbar ist. Bereits innerhalb Deutschlands singen Vögel, die derselben Art angehören, in den verschiedenen Landesteilen unterschiedlich. Manche dieser Unterschiede sind recht leicht erkennbar, andere lassen sich nur mit einem Gerät zum Aufzeichnen von Schallereignissen (Sonagraf) nachweisen. Dialekte können innerhalb einer sonst recht einheitlichen Population vorkommen oder sind so weit ausgeprägt, dass sie als Argument für die Aufteilung von Unterarten verwendet werden. Es gibt aber auch Dialektformen, die die Rufe betreffen, beispielsweise die spezielle Ausprägung des Regenrufs beim Buchfinken. Versuche mit Klangattrappen haben gezeigt, dass Weibchen, die ja bei den meisten Vogelarten nicht singen, stark auf den eigenen Dialekt reagieren, fremde Dialekte beachten sie dagegen weniger oder ignorieren sie.

Jedes Männchen der Heckenbraunelle kann mehrere Strophentypen singen.

Der Gesang des Zaunkönigs ist sehr laut schmetternd und trillernd.

GESANG GEPAART MIT FLUGMANÖVERN

Viele Vogelarten vollführen zur Reviermarkierung auffällige Singflüge. Dabei fliegt der Vogel eine arttypische Bahn und singt dabei auf eine charakteristische Weise. Ausgangspunkt des Singflugs ist meist die Spitze eines Baumes, gelegentlich startet der Vogel aber auch vom Boden aus. Die Singflüge der jeweiligen Vogelart wiederholen sich unterschiedlich oft. Sie sind abhängig von der Jahreszeit, der vorherrschenden Witterung und von der Gesangsaktivität der Reviernachbarn. So singt die Dorngrasmücke zu Beginn der Balzzeit besonders häufig im Flug. Dazu steigt das Männchen von der Singwarte aus in wellenförmiger Flugbahn und singend steil auf, um dann stumm wieder abzusteigen und in Deckung zu fliegen. Besonders lang anhaltende Singflüge unternehmen die Feldlerchen. Manche Männchen schaffen bis zu einer halben Stunde in ununterbrochenem Singflug (siehe S. 44).

SCHON GEWUSST?

Bei der Goldammer lassen sich Gesangsdialekte großflächig in Europa nachweisen. Auffällig sind die Dialekte besonders in den ausgedehnten Schlusselementen und Endsilben. In Mitteleuropa bleiben sie auf gleicher Tonhöhe, in Dänemark und in der Schweiz fallen sie sirenenartig ab und in Südosteuropa sind sie leicht ansteigend.

Vogelflug

Der Seeadler fliegt mit tiefen, schwerfälligen Flügelschlägen.

BEFIEDERTE FLUGMASCHINEN

Die Fähigkeit zu aktivem Flug teilen sich die Vögel mit anderen warmblütigen Wirbeltieren, den Fledermäusen. Die meisten Insekten können ebenfalls fliegen. Trotzdem denken wir beim Fliegen vor allem an die Vögel. Im Laufe der Evolution hat sich ihr Körper zu einer einzigartigen Flugmaschine entwickelt. Voraussetzung dafür war neben aerodynamischer Optimierung eine radikale Gewichtsreduktion, was vor allem durch hohle Knochen möglich wurde. Aber erst das Federkleid verhilft den Vögeln zu ihren überragenden Flugleistungen. Die Feder, eine komplexe Hornbildung, ist eine exklusive Erfindung der Vögel, deren Entstehung bis in die Dinosaurier-Zeit zurückreicht.

Die Feder ist sehr leicht, elastisch und dazu erstaunlich stabil und verschleißfest. Die langen und steifen Schwungfedern bilden die Tragflächen, sie setzen an den zu Flügeln umgewandelten Vordergliedmaßen an und befähigen den Vogel zum aktiven Flug.

DIE TECHNIK

Beschreibt man den Vogelflug, so lassen sich folgende vier Hauptflugarten unterscheiden: Ruderflug und Rüttelflug sowie Gleitflug und Segelflug. Bei den meisten Vögeln beobachtet man eine Kombination aus diesen vier Flugtechniken. Die klassische Flugweise ist der **Ruderflug**, wobei die auf und ab schlagenden Flügel den Vogel in der Luft halten und antreiben. Diese Flugweise benötigt naturgemäß viel Energie in Form von Muskelkraft. Beim horizontalen **Gleiten** bremst die Reibung den Flug immer mehr ab, ohne Gegenmaßnahmen wäre ein Absturz wie bei einem Papierflieger unvermeidlich. Um das zu verhindern, nutzt der Vogel die Schwerkraft und gleitet auf einer leicht geneigten Flugbahn abwärts. Damit er weite Strecken ohne Flügelschlag zurücklegen kann, ist

Den Mäusebussard sieht man häufig über dem Brutrevier kreisen.

Der Schwarzstorch ist ein sehr großer und ausdauernder Segelflieger.

der Vogel auf die Energie von aufwärts strömender Luft angewiesen, beispielsweise durch Aufheizung des Bodens (Thermik). Meist schrauben sich die Vögel beim **Segeln** spiralförmig in der Thermik aufwärts und versuchen, durch geschickte Flügel- und Schwanzbewegungen im Bereich der stärksten Aufwärtsströmungen zu bleiben. Besonders die großen Segelflieger wie Störche, Adler und Geier können diese Aufwinde auf dem Zug sehr geschickt nutzen. Eine Spezialform des Segelns ist der **dynamische Segelflug** der Sturmvögel, die in großen Bögen über die Wellen gleiten. Wenn sie wiederholt Luftschichten mit unterschiedlichen Windgeschwindigkeiten durchfliegen, nehmen sie dabei Energie auf und können so weite Strecken über dem Meer zurücklegen.

SCHON GEWUSST?
Der Rüttelflug stellt eine ganz besonders spezialisierte Form des Fluges dar. Dabei fliegt der rüttelnde Vogel so schnell in den Wind, dass die Fluggeschwindigkeit genauso hoch ist wie die Windgeschwindigkeit. Diese Technik haben die Kolibris zur Perfektion entwickelt. Aber auch heimische Vogelarten beherrschen den Rüttelflug, z. B. der Turmfalke, der oft sehr ausdauernd über Feldern und Wiesen „in der Luft steht" und auf Mäuse lauert.

Vogelzug

Im Herbst ziehen die Kraniche in ihre südspanischen Winterquartiere.

WELTENBUMMLER

Die Mobilität über große Strecken und die enormen Zugleistungen der Vögel über Ländergrenzen, Kontinente und Ozeane hinweg haben die Menschen seit jeher fasziniert. Alljährlich überwinden unzählige Zugvögel riesige Entfernungen, um im Herbst in ihre Winterquartiere und im Frühjahr von dort zurück in ihre Brutgebiete zu gelangen.

Eine Blässgans aus Sibirien hat bei ihrer Ankunft im niederrheinischen Winterquartier bereits 5000 km zurückgelegt. Das ist aber noch lange nicht rekordverdächtig: Eine mit einem Satellitensender ausgestattete Pfuhlschnepfe, die in Alaska brütet und in Neuseeland überwintert, hat bei ihrer Heimreise im Frühjahr 2007 einen 8 Tage dauernder Nonstop-Flug über den Stillen Ozean mit 11.600 km Länge absolviert, welch eine Leistung!

ERFOLGSREZEPT

Schätzungen haben ergeben, dass etwa 5 Milliarden Vögel alljährlich den Zug von Europa und Asien nach Afrika und zurück unternehmen. Die Zahlen beziehen sich auf über 200 Arten, die ganz verschiedenen Vogelgruppen angehören, z. B. Schwalben, Grasmücken, Strandläufer und Seeschwalben. Allein diese riesigen Mengen lassen darauf schließen, dass Vogelzug eine sehr erfolgreiche Strategie der Evolution ist. Schrittmacher für den Vogelzug ist vor allem das Nahrungsangebot, so ist der Insektenreichtum während der Sommermonate auf der Nordhalbkugel riesig. Außerdem scheint im Norden die Sonne in der warmen Jahreszeit viel länger, sodass die Vögel den Insektenreichtum effektiver nutzen können, da ihnen mehr Zeit für die Nahrungssuche bleibt. So können sie viele Junge aufziehen.

Viele Mönchsgrasmücken ziehen inzwischen auf die Britischen Inseln.

Der Sumpfrohrsänger zieht alljährlich im September ins tropische Afrika.

URSPRUNG

Das Zugverhalten ist ein sehr ursprüngliches Verhalten und vermutlich in den Tropen und Subtropen entstanden. In diesen Teilen der Erde spielen saisonale Änderungen in Temperatur und Nahrungsangebot nur eine geringe Rolle und Zugverhalten ist eigentlich nicht überlebenswichtig. Trotzdem entstanden schon sehr früh Kurzstreckenzieher, die saisonale Nahrungsangebote nutzten. Diese Vögel wurden allmählich zu Teilziehern und schließlich zogen jeweils alle Angehörige einer Art in ein Winterquartier.

Einen Beleg für die Fähigkeit, das genetisch fixierte Zugverhalten rasch an neue Umweltbedingungen anzupassen, lieferten mitteleuropäische Mönchsgrasmücken. Seit wenigen Jahrzehnten ziehen immer mehr Angehörige dieser Art zu den Britischen Inseln, obwohl ihre ursprünglichen Winterquartiere im Mittelmeerraum und in Afrika liegen.

Die Pfuhlschnepfe kann über 10.000 km im Nonstop-Flug zurücklegen.

Wald

Das Auerhuhn: ein typischer Taigavogel.

NORDISCHER NADELWALD – DIE TAIGA

In den Taigawäldern herrscht mindestens sechs Monate Winter mit oft strengem Frost und großen Schneemengen. In Anpassung an diese ungünstigen Bedingungen haben die Fichten eine schlanke, kerzenförmige Gestalt entwickelt. Ihre widerstandsfähigen Nadeln tragen eine dicke, schützende Wachsschicht, die vor Austrocknung durch winterliche Kälte und Hitze im kurzen Sommer schützt. Die weiten Nadelwälder werden durch Flüsse, Seen und große Moore (siehe S. 26) aufgelockert, was ein Mosaik aus unterschiedlichen, mehr oder weniger vom Nadelwald geprägten Lebensräumen ergibt.

Typische Taigavögel sind Unglückshäher, Lapplandmeise, Hakengimpel, Dreizehenspecht und Raufußkauz. Das Auerhuhn, ursprünglich ein Einwanderer aus den aufgelockerten sibirischen Taigawäldern, ist besonders gut an die harten Winter angepasst, denn es trägt im Winter „Schneeschuhe" aus Fußbefiederung und ernährt sich in der kalten Jahreszeit hauptsächlich von Kiefernnadeln.

Leider wurden in Mitteleuropa die riesigen Laubwälder vielerorts abgeholzt und in Felder, Wiesen und Siedlungen umgewandelt. Seit etwa 200 Jahren wird in Mitteleuropa intensive Forstwirtschaft betrieben – mit den beiden wichtigsten Baumarten der Taiga, der Fichte und der Kiefer. Infolgedessen sind einige typische Taigavögel wie Raufuß- und Sperlingskauz in die Tieflandforste eingewandert.

MITTELEUROPA IST WALDLAND

Noch vor wenigen Hundert Jahren war Mitteleuropa fast vollständig mit Wald bedeckt. Im Flachland und in den Mittelgebirgen bis zum Alpenrand wuchsen Laubmischwälder mit Buchen und Eichen sowie anderen Laubbäumen wie Linden- und Ahornarten. Typische Standvögel dieser Wälder sind noch heute Kohl- und Blaumeise, Kleiber, Buchfink sowie Bunt- und Mittelspecht. Nur im Sommer trifft man hier Zugvögel wie Waldlaubsänger, Halsbandschnäpper oder den Wespenbussard an. Manche Vogelarten besuchen die mitteleuropäischen Laubwälder auch nur im Winter, beispielsweise der Bergfink.

Der Waldkauz ist ein typischer Vogel des Laubwaldes.

DIE WALDKIEFER ALS VORREITER

Ursprünglich kam als einziger Nadelbaum die Waldkiefer in den sandigen Gebieten Nord- und Ostdeutschlands vor. Nur die mittleren Lagen der süddeutschen Gebirge waren mit Bergmischwäldern aus Buche, Fichte und Weißtanne bestanden.
Richtung Norden geht der Laubwald allmählich in die Mischwaldzone aus Laub- und Nadelwald über und diese wiederum in die nördliche Nadelwaldzone, deren wichtigste Baumarten Fichte, Kiefer und Birke sind. Die auch als Taiga (russ. Tajga = Urwald) bezeichnete Waldform zieht sich in einem breiten Gürtel von Nordskandinavien und Finnland bis in den fernen Osten Russlands. Die Wälder der Alpen und höheren Lagen der Mittelgebirge weisen ein ähnliches Klima auf wie die Taiga (siehe S. 31).

BEOBACHTUNGSTIPP

Der Buntspecht, den man in fast allen Waldtypen antrifft, ernährt sich im Winter großenteils von den Samen der Fichten und Kiefern, die in den Zapfen enthalten sind. Nicht selten trifft man im Winterwald auf die Reste seiner „Arbeit": beträchtliche Mengen entleerter Zapfen und zerhackte Schuppen. Um einen Zapfen bearbeiten zu können, hackt der Specht ein Loch in die Baumrinde, in die er das „Werkstück" einpasst, sodass es fest sitzt (Spechtschmiede).

Feld und Wiese

Der Jagdfasan, heute ein häufiger Vogel der Feldflur, stammt aus Asien.

LEBENSRAUM FELDFLUR

In Mitteleuropa betreiben die Menschen seit über 6.000 Jahren Ackerbau. Da das Land früher mit riesigen Laubwäldern bedeckt war, musste man Felder und Äcker dem Wald abringen. Heute bedecken Bereiche mit landwirtschaftlicher Nutzung über die Hälfte der mitteleuropäischen Landfläche.

Noch vor wenigen Jahrzehnten war das Kulturland sehr abwechslungsreich und bestand aus Wiesen, Weiden, Feldrainen, Brachflächen, kleinen Feuchtgebieten, Feldgehölzen, Buschgruppen und Hecken, die zusammen an ein vernetztes Mosaik erinnerten. Die Landschaft war harmonisch und ästhetisch ansprechend und bot den damals lebenden Menschen Auskommen und Heimat. Sie war auch ökologisch wertvoll, unzählige Pflanzen und Tiere belebten die Kulturlandschaft. Hier fanden verschiedene Vogelarten wie beispielsweise Rebhuhn, Neuntöter, Dorngrasmücke und Bluthänfling geeignete Lebensräume.

Der Große Brachvogel ist ein typischer Vogel auf extensivem Grünland.

Der Kiebitz gehört zu den bedrohten Wiesenbrütern.

VON DER FELDFLUR ZUR KULTURSTEPPE

Doch dieses Idyll änderte sich, als die Städte wuchsen und immer mehr Nahrung aus dem umliegenden Kulturland benötigten. So entstanden allmählich intensive Landwirtschaft und maschinengerechte Felder, auf denen zwar deutlich mehr Nahrungsmittel produziert wurden, die aber den Tieren und vor allem auch der Vogelwelt kaum noch geeignete Lebensräume boten.

Mit etwas Glück kann man in Gegenden mit weniger intensiver Landwirtschaft noch einige typische Vögel der Feldflur beobachten: Bereits im zeitigen Frühjahr kommen die Feldlerchen aus ihrem Winterquartier zurück. Die Männchen „stehen" hoch am Himmel über den Feldern und singen ununterbrochen wirbelnd und trillernd. Im Hochsommer, wenn die meisten Vögel bereits verstummt sind, hört man immer noch das eintönige Lied der Goldammer.

BEDROHTE WIESENBRÜTER

Einige besonders bedrohte Vogelarten sind auf Wiesenflächen angewiesen, beispielsweise Großer Brachvogel, Rotschenkel, Wachtel und Braunkehlchen. Diese Arten haben es schwer, unter den aktuellen Bewirtschaftungsformen zu überleben, oft können sie ihre Jungen nicht mehr erfolgreich aufziehen. Vielfach sind Entwässerungen schuld an der negativen Entwicklung, denn dadurch sinkt das Nahrungsangebot und Raubtieren wie Füchsen und Mardern wird es leicht gemacht, Eier und flugunfähige Junge der Wiesenbrüter zu erbeuten. Zusätzlich führen die allgegenwärtige Überdüngung und möglicherweise der Klimawandel dazu, dass die Kulturpflanzen im Frühjahr viel schneller in die Höhe wachsen und so den Wiesenvögeln Brut und Aufzucht der Jungen erschweren. Das gilt auch für den Kiebitz, einen unserer bekanntesten Watvögel. Er brütet auf Wiesen und Feldern, wo sein Bruterfolg leider oft sehr gering ist. Im Frühling vollführen die Männchen Schauflüge mit taumelndem Horizontalflug und halsbrecherischen „Abstürzen". Diese Flugakrobatik gehört zu den besonders sehenswerten Naturereignissen der offenen Landschaft. Andere Wiesenbrüter dagegen, wie der stark bedrohte Wachtelkönig, laufen fast „unsichtbar" durch hohes Gras. Wie die Wachtel zieht auch er im Herbst nach Afrika.

Gewässer und Moore

Der Graureiher steht an Gewässerufern und macht Jagd auf Wassertiere.

GEWÄSSER ZIEHEN VÖGEL AN

Süßwasserflächen, besonders Seen und Stauseen, bieten ganz unterschiedlichen Vögeln Lebensraum und eignen sich daher das ganze Jahr über als lohnende Exkursionsziele. Nicht nur auf der Wasserfläche sieht man Vögel wie Enten, Gänse, Blässhühner oder Möwen, auch an den oft wenig naturnahen Randbereichen können wir Singvögel wie Stelzen, verschiedene Pieper oder Ammern beobachten. Selbst an verbauten Ufern treffen wir Bachstelzen und Flussuferläufer.

An den wenigen naturnahen Flüssen und Bächen, die noch unverbaut sind und frei mäandrieren dürfen, brüten viele spezialisierte Vogelarten wie Wasseramsel, Eisvogel, Gebirgsstelze und Flussuferläufer. Auf Kiesbänken und steinigen Inseln ziehen Flussregenpfeifer und Flussseeschwalben ihre Jungen auf.

DER UFERBEREICH

Ebenfalls reiches Vogelleben versprechen die weichen, schlammigen Uferzonen von Seen und Teichen, die auf Vögel eine große Anziehungskraft ausüben, denn dort verbergen sich viele Kleintiere. Eine Reihe von Vogelarten haben sich auf die Nahrungssuche in dieser Zone spezialisiert: Die Bekassine stochert mit ihrem langen, dünnen Schnabel nach Würmern; im seichten Wasser watet der Graureiher, um nach Fischen und Fröschen Ausschau zu halten. Mit Röhricht bestandene Uferzonen bieten einer Reihe von Vogelarten Brut- und Nahrungsraum. In schmalen Schilfstreifen singen im Frühjahr Teichrohrsänger. Wie die größeren und viel selteneren Drosselrohrsänger fertigen sie tiefmuldige Nester, die sie geschickt zwischen Schilfhalmen befestigen. Ausgesprochen seltene Schilfbewohner sind die zu den Reihern zählenden Rohr- und Zwergdommeln.

Die Graugans brütet gern an schilfbestandenen Seen und Teichen, häufig auch in Parks.

FEUCHTWIESEN UND MOORE

Landeinwärts schließen sich natürlicherweise an Seen und Flüsse ausgedehnte Feuchtgebiete an. In den hochgrasigen Wiesen leben bedrohte Arten wie Uferschnepfe und Wachtelkönig. Die in Mitteleuropa noch verbliebenen Moor- und Heidegebiete zählen zu den letzten naturnah gebliebenen Lebensräumen. Hier leben einige vom Aussterben bedrohte Arten wie Birkhuhn, Sumpfohreule, Raubwürger und Heidelerche. Die vor allem im nördlichen Mitteleuropa und Südskandinavien wachsenden Hochmoore sind Heimat für den Großen Brachvogel, das Birkhuhn und den Goldregenpfeifer. Die weiten Moore im Norden Skandinaviens und Finnlands sind meist Regenmoore, die deutlich nasser sind als Hochmoore und häufig in sanft ansteigender Landschaft vorkommen. Auf flachen, begehbaren Wällen, die das Moor durchziehen, kommt man trockenen Fußes voran; häufig trifft man hier auf Regenbrachvogel, Grünschenkel, Bruchwasserläufer und Moorschneehuhn, deren Stimmen im Frühjahr das weite Moorland prägen.

BEOBACHTUNGSTIPP
Der jagende Graureiher schleicht mit langsamen Schritten und möglichst niedrig gehaltenem Hals durch das Seichtwasser, das etwa 20 cm tief sein sollte. Hat er ein geeignetes Beutetier erspäht, beugt er sich langsam vor, um dann den Kopf rasch vorzuschnellen und das Tier zu packen.

Küste und Meer

Der schwarz-weiße Austernfischer ist ein auffälliger Küstenvogel.

DREHSCHEIBE DES VOGELZUGS

An der Meeresküste, wo Wasser und Festland aufeinandertreffen, bietet sich häufig die Gelegenheit zu spannenden Vogelbeobachtungen. Die Küsten Europas sind speziell für diejenigen Wasser- und Watvögel von Bedeutung, die aus großen Teilen der Nordhalbkugel stammen. Manche Wattgebiete an der Nordsee bilden im Herbst und Frühjahr Lebensraum für oft riesige Scharen von Alpenstrandläufern und Knutts. Brachvögel und Pfuhlschnepfen dagegen erscheinen meist in kleineren Trupps, während sich die weniger geselligen Kiebitzregenpfeifer über größere Wattflächen verteilen. Auch verschiedene Gründelenten wie die Pfeifente, aber auch die zu den Meeresenten zählenden Samt-, Trauer- und Eisenten sowie Ringel- und Weißwangengänse können zu den Zugzeiten in großer Zahl an flachen Küsten auftreten.

VOGELLEBEN AUF VOGELFELSEN

Wenn man im Frühjahr und Frühsommer das Vogelleben an der Steilküste kennenlernen will, bieten sich die nordischen Vogelfelsen an, die verschiedenen Alken wie Trottellumme, Tordalk und Gryllteiste, aber auch Basstölpeln, Krähenscharben und Dreizehenmöwen geeignete Brutplätze bieten. Beobachtungen

Die Trottellumme ist ein typischer Vogel der nordischen Vogelfelsen.

Die nordische Weißwangengans brütet bereits in Teilen Schleswig-Holsteins.

ganz anderer Art bieten küstennahe Salzwiesen. Im Sommer trifft man hier vor allem auf Rotschenkel, Kiebitz und Austernfischer, aber auch einige Singvögel wie Schafstelzen, Wiesen- und Strandpieper und Feldlerchen lassen sich beobachten.

KLEINVÖGEL DER SALZWIESEN

Im Winter, wenn die Salzwiesen dürr und lebensfeindlich wirken, trifft man hier auf einige Kleinvogelarten, die sich vor allem von den winzigen Früchten des Quellers ernähren, etwa die aus dem Norden Skandinaviens und Russlands stammenden Ohrenlerchen. Auch die ansprechenden Schneeammern, die ebenfalls aus der Tundra und Bergtundra Nordeuropas stammen, fallen im Spätherbst in den Salzwiesen ein, um hier den Winter zu verbringen. Ein weiterer Gast der winterlichen Salzwiese ist der Berghänfling, der in kargen nordischen Gebirgsgegenden lebt und in dichten Trupps auftritt.

Sie alle müssen auf der Hut sein vor dem Merlin, einem kleinen, wendigen und sehr rasanten Falken, der sich auf Singvögel als Beute spezialisiert hat; er schlägt die Kleinvögel genauso in der Luft wie der Sperber, indem er sie in niedrigem Suchflug überrumpelt. Auch die Kornweihe erbeutet Kleinvögel, wenn sich die Gelegenheit dazu bietet. Sie sucht ihre Beutetiere in gaukelndem Flug.

BEOBACHTUNGSTIPP
Auf der Nordseeinsel Helgoland erhält der mitteleuropäische Vogelbeobachter die einzigartige Möglichkeit, ohne große Reiseanstrengungen den Zauber nordischer Vogelfelsen mit einigen der typischen Klippenbrüter zu erleben. Dazu gehören neben den Trottellummen vor allem die hier im Bild gezeigten Dreizehenmöwen.

Gebirge und Tundra

An vielen Liftstationen und Berghotels lassen sich Alpendohlen füttern.

HOCH HINAUF

Gebirgsgegenden weisen oft ein reiches Vogelleben auf, denn dort findet man in unterschiedlichen Höhenlagen auf engem Raum eine Vielzahl von unterschiedlichen Lebensräumen. Andererseits sind Berge oft nicht so leicht zugänglich, so dass die Tierwelt in den Steillagen vor menschlichen Eingriffen und Störungen gut geschützt ist. Beispielsweise hat der Steinadler in Mitteleuropa nach Jahrhunderten menschlicher Verfolgung im Gebirge einen Zufluchtsort gefunden. Die Bergwälder der höheren Lagen haben viel Ähnlichkeit mit den nordischen Taigawäldern aus Fichte und Kiefer. Noch weiter oben wachsen Lärche und Zirbelkiefer, die ursprünglich aus der sibirischen Taiga stammen und zu uns eingewandert sind. Die Samen der Zirbelkiefer werden durch Tannenhäher verbreitet.

BEOBACHTUNGSTIPP
Die Partner eines Steinadlerpaares fliegen oft an Berghängen ihres Reviers entlang und halten nach Beutetieren Ausschau. Ab Januar unternehmen sie eindrucksvolle Balzflüge, indem sie mit angelegten Flügeln abwärtssausen und wieder steil aufsteigen („Girlandenflug").

GEBIRGSWÄLDER

In den mitteleuropäischen Gebirgswäldern hat sich nach der Eiszeit eine Vogelwelt erhalten, deren Hauptverbreitung in der Taiga liegt, was beispielsweise auf Raufußkauz, Dreizehenspecht, Fichtenkreuzschnabel und Auerhuhn zutrifft. Die oft hohen Felswände bieten geeignete Brutplätze für Greifvögel wie den Steinadler. In kleineren Nischen und Höhlungen bauen Alpendohlen ihre Nester, aber auch die prächtigen Mauerläufer und die recht unscheinbaren Felsenschwalben sind für die Jungenaufzucht auf den Schutz der senkrechten Wände angewiesen.

Einige Spezialisten unter den heimischen Vogelarten sind an das Leben oberhalb der Baumgrenze angepasst, wo die Vegetationsperiode sehr kurz, die Luft recht dünn und das Klima ausgesprochen hart ist.

VON HOCHGEBIRGE BIS TUNDRA

Die Hochgebirgsvögel haben einige Anpassungen gegen die Kälte entwickelt, wie sie bei arktischen Vögeln vorkommen. Beispielsweise besitzt das Alpenschneehuhn, das vor allem in der arktischen Tundra verbreitet ist, ein dickes Federkleid und „Schneeschuhe" aus Federn. Einige Bergvögel sind besonders groß, was auf die Alpenbraunelle im Vergleich zur deutlich kleineren Heckenbraunelle zutrifft.

In Hinsicht auf Kargheit und kurze, kältebedingte Vegetationsperiode sind die Bedingungen oberhalb der Baumgrenze vergleichbar mit der arktischen Tundra, die sich als schmaler Streifen nördlich der Taigazone erstreckt. In dieser Zone bleibt es auch im Sommer recht kühl, ein zusätzliches Problem für die Pflanzenwelt ist der Dauerfrostboden, der im Sommer lediglich an der Oberfläche auftaut und vor allem Moose, Flechten, Gräser und Zwergsträucher gedeihen lässt. Entsprechend artenarm ist auch die Tierwelt, wobei Schnee- und Spornammer, Ohrenlerche, Mornellregenpfeifer und Falkenraubmöwe besonders auffallen. Ganz besonders eindrucksvoll ist jedoch die weiße Schneeeule.

Der Raufußkauz (im Foto Jungvögel) ist eine typische Kleineule in Gebirgswäldern.

Stadt, Park und Garten

Das Rotkehlchen ist in vielen Parks, aber auch in größeren Gärten zu Hause.

GEFIEDERTE NACHBARN

Viele Vogelarten, die uns als Garten- und Parkvögel vertraut sind, haben bereits in den nacheiszeitlichen Urwäldern gelebt, aber nicht immer so, wie wir es heute gewohnt sind: Der Mauersegler brütete in hoch gelegenen Höhlen von großen Urwaldbäumen. Turm- und Wanderfalken, die heute an hohen Gebäuden nisten, bezogen in den ursprünglichen Wäldern alte Krähen- und Greifvogelhorste, Rauch- und Mehlschwalben nutzten für die Brut Felswände, die aus dem Baummeer herausragten. Die Amsel, früher ein reiner Waldvogel, hat in Mitteleuropa erst im 19. Jahrhundert die Siedlungen als Lebensraum entdeckt und ist heute einer der häufigsten Siedlungsvögel.

ZUFLUCHT FÜR WALDVÖGEL

Während der Sprung vom Wald in die Großstadt einer Vogelart sehr viel Anpassungsvermögen abverlangt, bedeutet der Umzug aus dem Wald in einen Stadtpark deutlich weniger Veränderung, denn dort findet der Vogel einen Lebensraum, der seinem ursprünglichen Waldhabitat weitgehend ähnelt. Nadelwaldvögel wie Tannen- und Haubenmeisen suchen auch in Parks ihre Nahrung auf Nadelbäumen und brüten dort erfolgreich. Die Mönchsgrasmücke, die in vielen Arten von Wäldern zuhause ist, zählt inzwischen zu den häufigsten Park- und Gartenvögeln. Ein „Allerweltsvogel", der Buchfink, kommt in sehr unterschiedlichen Wäldern, aber auch in nahezu allen Parks und in vielen Gärten zurecht. Einige Arten wie Girlitz, Wacholderdrossel oder Türkentaube stammen aus Brutgebieten außerhalb Mitteleuropas; sie sind bei uns eingewandert und haben in der Folgezeit unsere Dörfer, Gärten und Parks besiedelt.

STADTVÖGEL IM SCHLARAFFENLAND?

Parks und größere Gärten, die oft einen großen Teil der Stadtfläche ausmachen, bieten den frei lebenden Tieren oft viel bessere Lebensmöglichkeiten als das Umland. Nistkästen schaffen Brutmöglichkeiten, Massen an absichtlich oder unabsichtlich bereitgestelltem Futter fördern ebenfalls das Vogelleben. Im Park lässt man wenigstens einen Teil der Bäume alt werden und sichert damit ein abwechslungsreiches Angebot an Nistplätzen für Vögel wie Gartenrotschwanz und Trauerschnäpper. In den weitläufigen Parks mancher Großstädte haben sich sogar Greifvögel wie Mäusebussard, Sperber und lokal sogar der scheue Habicht angesiedelt. So brüten in der Stadt Berlin etwa 100 Paare in den weitläufigen Forsten und in Parks und Friedhöfen. Manche Paare beziehen sogar die Innenhöfe von Wohnanlagen. Auf der anderen Seite steht der Haussperling, der Vogel, der sich besonders stark an den Menschen angepasst hat. Er gehört heute zu Verlierern; seine Bestände sind in vielen Städten dramatisch geschrumpft. Zum Teil hängt das sicher mit mangelnder Insektennahrung in der Zeit der Jungenaufzucht zusammen, aber auch die zunehmende Strahlenbelastung durch Mobilfunk mag sich für diesen Dachbewohner und andere Stadtvögel fatal auswirken.

An Sommerabenden fegen Mauersegler in Trupps schrill rufend um Häuserecken.

ARTENFÜLLE AM STADTRAND

Vor ein paar Jahren hat eine internationale Forschergruppe die Artenzusammensetzung der Vogelwelt in 19 italienischen, französischen und finnischen Städten untersucht. So fand man in den Stadtzentren im Durchschnitt 25 Arten, in den Stadtrandgebieten 43 Arten und in den Vororten 90 Arten. In den Stadtzentren waren die vier häufigsten Arten Stieglitz, Straßentaube, Kohlmeise und Mauersegler – unabhängig vom Breitengrad oder der Einwohnerzahl der Stadt. Es stellte sich heraus, dass die geografischen Unterschiede in der Artenzusammensetzung der Stadtzentren viel geringer waren als in den beiden anderen Lebensraumtypen. Mit anderen Worten: Mitten in Neapel, Paris oder Helsinki trifft man überwiegend die gleichen, wenigen Vogelarten an, während die Artenzusammensetzung der Stadtränder und Dörfer europäischer Städte deutliche Unterschiede aufweisen.

Vogelparadies Garten

Die Blaumeise ist ein häufiger und gern gesehener Gast am Futterhaus.

WINTERFÜTTERUNG IST SINNVOLL
Da unsere Vögel heute meist nicht mehr in naturnahen Lebensräumen, sondern in einer vom Menschen mehr oder weniger stark beeinträchtigten Umgebung leben, ist die sachgerechte Winterfütterung durchaus sinnvoll.

Darüber hinaus erfüllt die Winterfütterung auch einen wichtigen Zweck, der uns Menschen zugute kommt: An den Futterstellen lassen sich frei lebende Vögel meist problemlos aus der Nähe beobachten. Gerade für Kinder ist das ungeheuer erlebnisreich, darüber hinaus wird ihr Interesse für die Bedürfnisse der Vögel und die Notwendigkeit des Vogelschutzes geweckt.

Am besten beginnt man mit kleinen Futtergaben möglichst schon im Herbst, damit sich die Vögel an die

FUTTERTIPP
Baumläufer, Schwanzmeisen (Foto) und Goldhähnchen suchen gerne im Gezweig und an der Baumrinde nach Futter. Sie locken diese Arten daher am besten an, indem Sie die noch zähflüssige Körner-Fett-Mischung an die Rinde oder an Zweige von Bäumen und Sträuchern streichen. Sie können die Masse auch in einen Pappring oder eine Kokosnusshälfte füllen.

Fütterung gewöhnen können und bei Kälte, Eis und Schnee bereits wissen, wo es etwas zu holen gibt. Bei milder Witterung sollten Sie weniger füttern, denn dann können sich Krankheitserreger leichter vermehren. Vermeiden sollte man auch, größere Mengen auf einmal zu füttern. Besser ist eine maßvolle und regelmäßige Fütterung.

WAS MÖGEN DIE VÖGEL?

Als Standardmischung sind Sonnenblumenkerne, Hanfsamen und gehackte Nüsse empfehlenswert. Kleinere Finkenarten nehmen lieber kleinere Sämereien, die beispielsweise in handelsüblichem Kanarien- oder Waldvogelfutter enthalten sind. Für die schlankeren Schnäbel der „Weichfresser" wie Rotkehlchen und Drosseln eignen sich vor allem kurz in Pflanzenöl eingetauchte Haferflocken und getrocknete Beeren, vor allem Ebereschenbeeren. Drosseln nehmen gerne Obst, besonders ganze Äpfel und Birnen.

VOGELFUTTER SELBST GEMACHT

Wenn Sie das Vogelfutter selbst herstellen, sparen Sie einiges an Geld. Ein billiges Futter, das von vielen Arten gerne verzehrt wird, ist eine Mischung aus Fett und Kleie, die Sie wie folgt ansetzen: Sie nehmen Rindertalg und Weizenkleie zu gleichen Teilen, erwärmen den Talg auf dem Herd (aber nicht kochen!) und rühren die Kleie hinein. Ein Esslöffel voll Salatöl verhindert, dass die Masse bei starkem Frost zu hart wird. In die Mischung können Sie noch Sonnenblumenkerne und Hanfsamen hineingeben. Vor dem Erkalten füllen Sie das Fettfutter in einen Blumentopf und stecken vor dem Erstarren ein Stöckchen als Anflug für die Vögel hinein. Für Baumläufer und Schwanzmeisen streichen Sie die Mischung einfach direkt auf die Baumrinde.

Die Amsel lockt man im Winter mit Rosinen und Obst in den Garten.

Vogelschutz im Garten

Blaumeisen bevorzugen Nistkästen mit einer Fluglochweite von 26–28 mm.

HECKEN BIETEN SCHUTZ

Schon bei der Planung eines naturnahen Gartens sollten Sie auch die Bedürfnisse der Vögel berücksichtigen. Vor allem Hecken aus heimischen Sträuchern und Bäumen bieten Brut- und Versteckmöglichkeiten für dickichtschlüpfende Arten und liefern zusätzlich in den Wintermonaten Nahrung in Form von Beeren. Bewährte Gehölzarten sind Vogelbeere, Weiß- und Schwarzdorn, Hundsrose, Schneeball, Hasel und Holunder.

Eine Ecke im Garten sollten Sie sich selbst überlassen – dort könnte eine kleine Wildnis entstehen, mit hohem Gras, das mit Brennnesseln, Him- und Brombeere durchsetzt ist. Hier finden Grasmücken, Laubsänger und der Zaunkönig geeignete Brutplätze. Dort lebt auch eine Vielzahl von Insektenarten, die ein reiches Vogelleben erst möglich machen. Gerade ausgeflogenen Jungen der bodennah brütenden Vögel bietet ein Reisighaufen sichere Verstecke vor Greifvögeln und Katzen.

KRÄUTERWIESE UND VOGELTRÄNKE

Als Nahrungslieferant für unsere Kleinvögel ist eine Wiese voller Blumen und Wildkräuter überaus wertvoll, denn darin leben eine Unmenge von Insekten. Wichtig ist der Verzicht auf chemische Düngung und Pflanzenschutzgifte, denn diese Stoffe schädigen nicht nur unsere Vögel und andere Tiere, sondern vernichten gleichzeitig auch deren Nahrungsgrundlage.

Eine flache Vogeltränke mit frischem Wasser ist besonders an heißen Tagen sehr beliebt und bietet gute Gelegenheit zum Studium der gefiederten Badegäste.

Der Gimpel braucht einheimische Gehölze.

NISTKÄSTEN GEGEN WOHNUNGSNOT

Für höhlenbrütende Vögel lässt sich die allgemeine Wohnungsnot durch das Anbringen von Nistkästen im Garten lindern. Als Standard-Nistkasten dient ein Meisenkasten aus Holz oder Holzbeton (keinesfalls Plastik!) mit einer Fluglochweite von 32 mm und einer Mindest-Grundfläche von 15 x 15 cm. Den kleinen Meisenarten wie Blau- und Tannenmeise bietet man einen Kasten mit 26–28 mm Flugloch-Durchmesser an, der Gartenrotschwanz schlüpft am liebsten in einen Nistkasten mit hochovalem Flugloch (45 mm hoch, 30 mm breit). Der Einschlupf für den Star sollte 50 mm im Durchmesser betragen; natürlich sollte der Kasten entsprechend größer sein als ein Meisenkasten. Den Kasten hängen Sie am besten in 2–5 m Höhe katzensicher auf. Das Flugloch sollte nach Osten, also nicht zur Schlechtwetterseite weisen, damit der Kasten möglichst wenig Regen abbekommt. Die Frage nach der Anzahl der Nistkästen ist leicht zu beantworten: Sind alle Kästen besetzt, reicht es.

GARTENTIPP

Schon ein alter Teller oder eine mit Folie ausgelegte Erdmulde reicht aus, um durstige und badefreudige Vögel anzulocken. Ein Abstand von mindestens 3 m zu höherem Pflanzenwuchs schützt vor Überraschungsangriffen durch Katzen. Natürlich muss das Vogelbad regelmäßig gesäubert und frisch befüllt werden, vor allem in der Sommerhitze, denn dann verdunstet das Wasser recht schnell.

Die Vogelarten

Singvögel

Mehlschwalbe
Delichon urbicum — Schwalben

April –Okt

Mehlschwalben fliegen weniger rasant und wendig als Rauchschwalben. An nahegelegenen Gewässern jagen sie Insekten, vor allem Blattläuse, Mücken, Fliegen und Eintagsfliegen. Sie brüten gewöhnlich außen an Gebäuden, meist zu mehreren Paaren. Die Nester sind aus Lehmkügelchen zusammengefügt und werden meist unter der Dachrinne befestigt.

Bürzel weiß

MERKMALE 13,5–15 cm. Unterseite und Bürzel reinweiß, Füße weiß befiedert, keine Schwanzspieße. Jungvögel sind oberseits braunschwarz, kaum glänzend. Singt weich zwitschernd mit einigen härteren Tönen. Ruft häufig hart „prrrt" oder „pripit", Warnruf durchdringend, hoch „zier zier".
VORKOMMEN Brütet ursprünglich an steilen Felsen im Gebirge und an Klippen der Küste, heute aber fast gänzlich in Dörfern und Städten.

Rauchschwalbe
Hirundo rustica — Schwalben

April –Okt

Rauchschwalben nisten fast ausschließlich im Inneren von Gebäuden. Das schalenförmige Nest besteht aus Lehm mit etwas Speichel vermischt und eingebackenen Halmen, die oft lang heraushängen. Die Nestmulde wird mit Federn oder Tierhaaren ausgepolstert.

Jungvogel Stirn und Kehle rostbeige

MERKMALE 17–21 cm. Unsere häufigste Schwalbe. Lange, sehr dünne Schwanzspieße, helle „Fenster" auf den Steuerfedern.
VORKOMMEN In offener Landschaft mit Dörfern und Gehöften, brütet meist in Ställen; auch an Stadträndern, meidet aber die Innenstadt.
BEOBACHTUNGSTIPP Der Flug der Rauchschwalbe wirkt sehr elegant, aber etwas ruckartig. Sie singt etwas rau, aber melodisch zwitschernd, häufig im Flug. Ruft fast ständig „witt" oder „witt-itt".

Unterseite weiß

Füße weiß befiedert

Die Füße der Mehlschwalbe sind weiß befiedert, sie hat keine Schwanzspieße.

dunkles Brustband

lange Schwanzspieße

Rauchschwalben haben lange Schwanzspieße und wirken im Flug sehr elegant.

Singvögel

Uferschwalbe
Riparia riparia — Schwalben | April –Sept

braunes Brustband

Uferschwalben sind sehr gesellig, sie schließen sich auch abseits der Brutgebiete gerne zu Trupps und Schwärmen zusammen und jagen Insekten und Spinnen. Ihr Flug ist weniger zielgerichtet als bei anderen Schwalben und wirkt flatternd. Männchen und Weibchen graben gemeinsam eine waagerechte Brutröhre mit quer ovalem Einflugloch.

MERKMALE 12–13 cm. Die kleinste Schwalbe Europas. Oberseite ist bei Altvögeln einheitlich braun, Unterseite weiß bis auf das markante braune Brustband. Singt rau zwitschernd. Ruft häufig „brrrt", bei Gefahr durchdringend „ziiiir".
VORKOMMEN Brütet ursprünglich an sandigen Steilufern von Fließgewässern sowie an der steilen Meeresküste, heute meist in Sand- und Kiesgruben. Zieht im Herbst nach Afrika.

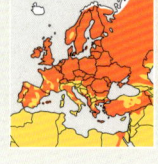

Felsenschwalbe
Ptyonoprogne rupestris — Schwalben | März –Okt

kein Brustband

Der Flug der Felsenschwalbe ist weniger flatternd, sondern rasant und kraftvoll, ähnlich Seglern. Oft fliegen sie recht nah an der Felswand und folgen dabei den Felsstrukturen. Sie brüten meist in kleinen Kolonien an reich strukturierten Felswänden, wobei ihnen windgeschützte Stellen unter Überhängen, Felsnischen und kleine Höhlen geeignete Nistplätze bieten.

MERKMALE 14–15 cm. Oberseite braun; weiße Flecken auf den Steuerfedern, die nur bei gespreiztem Schwanz im Flug zu sehen sind. Stimme leise, selten zu hören. Gesang hastig, rau zwitschernd. Ruft hart „prrit" oder „pritprit".
VORKOMMEN In steilen Felsen der Alpen oder an der Steilküste, mitunter auch in Steinbrüchen. Brutvögel Süddeutschlands wandern ins Mittelmeergebiet und ins nördliche Afrika.

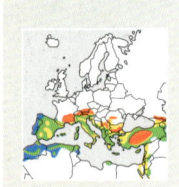

Oberseite braun

Uferschwalben wirken im Flug unstet und flatternd.

weiße Schwanzflecken

Felsenschwalben fliegen meist nah an senkrechten Wänden.

Singvögel

Feldlerche
Alauda arvensis — Lerchen

Febr–Nov

Jungvogel
Gefieder geschuppt

Die Feldlerchen-Männchen „hängen" beim Singflug mit flachen Flügelschlägen oft mehrere Minuten lang ununterbrochen singend hoch in der Luft. Nach der Darbietung lassen sie sich wie ein Stein zu Boden fallen.

MERKMALE 16–18 cm. Oberseite tarnfarben graubraun; häufig kleine Haube durch gesträubte Scheitelfedern. Flügel breit mit schmalem weißem Hinterrand. Gesang lang anhaltend. Ruft „tschirrip".
VORKOMMEN Ursprünglicher Steppenvogel in offenen Landschaften, heute vor allem in reich strukturierter Feldflur. Überwintert in Süd- und Westeuropa.
SCHON GEWUSST? Feldlerchen flechten immer wieder Imitationen anderer Vögel wie Bachstelze, Rauchschwalbe und Turmfalke in ihren rollenden, flötenden und trillernden Gesang ein.

Heidelerche
Lullula arborea — Lerchen

März–Okt

lange, helle Überaugenstreifen

Ein wichtiger Hinweis auf die Anwesenheit von Heidelerchen sind umgebogene Spitzen kleiner Kiefern, die den Männchen als Singwarten dienen und durch das Gewicht der Vögel umgebogen werden. Das zwischen Heidekraut oder unter einem Grasbüschel versteckte, fein säuberlich gebaute Nest ist nur schwer zu entdecken, denn die Lerchen sind sehr diskret.

MERKMALE 13,5–15 cm. Deutlich kleiner und kurzschwänziger als Feldlerche. Schwarz-weißes Flügelabzeichen, heller Überaugenstreif bis zum Nacken. Gesang melodisch, oft sehr ausdauernd und mit sehr vielen verschiedenen, meist weichen, abfallenden Strophen. Ruft „didloi".
VORKOMMEN In halboffener Landschaft, meist auf sandigen Heideflächen am Rand von Kiefernwald, oft Jungwald. Winterquartiere in Südwesteuropa.

kleine Federhaube

Oberseite schlicht graubraun

Feldlerchen „hängen" oft minutenlang hoch am Himmel.

heller Überaugenstreif

schwarz-weißes Flügelabzeichen

Die Heidelerche hat rundliche Flügel und einen kurzen Schwanz.

45

Singvögel

Haubenlerche
Galerida cristata — Lerchen

ganzjährig

Flügel breit und rund
Unterflügel mit
Rostton

Das Männchen der Haubenlerche singt oft auf dem Boden, einem kleinen Baum oder im kreisenden Singflug. Die unterschiedlich langen, melodischen Gesangsstrophen sind klarer und weniger schnell als die der Feldlerche und enthalten weniger Wiederholungen. Nicht selten sind Imitationen anderer Vogelstimmen eingeflochten und sogar menschliche Stimmen wie Schäferpfiffe.

MERKMALE 17–19 cm. Auffällige spitze Haube, gedrungener als Feldlerche, Schnabel länger und kräftiger. Singt klarer und langsamer, mit vielen Imitationen. Ruft melodisch „swie-ti-tu" oder „wüie". Die deutlich kleinere *Kurzehenlerche* ist Brutvogel in Ungarn.
VORKOMMEN In warmen, spärlich und niedrig bewachsenen Steppen- und Kulturlandschaften, in Weingärten, auf Ödland und in Siedlungen.

Ohrenlerche
Eremophila alpestris — Lerchen

Okt
–April

Schlichtkleid
Federohren nur im
Prachtkleid

Ohrenlerchen bewegen sich im Winter bei der Nahrungssuche oft in geduckter Haltung und langsam vorwärts, oft sind sie hinter Steinen oder Pflanzen verborgen. Das Nest aus trockenem Gras ist innen mit Pflanzenwolle und wenigen Federn oder Rentierhaaren ausgelegt. Meist wird es in eine Bodenmulde gebaut.

MERKMALE 16–19 cm. Typisches schwarz-gelbes Kopfmuster; im Prachtkleid schwarze Federohren, bei Weibchen kürzer, fehlen im Schlichtkleid. Singt oft von einem Felsblock aus, gelegentlich auch im Singflug. Melodisch zwitschernde, etwas stotternd wirkende Strophen. Ruft oft dünn „zieh".
VORKOMMEN In steinigen Lebensräumen wie kargen, flechtenreichen Berggegenden und Tundra Nordeuropas. Im Winter gelegentlich an der Nord- und Ostseeküste auf Strand- und Salzwiesen.

spitze Federhaube

kräftiger Schnabel

Die Haubenlerche ist gedrungen und breitflügelig.

schwarze Federohren

Beine schwarz

Die Ohrenlerche zeigt ein auffälliges schwarz-gelbes Kopfmuster.

Singvögel

Wiesenpieper
Anthus pratensis — Pieper und Stelzen

März –Nov

Brust und Flanken sind gleichmäßig gestrichelt

Wiesenpieper stehen nur selten auf Bäumen und kaum in den Kronen größerer Bäume, oft aber auf Zäunen, Telefondrähten oder niedrigen Büschen und kleinen Bäumen. Der Gesang wird eingeleitet durch eine sich beschleunigende „tsip"-Folge.

MERKMALE 14–15,5 cm. Oberseite graubraun bis grünbraun, kräftig längs gestreift, Brust und Flanken gleichmäßig gestrichelt. Wirkt im Flug etwas zaghaft. Ruft dünn „ist" oder „ist ist ist".
VORKOMMEN In weiten, offenen, oft feuchten Wiesen-, Heide- und Moorflächen, häufig auch an der Küste sowie im Gebirge bis 2000 m Höhe. Im Norden vielfach in Fjäll- und Tundragebieten.
BEOBACHTUNGSTIPP Zum Singflug startet der Wiesenpieper meist von einer erhöhten Stelle am Boden.

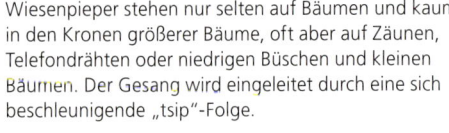

Baumpieper
Anthus trivialis — Pieper und Stelzen

April –Okt

deutliche Kopfzeichnung

Baumpieper stehen häufig auf der Spitze von Bäumen oder Büschen. Das Männchen startet von dort zu einem Singflug und gleitet danach mit fallschirmartig ausgebreiteten Flügeln und nach oben gehaltenem, gespreiztem Schwanz zur Baumspitze abwärts. Der trillernde, an Kanarienvogel erinnernde Gesang klingt meist mit einem gedehnten „Zia zia zia" aus.

MERKMALE 14–16 cm. Recht kräftige, dunkle Bruststreifung, die an den Flanken in feine Strichel übergeht, markantere Kopfzeichnung und Gefieder mehr gelblich braun als Wiesenpieper, Oberseite weniger kräftig gestreift. Ruft im Flug rau „pssi".
VORKOMMEN Waldrandbereiche, Moor- und Heideflächen mit einzelnen höheren Bäumen und Büschen; daneben auch Kahlschläge und Parks. Überwintern meist im Savanngürtel Afrikas.

oberseits deutlich längs gestreift

unterseits gleichmäßig gestrichelt

Der im Flug etwas zaghaft wirkende Wiesenpieper lebt in offener Landschaft.

Brust mehr gelblich braun

Der Baumpieper unternimmt häufig Singflüge über den Baumspitzen.

Singvögel

Rotkehlpieper
Anthus cervinus — Pieper und Stelzen | April–Mai Sept–Okt

Jungvogel kein Rot

Rotkehlpieper verraten sich oft durch ihre hohen durchdringenden Rufe, die im Vergleich zu den Wiesenpieperrufen kräftiger klingen. Die Pieper rasten gerne an Gewässerufern und auf feuchten, baumfreien Wiesen und Weiden. Dort suchen sie nach Insekten, Spinnen und kleinen Schnecken sowie feinen Samen.

MERKMALE In Größe und Gestalt ähnlich dem Wiesenpieper. Bei Altvögeln Gesicht, Kehle und oft ganze Brust ziegelrot. Jungvögel oberseits mit hellen Hosenträgern. Singt lang anhaltende pfeifende, trillernde und ratternde Folgen, auch im Singflug. Ruft gedehnt, scharf „tsiieh".
VORKOMMEN Brütet im nördlichsten Nordeuropa – in der feuchten Strauchtundra oder auf Freiflächen in der Fjällbirkenzone. Zieht regelmäßig, aber in geringen Zahlen durch Mitteleuropa.

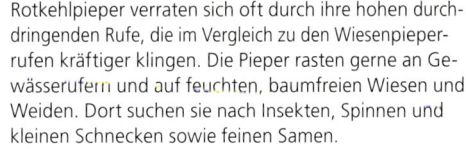

Bergpieper
Anthus spinoletta — Pieper und Stelzen | ganzjährig

deutliche, weiße Schwanzkanten

Bergpieper brüten oft in Hanglage, das Nest liegt verborgen unter einem Stein oder einem Alpenrosenbusch, wodurch Gelege und Junge bei Wintereinbruch vor Neuschnee geschützt sind. Das Männchen singt von einem Felsen aus oder im Singflug. Die Strophen erinnern an Wiesenpieper, sind aber kräftiger und melodischer, die einzelnen Touren sind länger.

MERKMALE 15,5–17 cm. Ein kräftiger Pieper mit schwarzbraunen Beinen. Unterseite im Prachtkleid rosafarben und ungezeichnet; sonst mit dunkel gestreifter Brust und weißlichem, ungestricheltem Bauch. Ruft oft laut und scharf „fist".
VORKOMMEN Oberhalb der Baumgrenze auf alpinen Wiesen mit vielen Felsen, meist in Wassernähe. Ab Spätherbst im Tiefland, dort nicht selten an Fluss- und Seeufern Mitteleuropas.

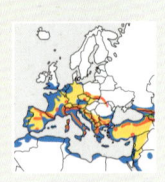

Gesicht und Kehle ziegelrot

Rotkehlpieper trifft man zur Zugzeit oft auf feuchten Wiesen und Weiden an.

weißer Überaugenstreif

Unterseite ungezeichnet

Den Bergpieper trifft man im Sommer meist oberhalb der Baumgrenze an.

Singvögel

Strandpieper
Anthus petrosus — Pieper und Stelzen | Sept –März

Schwanzkanten unauffällig grau

Das Strandpieper-Männchen singt von einem Felsen oder im Singflug. Der Gesang klingt kräftiger und voller als der des Wiesenpiepers und enthält mehr Triller. Ruft ähnlich, jedoch gedehnter und weniger explosiv „piest".

MERKMALE 15,5–17 cm. Beine schwärzlich bis braunviolett. Färbung düstergrau, Schwanzkanten grau.
VORKOMMEN An der Felsküste mit Steinen, Tanghaufen, Gras und krautigem Bewuchs. Im Winter an der mitteleuropäischen Küste, besonders an steinigen, felsigen Bereichen der Nordsee.
BEOBACHTUNGSTIPP Strandpieper sind weniger scheu als Bergpieper und lassen einen Beobachter viel näher herankommen. Sie laufen oft erst ein Stück vor dem Beobachter her, bevor sie auffliegen, um nach recht kurzer Strecke wieder zu landen.

Brachpieper
Anthus campestris — Pieper und Stelzen | April –Sept

Jungvogel
gestreifter Mantel,
gestrichelte Brust

Die Bewegungen des Brachpiepers während der Nahrungssuche erinnern an Regenpfeifer, die waagerechte Haltung an Stelzen. Der Gesang ist bescheiden – ein mehrmals wiederholtes „zirluih" –, den das Männchen meist im wellenförmigen Singflug vorträgt. Am Ende gleitet es mit vibrierenden Flügeln abwärts.

MERKMALE 15,5–18 cm. Großer Pieper mit langem Schwanz, Aussehen und Schwanzwippen ähnlich Stelzen. Gefieder bei Altvögeln bis auf einige feine Strichel auf den Brustseiten sandfarben und nahezu ungestreift, Ruft sperlingsartig „tschilp".
VORKOMMEN In warmer und offener, überwiegend spärlich bewachsener Landschaft, wichtig sind Stellen mit höherem Gras und niedrigen Büschen für die Anlage des Nestes sowie kleine, als Singwarten genutzte Bäume. Meist in Heidegebieten.

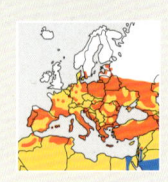

Gefieder oberseits mit Olivton

Schwanzkanten grau

Der Strandpieper ist kräftig gebaut und verwaschen gezeichnet.

Unterseite kaum gemustert

langer Schwanz

Der elegante, langschwänzige Brachpieper erinnert ein wenig an Stelzen.

Singvögel

Bachstelze
Motacilla alba — Pieper und Stelzen

März–Nov

Trauerbachstelze
Männchen im
Prachtkleid

Bachstelzen laufen mit schnell trippelnden Schritten und rhythmischen, etwas ruckartigen Kopfbewegungen, dabei wippen sie meist auffällig mit dem Schwanz. Bei der Balz vollführt das Männchen unter tschilpenden Rufen einen tänzelnden Rüttelflug über dem Weibchen.

MERKMALE 16,5–19 cm. Unsere häufigste Stelze. Gefieder schwarz-weiß und grau, Weibchen sind weniger kontrastreich. Gesang eine zwitschernde Ruffolge. Ruft häufig „zli-ipp", „zi-ze-lipp" oder scharf „tzissik". Die *Trauerbachstelze* brütet auf den Britischen Inseln, manchmal auch an der Nordseeküste Mitteleuropas.
VORKOMMEN Häufig an Gewässerufern, jedoch auch fern von Wasser in Dörfern und Städten, an Einzelgehöften und gerne in Parks, Gärten und Ödland. Überwintert im Mittelmeerraum.

Gebirgsstelze
Motacilla cinerea — Pieper und Stelzen

ganzjährig

Jungvogel
helle Kehle

Die Männchen singen auf einem Fels oder einem Ast am Wasser, häufig auch in flatterndem Singflug über dem Wasser. Die Strophen klingen dünn und schrill zwitschernd und sind aus rufähnlichen Lauten zusammengesetzt. Die Nistplätze liegen stets in Wassernähe, oft in Nischen und Höhlungen an senkrechten Ufern.

MERKMALE 17–20 cm. Wippt ständig mit dem „überlangen" Schwanz und dem Hinterkörper. Bürzelbereich und Unterschwanzdecken gelb, Mantel grau. Männchen im Prachtkleid an Kinn und Kehle schwarz. Ruft im Flug oft hart „tsip".
VORKOMMEN Zur Brutzeit an Fließgewässern, gerne an schattigen Wildbächen und -flüssen in Waldlandschaften, aber auch im Siedlungsbereich an Wehren und Kanälen, vor allem im Bergland. In den Alpen gebietsweise bis in 2000 m Höhe.

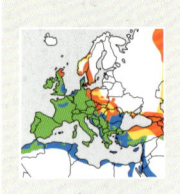

Kopf schwarz-weiß

langer Schwanz

Die Bachstelze wippt ständig mit dem langen Schwanz.

Mantel grau

Bürzel gelb

Die Gebirgsstelze ist die langschwänzigste unserer Stelzen.

Singvögel

Wiesenschafstelze
Motacilla flava — Pieper und Stelzen | April –Sept

Schafstelzen sind häufig inmitten von Weidetieren anzutreffen, wo sie Insekten erbeuten, die von den Großtieren aufgescheucht werden. Die Männchen tragen den einfachen, aus rufähnlichen und zwitschernden Lauten bestehenden Gesang im tänzelnden Singflug vor.

Jungvogel blass, gelber Unterschwanz

MERKMALE 15–16 cm. Im Vergleich zu anderen Stelzen weniger langschwänzig und zierlich. Oberseite grünlich, Kopf blaugrau mit weißem Überaugenstreif, Unterseite gelb. Weibchen weniger kräftig und insgesamt heller gefärbt. Ruft häufig weit hörbar, aber dünn „psieh".
VORKOMMEN Im Flachland, meist in offenem, gerne feuchtem Gelände wie Sumpfgebieten, Mooren und Heidelandschaften, aber auch auf Wiesen- und Weideflächen sowie Getreide- und Kartoffelfeldern. Überwintert südlich der Sahara.

Thunberg-Schafstelze
Motacilla thunbergi — Pieper und Stelzen | Mai

Die Thunberg-Schafstelze ist Durchzügler an der Nordseeküste. An der Südgrenze des Areals in Nord- und Osteuropa vermischt sie sich mit der Wiesenschafstelze. In Gebieten mit Vorkommen beider Stelzen brütet die südliche im Kulturland, die nördliche im Moor.

kein Überaugenstreif

MERKMALE Ähnlich der Wiesenschafstelze, aber Kopf dunkelgrau, Vorderscheitel und Ohrdecken schwärzlich, kein Überaugenstreif. Bei der *Gelbkopf-Schafstelze* Scheitel und Ohrdecken grünlich, Überaugenstreif gelb.
VORKOMMEN In unterschiedlichen Moorgebieten, Seggensümpfen, gerne in der Verlandungszone von Taigaseen. In Mitteleuropa zur Zugzeit meist auf feuchten Wiesen und Weiden. *Gelbkopf-Schafstelze:* Brutvogel der Britischen Inseln und der benachbarten Festlandsküsten.

weißer Überaugenstreif

Unterseite gelb

weiße Schwanzkante

Die Wiesenschafstelze ist kurzschwänziger als Bach- und Gebirgsstelze.

Ohrdecken schwärzlich

weiße Schwanzkante

Die Thunberg-Schafstelze wirkt aus der Ferne sehr dunkelköpfig.

Singvögel

Zitronenstelze
Motacilla citreola — Pieper und Stelzen | April–Okt

im Flug recht deutliche helle Flügelbinden

Im Jahr 1996 hat die Zitronenstelze das erste Mal in Deutschland gebrütet – in Mecklenburg-Vorpommern. Die seltenen Durchzügler trifft man im Vergleich zu Schafstelzen eher an Gewässerufern und sumpfigen Bereichen an als auf Wiesen. Die Nähe zu Weidevieh suchen Zitronenstelzen nicht.

MERKMALE Beine und Schwanz im Vergleich zur Wiesenschafstelze etwas länger, Flügelbinden breiter; Unterschwanzdecken stets weiß (bei Schafstelzen gelb). Singt ähnlich Bachstelze. Ruft im Vergleich zu Schafstelzen härter und rauer.
VORKOMMEN In weiten, offenen Feuchtgebieten und in der Strauchtundra, meist in nasseren Lebensräumen als Schafstelze. Eine östliche Art, die sich nach Westen ausbreitet und bereits in Ostpolen und im Baltikum brütet.

Seidenschwanz
Bombycilla garrulus — Seidenschwänze | Okt–April

Jungvogel Flügelmuster ohne weiße Querlinien

Im Winterhalbjahr wandern Seidenschwänze in Abständen von mehreren Jahren weit nach Süden und erscheinen dann in Scharen in Mitteleuropa, wo sie vor allem in Ebereschen zu sehen sind.

MERKMALE 18–21 cm. Kräftiger Körperbau, seidiges Gefieder und aufrichtbare Federhaube sind typisch. Markante Musterung von Flügeln und Schwanz. Alte Männchen auf den Flügeln mit langen roten Hornplättchen. Flugbild ähnlich Staren, aber schlanker, Flü-gel noch ausgeprägter dreieckig. Ruft fast ständig klingelnd „sirrr".
VORKOMMEN In aufgelockerten Fichten- und Birkenwäldern der Taiga. Im Winter in Wäldern, Parks und Gärten mit Beerensträuchern.
SCHON GEWUSST? Seidenschwänze fressen das ganze Jahr über Beeren, im Brutgebiet vorwiegend Insekten.

Kopf gelb

Steiß weiß

Die Zitronenstelze hat wie die Gebirgsstelze einen grauen Mantel.

Federhaube

gelbe Schwanzendbinde

Der Seidenschwanz erinnert mit seinen dreieckigen Flügeln an den Star.

Singvögel

Wasseramsel
Cinclus cinclus — Wasseramseln ganzjährig

Jungvogel vor allem unterseits deutlich gebändert

Bei der Nahrungssuche „fliegt" die Wasseramsel unter Wasser. Am Gewässergrund dreht sie Steine um oder schiebt sie beiseite, um Insektenlarven hervorzuholen. Männchen und Weibchen singen. Die lang anhaltenden Strophen klingen rau zwitschernd und sind nicht selten auch im Winter zu hören.

MERKMALE 17–20 cm. Der einzige Singvogel, der schwimmen und tauchen kann. Kurzer, häufig gestelzter Schwanz und die gedrungene Gestalt erinnern an den Zaunkönig. Großer weißer Brustlatz. Ruft häufig scharf „zritz" oder „srit".
VORKOMMEN Stets in Wassernähe, vor allem an klaren, schnell fließenden Bächen der Mittelgebirge und Alpen, gebietsweise in Dörfern und Städten. Im Winterhalbjahr auch an langsam fließenden Flüssen und an See- und Teichufern.

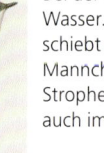

Zaunkönig
Troglodytes troglodytes — Zaunkönige ganzjährig

Schwanz meist gestelzt

Der Zaunkönig ist rastlos unterwegs. Er schlüpft wie eine Maus durch niedriges Gestrüpp und verschwindet nicht selten in der höhlenreichen Uferböschung oder in einem Reisighaufen, um an anderer Stelle wieder zu erscheinen.

MERKMALE 9–10,5 cm. Sehr klein, rundlich und mit kurzem, oft steil aufgerichtetem Schwanz. Flug meist niedrig und geradlinig, mit schwirrenden Flügelschlägen. Gesang aus schmetternden und trillernden Touren, oft weit hörbar. Ruft häufig hart „teck-teck-teck…" oder tief schnurrend „tserrrr".
VORKOMMEN In unterholzreichen Wäldern, vor allem in Wassernähe; häufig in Parks und größeren Gärten mit bodennaher Deckung.

weißer Brustlatz

kräftige Beine

Die Wasseramsel ist der einzige heimische Singvogel, der schwimmen und tauchen kann.

kurzer Schwanz

recht langer Schnabel

Der Zaunkönig wirkt kompakt – dank kurzem Hals und häufig gestelztem Schwanz.

Singvögel

Alpenbraunelle
Prunella collaris — Braunellen

ganzjährig

Flanken rostbraun gestreift

Das Weibchen der Alpenbraunelle baut ein recht umfangreiches Nest aus Gras und Halmen mit einem Unterbau aus Moos. Für die Innenauskleidung verwendet es Federn und Haare. Beide Partner füttern die Jungen. Die anhaltend schwätzenden und melodisch trillernden Gesangsstrophen erinnern an Feldlerchen.

MERKMALE 15–17,5 cm. Größer und weniger zierlich gebaut als Heckenbraunelle, wirkt lerchenartig. Flug wellenförmig, wirkt kraftvoll und erinnert an Lerchen und Finken. Ruft rollend „tschirrüp" oder lerchenartig „drü drü".
VORKOMMEN Meist oberhalb der Baumgrenze auf niedrig bewachsenen alpinen Matten, Steinhalden und Felsabbrüchen. Im Winterhalbjahr meist in tieferen Lagen, nicht selten in der Nähe von Berghütten oder Liftanlagen.

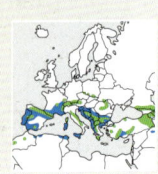

Heckenbraunelle
Prunella modularis — Braunellen

ganzjährig

Jungvogel

Heckenbraunellen bewegen sich am Boden in geduckter Haltung und ruckartig hüpfend, was etwas an eine Maus erinnert. Manchmal sieht man die Vögel hektisch mit den Flügeln zucken. Die Männchen singen lang anhaltende, leicht an- und absteigende Zwitscherstrophen, die sie in eiligem Tempo und oft von einer Busch- oder Baumspitze aus vortragen.

MERKMALE 13–14,5 cm. Insgesamt düster gefärbt. Verhalten unauffällig, Brust und Kopf blaugrau, Schnabel schlank. Wirkt im Flug oft huschend. Ruft laut und scharf „sieh" und vibrierend „tihihi".
VORKOMMEN In unterwuchsreichen Nadel- und Mischwäldern, häufig in Waldrandlage, besonders in jüngeren Nadelwaldpflanzungen, Feldgehölzen und Heckenlandschaften sowie in buschreichen Parks, Friedhöfen und naturnahen Gärten.

Kehle gefleckt

Flanken rostbraun

Die kräftig gebaute Alpenbraunelle erinnert im Flug an Lerchen und Finken.

Schnabel schlank

Kopf und Brust blaugrau

Die Heckenbraunelle läuft oft mit ruckartigen Bewegungen am Boden.

Singvögel

Amsel
Turdus merula — Drosseln

ganz-
jährig

Weibchen

Amseln packen einen Regenwurm mit dem Schnabel, stemmen sich mit beiden Beinen gegen den Boden und ziehen ihn ruckweise aus der Erde. Die Männchen singen auf Baumwipfeln oder Antennen. Die meisten der oft sehr unterschiedlichen Strophen bestehen aus melodisch flötenden und orgelnden Lautfolgen, die häufig mit einem gepressten Zwitschern enden.

MERKMALE 23,5–29 cm. Männchen mit einheitlich schwarzem Gefieder, Schnabel und Lidring gelb. Weibchen überwiegend dunkelbraun mit hellerer Kehle und schwach gefleckter Brust. Ruft häufig schnelle „tix-tix-tix"- oder „duk-duk-duk"-Folgen.
VORKOMMEN Sehr häufig in verschiedenen Wäldern, in Heckenlandschaften, Feldgehölzen und Buschland, besonders aber in Parks und Gärten, selbst mitten in der Großstadt.

Ringdrossel
Turdus torquatus — Drosseln

April
–Okt

Weibchen

Ringdrosseln sind viel scheuer als Amseln – einmal aufgeschreckt landen sie erst in größerer Entfernung wieder. Sie stehen oft auf Felsen. Zu den Zugzeiten, vor allem im Herbst, trifft man bei uns gelegentlich nordische Durchzügler im Flachland. Die Gesangsstrophen der Männchen erinnern an Singdrosseln, klingen aber viel monotoner und melancholischer.

MERKMALE 24–27 cm. Stets mit hellem Brustband. Mitteleuropäische Männchen unterseits mit weißlichem, nordische, schwarze Männchen mit weißem Brustband. Wirkt im Flug hell durch helle Federränder. Ruft tief und hart „tok" oder „tjock".
VORKOMMEN In den Alpen in felsigen Hängen und alpinem Nadelwald mit Freiflächen, oft auf Blockhalden oder feuchten Almen. In Nordeuropa steile Fjällgebiete, in Schottland Heideflächen.

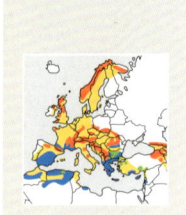

Lidring gelb

Schnabel gelb

Gefieder einheitlich schwarz

Die Amsel erkennt man an ihrer typischen Gestalt mit oft angehobenem Schwanz.

weißes Brustband

geschuppte Unterseite

Die Ringdrossel erkennt man von Weitem an ihren hellen Partien auf Brust und Flügeln.

Singvögel

Singdrossel
Turdus philomelos — Drosseln

März –Okt

Jungvogel oberseits beige gefleckt

Die lauten, abwechslungsreichen Gesangsstrophen der Singdrossel-Männchen gehören zu den schönsten heimischen Vogelstimmen. Sie bestehen aus 2- bis 3-mal wiederholten, flötenden und zwitschernden Motiven.

MERKMALE 20–22 cm. Recht klein und kompakt, mit großen dunklen Augen. Oberseite braun, Unterseite weißlich und dicht schwärzlich gefleckt. Der Flug wirkt ruckartig, die orangegelbliche Färbung der Unterflügeldecken ist manchmal sichtbar. Typischer Ruf ist ein scharfes „zipp", meist im Flug oder beim Abflug zu hören.
VORKOMMEN In Wäldern aller Art, gerne Mischwald mit viel Unterholz, auch Feldgehölze, Parks, Friedhöfe, Gärten.
SCHON GEWUSST? Singdrosseln schlagen häufig Gehäuseschnecken auf harten Unterlagen auf, den sogenannten Drosselschmieden, um den Inhalt zu verzehren.

Misteldrossel
Turdus viscivorus — Drosseln

ganzjährig

rundliche Flecken

Im Flug legt die Misteldrossel nach jeder Schlagphase ihre Flügel an, wodurch die stark wellenförmige Flugweise zustande kommt. Die melancholisch flötenden, weit tragenden Gesangsstrophen erinnern an Amselgesang. Sie werden in fast gleicher Tonhöhe vorgetragen.

MERKMALE 26–29 cm. Unsere größte Drossel, steht oft sehr aufrecht. Oberseite braungrau, Flecken der Unterseite rundlich, nicht pfeilförmig. Ruft hart „tzerrrr".
VORKOMMEN In hochstämmigen Wäldern, vor allem in lichtem Nadelwald mit angrenzenden Wiesen und Weiden für die Nahrungssuche, auch in Parks und Gärten.
BEOBACHTUNGSTIPP Die Strophen der Misteldrossel sind kürzer und eintöniger als die der Amsel, gepresste Lautfolgen fehlen. Misteldrosseln singen oft auch in der Mittagszeit.

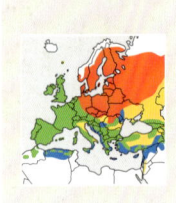

Augen recht groß

Unterseite dicht gefleckt

Die Singdrossel fliegt etwas ruckartig, oft sieht man das Orangegelb der Unterflügel.

relativ kleine Augen

Unterseite kräftig gefleckt

Die Misteldrossel steht am Boden aufrecht, im Flug wirkt sie langschwänzig.

Singvögel

Rotdrossel
Turdus iliacus — Drosseln

Okt
–April

Flanken und Unterflügel rostrot

Nicht selten fliegen Rotdrosseln in den Schwärmen der Wacholderdrosseln mit und landen gemeinsam auf Wiesenflächen, um dort Nahrung zu suchen. Häufig sieht man sie in Beerensträuchern. Der Gesang besteht aus zwei Teilen: einer schnellen, melancholisch flötenden, meist abfallenden Lautfolge, auf die ein leises, hastiges und gepresstes Zwitschern folgt.

MERKMALE 19–23 cm. Die kleinste europäische Drossel, recht gedrungen und kurzschwänzig. Breiter Überaugenstreif, rostrote Flanken. Unterflügeldecken rostrot, oft beim Auffliegen zu sehen. Der Flugruf ist hoch und etwas rau „zjieh".

VORKOMMEN In lichten nordischen Nadel- und Birkenwäldern, auch in vielen Stadtparks. In Mitteleuropa nur in Polen und Teilen Tschechiens Brutvogel, sonst häufiger Durchzügler.

Wacholderdrossel
Turdus pilaris — Drosseln

ganzjährig

Flanken dicht gefleckt

Im Winter sieht man Wacholderdrosseln bei uns oft in großen Schwärmen, die aus nördlichen und östlichen Brutgebieten stammen und auf Wiesenflächen oder auf beerentragenden Gehölzen Nahrung suchen. Die Drosseln brüten in Kolonien auf hohen Bäumen.

MERKMALE 22–27 cm. Große bunte Drossel mit rotbraunen Oberflügeln, an Kopf und Bürzel grau. Im Flug weiße Unterflügeldecken zu sehen. Gesang schwätzend und gepresst zwitschernd, wird häufig im Flug vorgetragen. Ruft schackernd „schak-schak-schak…", im Flug häufig heiser „gieh".

VORKOMMEN Ursprünglich aus der sibirischen Taiga, brütet erst seit etwa 150 Jahren in Mitteleuropa. In aufgelockerten Wäldern, Auwäldern und Feldgehölzen, heute in vielen Parks und Friedhöfen, selbst mitten in Großstädten.

weißlicher Überaugenstreif

rostrote Flanken

Die kleine, gedrungene und kurzschwänzige Rotdrossel ist auf Wiesen zu beobachten.

grauer Kopf

brauner Mantel

Die bunten Wacholderdrosseln sieht man im Winter oft in beerentragenden Büschen.

Singvögel

Zistensänger
Cisticola juncidis — Halmsänger

ganzjährig

auffälliges schwarz-weißes Schwanzende

Zistensänger sind nicht leicht zu beobachten, da sie meist flink wie Mäuse durch dichten Bewuchs schlüpfen. Das schwarz-weiße Schwanzmuster wird erst während des tänzelnden Singfluges erkennbar. Wie *Seidensänger* unternehmen auch Zistensänger seit den 1970er Jahren Brutvorstöße nach Mitteleuropa, die aber durch Kältewinter bedroht sind.

MERKMALE 10–11 cm. Klein, Flügel und Schwanz kurz. Oberseits gelbbräunlich und kräftig gestreift, vor allem auf Schultern und Mantel. Gesang typisch, meist im Flug vorgetragen, ein harter „tsip"-Laut, der ständig im Abstand von rund einer Sekunde wiederholt wird. Ruft kräftig „tschip".
VORKOMMEN In dichten Grasbeständen, oft Seggen oder Binsen im Uferbereich, auch in vergrasten Gärten und extensivem Wiesengelände.

Feldschwirl
Locustella naevia — Grassänger

April –Sept

Oberseite gestreift

Feldschwirle sind schwer zu beobachten, denn sie laufen und kriechen meist „unsichtbar" in dichtem Bewuchs. Mitunter klettern sie an Zweigen hoch und stelzen dabei – anders als Rohrsänger – den Schwanz.

MERKMALE 12,5–13,5 cm. Oberseite olivbraun, dunkel gestreift, Brust verwaschen gefleckt. Singt grillenartig monoton schwirrend, oft minutenlang ohne Unterbrechung. Ruft häufig scharf „tzeck".
VORKOMMEN In Feuchtgebieten mit Hochstauden und Kräutern und in dichtem, feuchtem Gebüsch an Gewässern, daneben auch auf trockenen, vergrasten Waldlichtungen und Kahlschlägen.
SCHON GEWUSST? Die 2–3 Silben des schwirrenden Gesangs wiederholt er über 1000-mal in der Minute. Durch Drehen des Kopfes schwillt dabei die Lautstärke an und ab.

Schnabel leicht abwärts gebogen

kurzer, abgerundeter Schwanz

Der scheue Zistensänger schlüpft wie eine Maus durch dichtes Gestrüpp.

stark gestreifte Oberseite

runder Schwanz

Der olivbraune Feldschwirl ist schwer zu beobachten, meist singt er aus der Deckung.

Singvögel

Schlagschwirl
Locustella fluviatilis — Grassänger

Mai –Aug

breite weiße
Federspitzen am
Unterschwanz

Die Vögel laufen geduckt mit tief eingeknickten Beinen auf dem Boden oder auf waagrechten Ästen und Halmen. Das Nest steht meist in 30–40 cm Höhe gut versteckt und an einen dickeren Ast angelehnt.

MERKMALE 14,5–16 cm. Oberseite graubraun mit olivfarbenem Anflug. Kehle und Brust diffus gefleckt. Schwanz lang, stark gerundet, unterseits helles Fleckenmuster. Singt ausdauernd wetzend „dze-dze-dze…"; ruft „tsr".
VORKOMMEN In Auwäldern und hohem Gebüsch an Gewässern, auch auf feuchten Waldlichtungen, gebietsweise auch in Parks. Östliche Art.
BEOBACHTUNGSTIPP Mitunter singen Schlagschwirle bis zu einer Stunde nahezu pausenlos. Währenddessen klettern sie im Busch langsam nach oben, bis sie mehrere Meter höher sitzen.

Rohrschwirl
Locustella luscinioides — Grassänger

April –Sept

Unterschwanz
ungefleckt

Rohrschwirle halten sich beim Singen oft mit gegrätschten Beinen an zwei Halmen fest. Bei der Nahrungssuche laufen sie über schwimmende Pflanzenstängel oder schlüpfen durch dichtes Pflanzengewirr. Sie fischen ihre Nahrung – Insekten und Spinnen – auch aus dem Wasser. Das kegelförmige Nest ist locker aus Schilfblättern und Halmen gefertigt und steht knapp über dem Wasser.

MERKMALE 13,5–15 cm. Ähnlich Teichrohrsänger, aber mit breiterem, mehr abgerundeten Schwanz und langen, nicht spitzen Unterschwanzfedern. Singt minutenlang schwirrend, tiefer als Feldschwirl, klingt eher surrend. Ruft „tsching".
VORKOMMEN In ausgedehnten Beständen von Schilf, Rohrkolben und Binsen an Gewässerrändern. Überwintert meist südlich der Sahara.

Oberseite ungemustert graubraun

Schwanz lang

Der Schlagschwirl klettert beim Singen im Busch langsam nach oben.

Oberseite rotbraun

breiter, abgerundeter Schwanz

Der Rohrschwirl ist ein typischer Kleinvogel ausgedehnter Schilfwälder.

Singvögel

Schilfrohrsänger
Acrocephalus schoenobaenus

Zweigsänger | April–Sept

langer heller Überaugenstreif

Die lauten, kräftigen Gesangsstrophen des Schilfrohrsängers klingen im Vergleich zu denen des Teichrohrsängers munterer. Sie werden etwas hektisch vorgetragen und enthalten auch Tonsprünge, pfeifende und trillernde Abschnitte sowie Imitationen von anderen Vögeln wie Hausrotschwanz, Bachstelze und Rauchschwalbe. Der ähnliche *Seggenrohrsänger* brütet in Sumpfgebieten Ostpolens.

MERKMALE 11,5–13 cm. Oberseite schwach oder undeutlich gestreift. Langer, weißlicher Überaugenstreif kontrastiert mit dunklen Scheitelseiten und dunklem Augenstreif. Ruft „tjeck", bei Störung rollend „errr".
VORKOMMEN In Schilf- und Rohrkolbenbeständen mit Büschen, aber auch in feuchten Hochstaudenfluren an Gräben oder kleinen Tümpeln.

Mariskenrohrsänger
Acrocephalus melanopogon

Zweigsänger | März–Okt

reinweißer Überaugenstreif
weiße Kehle

Der Mariskenrohrsänger verhält sich im Gegensatz zu anderen Rohrsängern oft wie ein Schwirl. Er steht in der Grätsche auf zwei Halmen, zuckt mit den Flügeln oder stelzt den Schwanz. Die lauten, abwechslungsreichen Gesangsstrophen erinnern etwas an Teichrohrsänger, enthalten aber keine harten oder schnarrenden Tonfolgen, dafür ansteigende Pfeiftöne, die an eine Nachtigall oder einen Brachvogel erinnern.

MERKMALE 12–13,5 cm. Ähnlich Schilfrohrsänger, aber oberseits rotbraun, Kopf kontrastreicher durch dunkleren Scheitel und breiten, reinweißen Überaugenstreif. Ruft hart und kehlig „krrrk".
VORKOMMEN An Rändern von großflächigen, im Wasser stehenden Schilfbeständen, die durch Rohrkolben und Binsen aufgelockert sind, kaum in reinem Schilfröhricht. Brütet am Neusiedler See.

Scheitel dunkel

Oberseite gestreift

Der Schilfrohrsänger startet häufig von einem Halm aus zu einem Singflug.

Scheitel sehr dunkel

Oberseite rostbraun

Der Mariskenrohrsänger schlüpft gerne durch liegendes Schilf und stelzt oft den Schwanz.

Singvögel

Teichrohrsänger
Acrocephalus scirpaceus — Zweigsänger | Mai –Sept

Bürzel rostbraun flacher Kopf

Teichrohrsänger trifft man bei der Nahrungssuche häufig in Bäumen und Büschen in Wassernähe an, Sumpf- und Buschrohrsänger dagegen eher im dichten Krätergewirr. Der Gesang wird in bedächtigem Tempo und nicht besonders laut vorgetragen. Er imitiert viel weniger als die Schwesterarten. Es dominieren knarrende und mechanisch klingende Tonfolgen, aber auch wohlklingende Passagen kommen vor.

MERKMALE 12,5–14 cm. Häufigster Rohrsänger im Schilf. Im Vergleich zum Sumpfrohrsänger Schnabel länger und Stirn flacher, Bürzelbereich warm rostbraun. Ruft „tscherr" oder „tschörr".
VORKOMMEN In Schilfflächen an Teichen, Seen und langsam fließenden Flüssen. Manchmal auch in kleinen Schilfstreifen. Singt zur Zugzeit mitunter in Gärten. Überwintert in den Savannen Afrikas.

Sumpfrohrsänger
Acrocephalus palustris — Zweigsänger | Mai –Sept

Bürzelbereich wie Oberseite gefärbt

Der sehr abwechslungsreiche, wohlklingende Gesang aus quirlenden und gequetscht klingenden, arteigenen Tonfolgen besteht fast ausschließlich aus brillanten Imitationen. Der sehr ähnliche, nordöstliche *Buschrohrsänger* singt meist in über drei Metern Höhe. Seine Gesangsdarbietungen sind langsamer und häufiger von Pausen unterbrochen. Typisch ist die mehrfache Wiederholung vieler Motive.

MERKMALE 13–15 cm. Wirkt durch den kürzeren Schnabel und den runderen Kopf etwas freundlicher als der sehr ähnliche Teichrohrsänger.
VORKOMMEN In feuchtem Gebüsch in Gewässernähe, oft an üppig mit Hochstauden und schilfbewachsenen Gräben; früher häufig in Getreidefeldern. Überwintert im südöstlichen Afrika.

langer Schnabel

Beine graubraun

Der Teichrohrsänger singt sehr ausdauernd im Röhricht, auch in schmalen Streifen.

Flügel lang

Beine hell

Der Sumpfrohrsänger fällt durch seinen extrem abwechslungsreichen Gesang auf.

Singvögel

Drosselrohrsänger
Acrocephalus arundinaceus — Zweigsänger | Mai –Sept

groß, mit kräftigem Schnabel

Gewöhnlich fliegt der Drosselrohrsänger am Schilfrand entlang und spreizt dabei die Steuerfedern. Die Männchen tragen ihren sehr lauten und weit tragenden Gesang meist hoch auf einem Schilfhalm stehend vor. Die deutlich voneinander abgesetzten Strophen sind überwiegend kurz und enthalten meist raue und knarzende Tonfolgen, aber auch wohltönende Passagen: „karre-karre-karre-kiet-kiet-kiet drü-drü-drü-drü dore dore dore tsiep-tsiep-tsiep…".

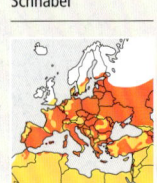

MERKMALE 16–20 cm. Fast drosselgroßer, kräftig gebauter Rohrsänger. Schnabel drosselartig. Ruft hart „karr" oder „kerr", in Nestnähe „zäck zäck".
VORKOMMEN In ausgedehnten Flächen von Altschilf an Seen, Teichen und Flüssen, meist am Rand von Gewässern. Überwintert im mittleren und südlichen Afrika. In Deutschland inzwischen sehr selten.

Blassspötter
Iduna pallida — Zweigsänger | April –Aug

Oberseite grau mit olivgrünem Anflug

Blassspötter halten sich während der Nahrungssuche vor allem in hohem Gebüsch auf. Ihr Gesang erinnert mit seinen Motiv-Wiederholungen und dem Fehlen von Imitationen an den des Teichrohrsängers, allerdings ist das Tempo weniger gemächlich, der Vortrag ist abwechslungsreicher und der Klangeindruck weniger rau.

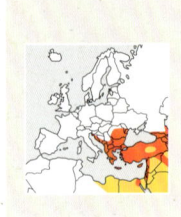

MERKMALE 12–13 cm. Ähnlich Teichrohrsänger mit langem Schnabel und flachem Kopf, jedoch mit breiter Schnabelbasis. Schlägt oft den Schwanz nach unten. Ruft fast ständig „tschek".
VORKOMMEN In halb offener, buschreicher Landschaft mit einzelnen Bäumen, gerne Obstplantagen, Tamariskengebüsch oder Weidenbestände an Flussufern. In Ungarn leben etwa 200 Brutpaare. Überwintert südlich der Sahara.

Schnabel drosselartig

Bürzelbereich heller

Der große Drosselrohrsänger unternimmt häufig Flüge knapp über dem Schilf.

Schnabelbasis breit

Schwanzende gerade

Der Blassspötter schlägt den Schwanz oft nach unten.

79

Singvögel

 Gelbspötter | Mai
Hippolais icterina — Zweigsänger | –Aug

helles Flügelfeld

Das Gelbspötter-Männchen und das Weibchen bauen gemeinsam ein hübsches Napfnest, das sie um eine Astgabel flechten. Die lauten, lebhaft und hastig vorgetragenen Gesangsstrophen sind sehr abwechslungsreich und enthalten eine Fülle von guten Imitationen anderer Vögel. Typisch ist ein gequetschtes „giäää" sowie der in den Gesang eingeflochtene „dideroid"-Ruf.

MERKMALE 12–13,5 cm. Rohrsängerähnliche Gestalt und kräftiger, heller Schnabel. Unterseite bei Altvögeln im frischen Gefieder hellgelb, im abgetragenen Kleid und bei Jungvögeln viel blasser. Ruft oft „dederoid" oder „tetedwi".
VORKOMMEN Aufgelockerte, unterholzreiche Laubwälder, häufig in Auwäldern; auch in Feldgehölzen, Parks und Friedhöfen mit alten Laubbäumen. Überwintert im tropischen Afrika.

Orpheusspötter | Mai
Hippolais polyglotta — Zweigsänger | –Aug

kurze runde Flügel

Orpheusspötter stehen im Gegensatz zu Gelbspöttern während der Gesangsdarbietung häufig auf Zweigen in der Sonne und lassen sich gut beobachten. Ihre Strophen erinnern an den Sumpfrohrsänger.

MERKMALE Sehr ähnlich dem Gelbspötter, aber ohne helles Flügelfeld und mit deutlich kürzeren Flügeln. Wirkt im Flug mehr flatternd als Gelbspötter. Ruft „tschret" und sperlingsartig „trrrt".
VORKOMMEN In Jungwald, dichtem, dornigem Gebüsch am Waldrand, in Tamariskengestrüpp, gerne in Kiesgruben. Brutvogel und Einwanderer in warmen Gegenden Südwestdeutschlands sowie der Süd- und Westschweiz.
BEOBACHTUNGSTIPP Orpheusspötter singen hastig und flechten in ihren Gesang tschilpende Rufe ein.

Schnabel lang

Flügel lang

Der Gelbspötter erinnert an Laubsänger, bewegt sich im Gezweig aber weniger hektisch.

Flügel kurz

Orpheusspötter stehen beim Singen anders als Gelbspötter auf Zweigen in der Sonne.

Singvögel

Mönchsgrasmücke
Sylvia atricapilla — Grasmücken

| April –Okt

Weibchen
braune Kopfplatte

Der Gesang der Mönchsgrasmücke zählt zu den klangvollsten heimischen Vogelstimmen. Er beginnt mit einem leisen, zwitschernden Vorgesang, der in den Überschlag aus kräftigen Flötentönen übergeht.

MERKMALE 13,5–15 cm. Die weitaus häufigste und bekannteste Grasmücke. Gefieder überwiegend grau. Männchen mit schwarzer, Weibchen (Foto oben rechts) und Jungvögel mit brauner Kopfplatte. Ruft häufig hart und laut „täck", oft mehrfach wiederholend.
VORKOMMEN In unterholzreichen Wäldern, Feldgehölzen und höheren Hecken sowie in Parks und auf Friedhöfen.
SCHON GEWUSST? Die meisten europäischen Mönchsgrasmücken überwintern im Mittelmeerraum und Nordafrika. Seit einigen Jahren zieht ein Teil von ihnen nach England, wo die Bedingungen recht gut sind.

Gartengrasmücke
Sylvia borin — Grasmücken

| Mai –Sept

rundlicher Kopf

Die Gartengrasmücke lebt sehr versteckt in dichtem Gebüsch und lässt sich nur selten beobachten. Die laut vorgetragenen, recht tiefen Gesangsstrophen klingen sehr angenehm plaudernd und volltönend, enthalten aber auch rauere Lautfolgen. Sie sind weniger flötend als die Strophen der Mönchsgrasmücke und erinnern im Klangeindruck eher an Drosselgesang.

MERKMALE 13–14 cm. Kaum typische äußere Kennzeichen. Robuster Körperbau mit recht kurzem, kräftigem Schnabel. Gefieder oberseits graubraun, an den Halsseiten verwaschener Grauton. Ruft häufig scharf „tschek-tschek".
VORKOMMEN Weniger in Gärten, sondern in dichtem, hohem Gebüsch an Waldrändern, gerne auch in üppig bewachsenem Uferdickicht. In alpinen Grünerlenbeständen bis in 2000 m Höhe.

schwarze Kopfplatte

Flügel bräunlich

Die Mönchsgrasmücke ist die häufigste Grasmücke in unseren Gärten und Parks.

sanfter Gesichtsausdruck

Oberseite einheitlich graubraun

Die sehr versteckt lebende Gartengrasmücke ist kein typischer Gartenvogel.

Singvögel

Klappergrasmücke
Sylvia curruca — Grasmücken

April –Sept

kein Rostbraun im Gefieder
dunkle Beine

Im Vergleich zu anderen Grasmücken zeigen sich Klappergrasmücken häufiger dem Beobachter und singen oft in Bäumen. Der Gesang besteht aus zwei Teilen: Auf einen leisen, eilig schwätzenden Vorgesang, der hoch einsetzt, folgt ein lautes und eintöniges, etwas hölzernes Klappern auf gleicher Tonhöhe.

MERKMALE 11,5–13,5 cm. Unsere kleinste Grasmücke. Kurzschwänziger als Dorngrasmücke und ohne Rostton in den Flügeln. Die weiße Kehle und die dunklen Wangen wirken maskenhaft. Ruft „tjäck", bei Gefahr unregelmäßig wiederholt „tack".
VORKOMMEN In halb offener Landschaft mit Gebüsch, gerne Waldränder, Feldgehölze, Hecken, auch Parks, Obstgärten und Friedhöfe sowie Moor- und Heidelandschaften. Im Gebirge häufig bis in die Latschenzone.

Dorngrasmücke
Sylvia communis — Grasmücken

Mai –Sept

unternimmt häufig
Singflüge

Die rauen, kratzigen Gesangsstrophen der Dorngrasmücke klingen angenehm. Sie enthalten oft Imitationen anderer Vögel. Während der häufigen wellenförmigen Singflüge singen die Männchen längere Strophen und tragen ein reichhaltigeres Repertoire vor.

MERKMALE 13–15 cm. Recht langschwänzige Grasmücke mit rostbraunen, schwarz gemusterten Oberflügeln, weißer Kehle sowie hellen Beinen. Männchen mit grauem Kopf. Ruft bei Gefahr rau „tschärrr" oder nasal „woid-woid…".
VORKOMMEN In offener, dornbuschreicher Landschaft, vor allem an Waldrändern und in Feldgehölzen sowie in Heckenlandschaften. Die ähnliche *Orpheusgrasmücke* ist seltener Brutvogel der Südschweiz.
BEOBACHTUNGSTIPP Als Singwarten dienen den Männchen meist Buschspitzen oder Zaunpfähle.

weiße Kehle

kurzer Schwanz

Die Klappergrasmücke sieht man im Frühjahr oft in blühenden Obstbäumen.

Kopf grau

Flügel rostbraun

Die Dorngrasmücke trifft man in offener Landschaft mit vielen Dornbüschen an.

Singvögel

Provencegrasmücke
Sylvia undata — Grasmücken | ganzjährig

Weibchen oberseits bräunlicher Anflug

Die meisten Provencegrasmücken sind Standvögel. Allerdings erleiden die Vögel in den nördlichen Arealteilen in kalten Wintern oft große Verluste. Die Männchen singen gerne von Buschspitzen. Häufig starten sie zu tänzelnden und hüpfenden Singflügen. Die kurzen Gesangsstrophen klingen tief zwitschernd und enthalten viele ratternde und kratzende Abschnitte.

MERKMALE 13–14 cm. Wirkt meist recht dunkel mit langem, schlankem, oft gestelztem Schwanz. Oberseite grau, Unterseite überwiegend weinrot. Kehle weiß gepunktet, Weibchen oberseits mit bräunlichem Anflug. Ruft nasal und metallisch „tschörr".
VORKOMMEN In Südengland und Nordfrankreich meist in Heidegebieten mit Ginster. In Südeuropa in der Macchia und niedriger Garrigue sowie in aufgelockerten, gebüschreichen Eichenwäldern.

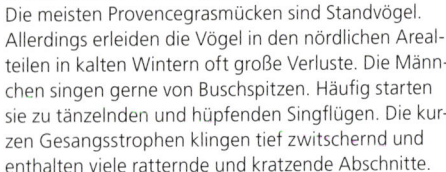

Sperbergrasmücke
Sylvia nisoria — Grasmücken | Mai –Sept

Jungvogel Unterseite kaum gebändert

Die kräftigen Gesangsstrophen der Sperbergrasmücke erinnern an die der Gartengrasmücke, sind aber kürzer und haben meistens den typisch ratternden Ruf.

MERKMALE 15,5–17 cm. Groß, langschwänzig und robust gebaut. Alte Männchen mit kräftig gebänderter Unterseite. Iris orangegelb, bei Weibchen und den meisten jüngeren Vögeln eher gelblich und im Jugendkleid dunkel. Ruft ratternd „trrrrrt-t-t-t".
VORKOMMEN In Dornengebüsch aus Schlehe, Wildrose oder Weißdorn in offener Landschaft oder an Waldrändern, daneben auch in Parks, Wacholderheide und Mooren mit Dornbüschen.
BEOBACHTUNGSTIPP Sperbergrasmücken wirken oft plump und langsam. Immer wieder stelzen sie den langen Schwanz.

Oberseite grau

Schwanz lang

Die Provencegrasmücke lebt sehr versteckt in dichtem Gestrüpp und zeigt sich nur selten.

Iris orangegelb

Unterseite kräftig gebändert

Das Sperbergrasmücken-Männchen unternimmt häufig Singflüge.

87

Singvögel

Fitis
Phylloscopus trochilus — Laubsänger

April–Sept

helle Beine

Im Gegensatz zu anderen Laubsängern singt der Fitis oft ganz frei auf einer Baumspitze. Nicht selten fliegt das Männchen zur Verteidigung seines Reviers mit schmetterlingsartig verlangsamten Flügelschlägen zwischen den Bäumen. Das rundliche Backöfchennest ist in bodennahem Bewuchs gut versteckt.

MERKMALE 11–12,5 cm. Im Vergleich zum Zilpzalp hellere Beine, längere Flügel und schwache Gelbfärbung von Kehle, Brust und Überaugenstreif. Singt abfallende, melancholische Strophen, leiser und viel weicher als der Buchfinkenschlag. Ruft fragend und meist deutlich zweisilbig „hü-it".

VORKOMMEN In unterholzreichen, lichten Laub- und Mischwäldern, nicht selten an Gewässerufern, in Mooren, aber auch in vielen Parks und Gärten. Überwintert im tropischen West- und Südafrika.

Zilpzalp
Phylloscopus collybita — Laubsänger

März–Okt

Das Zilpzalpnest ähnelt dem Fitisnest, ist aber lockerer zusammengefügt und steht meist etwas höher im Bewuchs zwischen Kräutern, Hochstauden und niedrig in Sträuchern. Im Winter trinken Zilpzalpe oft Nektar.

Jungvogel
Flügel relativ kurz

MERKMALE 10–12 cm. Im Gegensatz zum Fitis stets mit dunklen Beinen. Schlägt den Schwanz bei der Nahrungssuche im Gezweig nach unten. Jungvögel brauner als Altvögel. Singt ständig seinen Namen: „zilp zalp zelp zilp zalp". Ruft einsilbig und recht hart „huit".

VORKOMMEN Häufig in strukturreichen Misch- und Laubwäldern sowie Feldgehölzen, oft in höherem Gebüsch, in Friedhöfen, Parks und vielen Gärten. Überwintert hauptsächlich im Mittelmeerraum.

BEOBACHTUNGSTIPP Der Zilpzalp singt ständig seinen eigenen Namen: „zilp zalp zelp zilp zalp".

deutlicher Überaugenstreif

Flügel lang

Der Fitis bewegt sich bei der Nahrungssuche rastlos und agil im Gezweig.

Flügel recht kurz

Beine dunkel

Der Zilpzalp schlägt bei der Nahrungssuche den Schwanz ständig nach unten.

Singvögel

Waldlaubsänger
Phylloscopus sibilatrix — Laubsänger | April–Aug

Brust und Kehle gelb

Das Weibchen des Waldlaubsängers wählt den Neststandort aus und fertigt ein rundliches Bodennest mit seitlichem Eingang. Es besteht vorwiegend aus Gras und Halmen. Es enthält keine Federn.

MERKMALE 11–12,5 cm. Brust, Kehle und Überaugenstreif meist gelb. Bauch reinweiß. Singt eine Schwirrstrophe mit einigen „sib"-Tönen eingeleitet und eine Serie von melancholischen „djü"-Lauten. Ruft häufig sanft und traurig „düh".
VORKOMMEN In Laub- und Mischwäldern mit nur geringem Unterwuchs, vor allem hochstämmige Buchenwälder. In Nordeuropa auch im Nadelwald.
BEOBACHTUNGSTIPP Das Männchen singt meist auf einem horizontalen Ast im unteren Kronenbereich und unternimmt häufig horizontale Singflüge.

Berglaubsänger
Phylloscopus bonelli — Laubsänger | April–Aug

Unterseite einheitlich weißlich

Berglaubsänger unternehmen, anders als Waldlaubsänger, keine Singflüge. Sie bauen aber ebenfalls ovale, geschlossene Backöfchennester oft in eine Bodenmulde an einer trockenen Stelle. Typisch ist eine sonnige Hanglage mit viel altem Gras oder dichtem Gewirr aus Zwergsträuchern. Nur das Weibchen baut, aber die Fütterung der Jungen ist Elternpflicht.

MERKMALE 10,5–11,5 cm. Flügelfedern mit grünlichen Rändern. Oberseite blassolivgrau, Bürzel grüngelb, Unterseite einheitlich weißlich. Kurze, schwirrende Gesangsstrophen, erinnern an Waldlaubsänger, aber ohne die einleitenden Einzellaute. Ruft „hü-if" oder „dü-ie".
VORKOMMEN In lichten, trockenen Kiefern- und Laubwäldern, häufig an Südhängen, aber auch in Hochmooren. Überwintert südlich der Sahara.

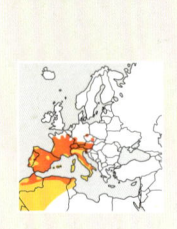

Kehle gelb

Bauch weiß

Der Waldlaubsänger singt meist im unteren Kronenbereich von Buchen.

Kopf wenig gemustert

grünliche Flügelfederränder

Der Berglaubsänger erinnert an den Fitis, wirkt aber unterseits oft auffällig weiß.

Singvögel

Grünlaubsänger
Phylloscopus trochiloides — Laubsänger | Mai –Sept

kurze, helle Flügelbinde

Grünlaubsänger sind Langstreckenzieher, deren Winterquartiere vorwiegend in Indien liegen. Sie breiten sich allmählich nach Westen aus. In Mitteleuropa brütet die Art bisher nur im Nordosten. In Deutschland gelang 1990 ein Brutnachweis auf Helgoland.

MERKMALE 9,5–10,5 cm. Meist deutliche, kurze Flügelbinde. Dunkle Beine und weißlicher, breiter Überaugenstreif. Singt eilig, laut, schwirrend und wirkt etwas stotternd. Ruft bachstelzenartig „zi-litt" oder tschilpend.
VORKOMMEN Brütet in alten, unterwuchsreichen Laub- und Mischwäldern sowie in älteren, urwaldartigen Nadelwaldbeständen und lokal auch in Parks.
BEOBACHTUNGSTIPP Bei der Nahrungssuche im Gezweig zucken die Grünlaubsänger häufig mit Flügeln und Schwanz.

Wanderlaubsänger
Phylloscopus borealis — Laubsänger | Juni –Aug

langer, weißer Überaugenstreif und dunkler Augenstreif

Wanderlaubsänger ziehen von ihren Brutgebieten am Nordrand der Taiga nach Südosten, um in den Tropen Südostasiens zu überwintern. Da ein sehr geringer Teil der Brutvögel in Südwestrichtung wandert, erscheint dieser Laubsänger mitunter auf den Britischen Inseln, aber dennoch nur ausnahmsweise in Mitteleuropa.

MERKMALE 9,5–10,5 cm. Größer, robuster und langflügeliger als Grünlaubsänger. Oberseits grün mit grauem oder braunem Anflug. Eine helle Flügelbinde, mitunter Andeutung einer zweiten. Ruft „tzret" oder wasseramselartig „zsrri zsrri", auf dem Zug heiser „tswi-wip". Singt eintönig schwirrend.
VORKOMMEN Seltener Brutvogel in den nördlichsten Taigawäldern Skandinaviens, Finnlands und Russlands. Meist an Hängen mit Fjällbirken und üppigem Unterwuchs, aber auch in Kiefernwald.

langer weißlicher Überaugenstreif

Der Grünlaubsänger zuckt bei der Nahrungssuche häufig mit Flügeln und Schwanz.

langer Überaugenstreif

helle Flügelbinde

Der Wanderlaubsänger ist ein seltener Brutvogel in nordischen Birken- und Kiefernwäldern.

Singvögel

Wintergoldhähnchen
Regulus regulus — Goldhähnchen | ganzjährig

Nicht selten ziehen Wintergoldhähnchen im Winterhalbjahr zusammen mit Meisen und Baumläufern in Trupps umher. Mitunter sind sie dann auch an Futterhäusern zu beobachten. Ihre Gesangsstrophen klingen hoch und dünn, aber scharf: Sie singen ein auf- und absteigendes „sisisisi" mit betontem Schlussteil.

Weibchen
Scheitel ohne Orange

MERKMALE 8,5–9,5 cm. Kleinster Vogel Europas. Färbung überwiegend graugrün. Gesicht kontrastlos. Auffälliger gelber, schwarz eingerahmter Scheitelstreif, fehlt bei Jungvögeln. Beim Männchen sind einige innere Scheitelfedern kräftig orangefarben. Ruft sehr hoch „si-si-si" oder „sit-sit-sit".
VORKOMMEN Meist in älterem Fichtenwald, aber auch in Kiefernwald, im Gebirge in Beständen von Zirbelkiefern bis rund 2000 m Höhe. In Irland (keine Fichten) in Laubwald aus Eichen und Erlen.

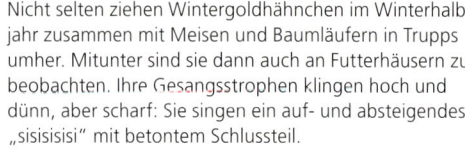

Sommergoldhähnchen
Regulus ignicapillus — Goldhähnchen | März –Okt

Sommergoldhähnchen turnen bei der Nahrungssuche meist im Gezweig von Bäumen und Büschen und erbeuten Insekten vorwiegend von der Oberseite der Zweige. Die Gesangsstrophen sind kürzer als die der Zwillingsart, steigen in der Frequenz oft etwas an und haben keinen betonten Schlussteil. Die Jungen schlüpfen in einem dickwandigen Moosnest.

Männchen
Scheitel gelborange

MERKMALE 9–10 cm. Ähnlich Wintergoldhähnchen, aber kontrastreicher gefärbt: Oberseite kräftiger gelbgrün mit markantem Kopfmuster durch breiten weißen Überaugenstreif und schwarzen Augenstreif. Ruft meisenartig „sie-sie-sip".
VORKOMMEN Weniger an Fichtenwald gebunden als die Zwillingsart, auch in offenem Misch- und Laubwald sowie in Parks und größeren Gärten. Überwintert vorwiegend im Mittelmeerraum.

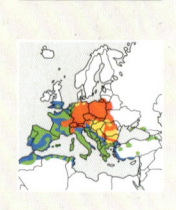

Gesicht ohne Kontrast

Das Wintergoldhähnchen schließt sich im Winter gerne umherziehenden Meisentrupps an.

markantes Kopfmuster

Das Sommergoldhähnchen ist auffälliger gefärbt als das Wintergoldhähnchen (Weibchen).

Singvögel

Grauschnäpper
Muscicapa striata — Schnäpper | Mai –Sept

kein Weiß auf Flügeln und Schwanz

Der Grauschnäpper sitzt häufig in aufrechter Haltung auf freien Warten und zuckt mit Flügeln und Schwanz. Er unternimmt kurze wendige Jagdflüge, um ein Insekt zu schnappen, und kehrt anschließend meist zur selben Warte zurück. Grauschnäpper brüten in Halbhöhlen, oft hinter abstehender Rinde oder unter einem Dach.

MERKMALE 13,5–15 cm. Unscheinbar. Oberseite einförmig und graubraun. Unterseite weißlich. Kehle, Brust und Vorderscheitel fein gestrichelt. Ruft häufig scharf „tzieht", bei Gefahr „zie-zk-zk". Gesang unauffällig aus hohen Zirplauten.
VORKOMMEN In offenem Laub- und Nadelwald mit Lichtungen, aber auch in Feldgehölzen und Obstgärten. Häufig in Parks und Friedhöfen sowie in Gärten mit alten Bäumen. Im Gebirge bis über 2000 m Höhe. Überwintert im südlichen Afrika.

Zwergschnäpper
Ficedula parva — Schnäpper | Mai –Sept

Im Flug auffallend schwarz-weißer Schwanz

Zwergschnäpper halten sich vorwiegend in Baumkronen auf. Sie sind Halbhöhlenbrüter. Das Weibchen baut ein schalenförmiges Moosnest, meist recht exponiert in einer ausgefaulten Baumhöhle. Der nicht sehr auffällige Gesang erinnert an den Fitis: eine reintonige, silberhelle, etwas schwermütige Tonfolge.

MERKMALE 11–12 cm. Alte Männchen mit grauem Kopf und orangeroter Kehle. Sie erinnern auch wegen des häufigen Schwanzstelzens an Rotkehlchen, jedoch deutlich kleiner und mit viel Weiß außen an der Schwanzbasis. Ruft trillernd „zerrt", scharf „tzit" oder „tck", bei Gefahr wehmütig „ilü".
VORKOMMEN In feuchten Buchenwäldern und anderen Laubwäldern mit viel Totholz, gerne auch in Wassernähe. Im östlichen Mittel- und Nordeuropa auch im Nadelwald. Überwintert meist in Indien.

Oberseite schlicht graubraun

rust undeutlich estreift

Der Grauschnäpper sitzt oft aufrecht auf freien Warten und zuckt mit den Flügeln.

Kehle orangerot

Schwanzbasis außen weiß

Weibchen und junge Männchen des Zwergschnäppers zeigen keine Rotfärbung.

Singvögel

Trauerschnäpper
Ficedula hypoleuca — Schnäpper

April –Sept

viel Weiß in Flügeln und Schwanz

Trauerschnäpper stehen nur selten auf freien Warten wie Grauschnäpper. Für die Insektenjagd wählen sie meistens einen etwas gedeckten Ansitz in der Baumkrone. Nach einem Jagdflug landet der Vogel meist nicht auf der Warte, von der er gestartet ist. Der wohltönende Gesang besteht aus kurzen Strophen von rhythmisch auf- und absteigenden Tonfolgen.

MERKMALE 12–13,5 cm. Männchen im Prachtkleid je nach geografischer Herkunft sehr variabel gefärbt: kontrastreich schwarz-weiß oder aber nur oberseits braungrau und unterseits weißlich. Jungvögel gefleckt. Ruft kurz „bit" oder „tzek".
VORKOMMEN In Laub- und Mischwäldern mit gutem Nisthöhlenangebot, in Parks, Friedhöfen und Obstgärten. Fehlt in Süddeutschland lokal völlig. Überwintert im tropischen Westafrika.

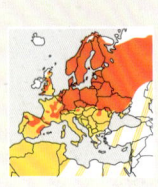

Halsbandschnäpper
Ficedula albicollis — Schnäpper

April –Aug

Männchen viel Weiß im Flügel, weißlicher Bürzel

Die Gesangsstrophen des Halsbandschnäppers ähneln denen des Trauerschnäppers, sind aber etwas höher und langsamer, enthalten größere Tonsprünge und wirken durch die gepresste Klangqualität angestrengt. Halsbandschnäpper sind Höhlenbrüter.

MERKMALE 12–13,5 cm. Alte Männchen kontrastreich schwarz-weiß mit weißem Halsband. Weibchen oberseits überwiegend braungrau mit hellem Nackenband. Ruft durchdringend, hoch und saugend „sieb".
VORKOMMEN In lichten, schattigen Laubwäldern mit altem Baumbestand. Daneben auch in Parks und Obstgärten sowie Friedhöfen und Gärten mit alten Bäumen. Überwintert in Südostafrika.
BEOBACHTUNGSTIPP Achten Sie auf den durchdringenden hohen und saugenden Ruf „sieb".

weißer Stirnfleck

weißes Flügelfeld

Der Trauerschnäpper wählt bei der Insektenjagd eher einen gedeckten Ansitz.

weißes Halsband

Der Halsbandschnäpper ist ein Vogel des alten, höhlenreichen Laubwaldes.

Singvögel

Rotkehlchen
Erithacus rubecula — Schnäpper

ganzjährig

Jungvogel gefleckt

Als Unterlage für das tiefmuldige Napfnest des Rotkehlchens aus Gras, Moos und alten Blättern dient nicht selten ein altes Nest einer anderen Vogelart. Neststandort ist meist eine geschützte Stelle oder Hohlung in dichtem Bodenbewuchs oder ein Mauerloch.

MERKMALE 12,5–14 cm. Gesicht, Kehle und Brust orangerot. Olivbraune Oberseite. Zarte helle Flügelbinde nur von Nahem erkennbar. Jungvögel anfangs hell gefleckt ohne Rot. Ruft scharf „zick", oft in schneller Folge.
VORKOMMEN In ganz verschiedenen Waldtypen bis zur Baumgrenze, in Feldgehölzen, häufig auch in Parks und Friedhöfen sowie in größeren, gebüschreichen Gärten.
BEOBACHTUNGSTIPP Der klare Gesang mit abfallender Tonreihe klingt feierlich und melancholisch. Er wird häufig in der Dämmerung vorgetragen.

Blaukehlchen
Luscinia svecica — Schnäpper

März –Sept

Männchen rotsternig

Die Gesangsstrophen des Blaukehlchens beginnen häufig mit grillenartigen Zirplauten, die immer schneller werden und in ein Potpourri aus eilig vorgetragenen, gepressten und scharfen Tönen und hervorragenden Imitationen übergehen.

MERKMALE 13–14 cm. Stets mit weißlichem Überaugenstreif und rostroter Schwanzwurzel. Gestalt recht ähnlich dem Rotkehlchen. Nordeuropäische Blaukehlchen mit rotem Fleck im Blau der Kehle (rotsterniges Blaukehlchen). Ruft hart „track" und „hüit".
VORKOMMEN An verschilften Gewässerufern und Gräben, in feuchtem Weidengebüsch und Auwald. In den Alpen (selten) und Nordeuropa oberhalb der Baumgrenze. Der *Blauschwanz,* ein Brutvogel Sibiriens, hat sich nach Westen ausgebreitet, wo er derzeit sporadisch bis nach Ostfinnland und Nordschweden vorkommt.

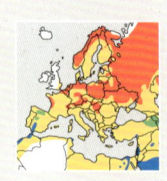

Gesicht und Kehle orangerot

Das Rotkehlchen sucht oft am Boden Nahrung, dabei knickst es immer wieder.

weißlicher Überaugenstreif

rostrote Schwanzwurzel

Das Blaukehlchen startet im Frühjahr häufig zu kurzen Singflügen über dem Brutrevier.

Singvögel

 Nachtigall
Luscinia megarhynchos — Schnäpper | April –Sept

Bürzel rostbraun

Nachtigallen leben versteckt und unauffällig. Ihr oft nächtlicher Gesang ist überaus abwechslungsreich, erstaunlich kräftig und wohlklingend. Die zu immer wiederkehrenden Blöcken zusammengefassten Strophen sind relativ kurz und enthalten neben dem typischen ansteigenden Schluchzen monoton schmetternde Touren, klare Flötentöne und zirpende Tonfolgen.

MERKMALE 15–16,5 cm. Bis auf das Rostbraun von Schwanz und Bürzel ist die Oberseite einfarbig warmbraun. Jungvögel gefleckt. Ruft wie Fitis, aber durchdringender, „hu-it" und tief knarrend „arrr".
VORKOMMEN In feuchtem Gebüsch von Laubwäldern, Parks und großen, naturnahen Gärten.
BEOBACHTUNGSTIPP Nachtigallen stelzen bei der Nahrungssuche am Boden häufig den Schwanz.

 Sprosser
Luscinia luscinia — Schnäpper | April –Sept

Bürzel graubraun

Bei Erregung vollführen Sprosser drehende Schwanzbewegungen. Nachtigallen dagegen stelzen den Schwanz vertikal. Der Gesang ähnelt dem der Nachtigall, ist aber noch lauter und kräftiger. Die Strophen sind länger, tiefer, weniger abwechslungsreich und enthalten ratternde Lautfolgen. Das Schluchzen der Nachtigall fehlt.

MERKMALE 15–17 cm. Sehr ähnlich der Nachtigall, aber oberseits eher graubraun. Kehle und Brust meist zartdunkel gewölkt. Schwanz überwiegend dunkelbraun und mit rötlichem Anflug. Ruft rollend „errr", bei Gefahr durchdringend „hied".
VORKOMMEN In ähnlichen Lebensräumen wie Nachtigall, jedoch eher in feuchteren und schattigeren Bereichen wie feuchtem Laubwald oder Ufergebüsch. Überwintert in Ostafrika.

heller Augenring

Oberseite warmbraun

Die Nachtigall lebt versteckt im dichten Gebüsch und zeigt sich nur selten frei.

Brust zart dunkel gewölkt

Der Sprosser ist die Nachtigall des Nordens, sein Gesang enthält ratternde Folgen.

Singvögel

Hausrotschwanz
Phoenicurus ochruros — Schnäpper | März –Okt

Weibchen düster graubraun

Hausrotschwanz-Männchen singen häufig auf hohen Warten wie Dachantennen oder Hausgiebeln und im Gebirge auf Felsen. Die wie beim Gartenrotschwanz dreiteiligen Gesangsstrophen beginnen mit einer gepressten Tonfolge „jir-tititi". Danach folgen einige knirschende Laute, worauf ein paar Pfeiftöne den Schluss bilden.

MERKMALE 13–14,5 cm. Männchen auffallend schwärzlich mit kontrastreich abgesetztem, weißem Flügelfeld. Weibchen überwiegend düster graubraun. Ruft rau „hiit" oder „hiit-teck-teck".
VORKOMMEN Ist ein Vogel sonniger und trockener Gebirge und Felslandschaften. Heute vor allem in der Kulturlandschaft, in Dörfern und rund um die meisten Bauernhöfe, aber auch in sehr tristen Industriegebieten und sogar mitten in den meisten Großstädten. Überwintert im Mittelmeerraum.

Gartenrotschwanz
Phoenicurus phoenicurus — Schnäpper | April –Okt

kein Weiß im Flügel

Beide Rotschwänze zittern häufig mit dem rostfarbenen Schwanz. Die abfallenden, variablen Gesangsstrophen des Gartenrotschwanzes klingen wehmütig und erinnern etwas an Trauerschnäpper. Häufig hört man sie bereits vor der Morgendämmerung, meist von hohen Baumspitzen oder einer Hausantenne.

MERKMALE 13–14,5 cm. Männchen ansprechend gefärbt, aber trotzdem oft recht unauffällig, besonders im Herbst. Weibchen deutlich heller als Hausrotschwanz-Weibchen, vor allem unterseits. Ruft häufig ansteigend „hüit" oder „hüit-teck-teck".
VORKOMMEN In Laub- und Mischwäldern mit alten, höhlenreichen Bäumen, daneben auch in Parks, Friedhöfen, Gärten und Obstbaumbeständen an Siedlungsrändern. In Nordeuropa vor allem in alten Kiefernwäldern und offener Fichtentaiga.

Unterseite schwärzlich

weißes Flügelfeld

Der Hausrotschwanz zittert wie der Gartenrotschwanz ständig mit dem rostroten Schwanz.

weiße Stirn

rostroter Schwanz

Der Gartenrotschwanz ist ein Bewohner der Laub- und Mischwälder mit alten Bäumen.

Singvögel

Braunkehlchen
Saxicola rubetra — Schnäpper

April –Sept

Männchen
Basen der äußeren Steuerfedern weiß

Im April kehren die Braunkehlchen an ihre mitteleuropäischen Brutplätze zurück. Ihre eilig vorgetragenen Strophen bestehen aus kurzen Lautfolgen, die viele kratzige, gepresste Laute und zwitschernde Abschnitte sowie gute Imitationen enthalten

MERKMALE 12–14 cm. Gedrungen, kurzschwänzig mit breitem, hellem Überaugenstreif. Basen der äußeren Steuerfedern weiß.
VORKOMMEN Auf Verlandungsflächen an Flüssen und Seen, Feuchtwiesen, Niedermooren sowie extensiv bewirtschafteten Wiesen und Weiden, auch auf Brachflächen und trockener Heide.
BEOBACHTUNGSTIPP Ab April lassen sich die häufigen Singflüge und Verfolgungsjagden der konkurrierenden Männchen gut beobachten.

Schwarzkehlchen
Saxicola rubicola — Schnäpper

März –Okt

Weibchen
Gefieder viel blasser

Schwarzkehlchen zucken noch hektischer mit Flügeln und Schwanz als Braunkehlchen. Ihre kurzen, eilig vorgetragenen Gesangsstrophen enthalten neben ratternden und kratzenden Tönen auch pfeifende Laute und häufig Imitationen anderer Vögel.

MERKMALE 11,5–13 cm. In Größe und Gestalt ähnlich dem Braunkehlchen, aber etwas rundlicher, ohne Überaugenstreif und mit einheitlich dunklem Schwanz. Männchen auffallend kontrastreich. Ruft sehr hart kratzend „trat-trat" oder „fiet-trat-trat".
VORKOMMEN Im Vergleich zum Braunkehlchen meist trockenere und weniger einförmige, mit Büschen bestandene Lebensräume. Häufig in Hochmooren.
SCHON GEWUSST? Die Gesangsstrophen erinnern etwas an Heckenbraunelle und Dorngrasmücke.

langer weißlicher Überaugenstreif

orangebraune Brust

Das kurzschwänzige und gedrungene Braunkehlchen sitzt oft auf niedrigen Warten.

Kopf und Kehle schwarz

Schwanz dunkel

Das Schwarzkehlchen hat recht kurze Flügel und einen ganz schwarzen Schwanz.

Singvögel

Steinschmätzer
Oenanthe oenanthe — Schnäpper

April–Okt

Männchen
Rücken grau,
Schwanzmuster T-förmig

Steinschmätzer hüpfen auf dem Boden in schnellen Sprüngen. Danach stehen sie aufrecht und wippen langsam mit dem Schwanz. Häufig sitzen sie auf Steinen oder Pfosten. Der Gesang aus kurzen, eiligen Strophen enthält raue, kratzige Töne, aber auch zwitschernde Tonfolgen, Pfeiflaute und eigene Rufe.

MERKMALE 14–16,5 cm. Männchen im Prachtkleid mit bläulich grauem Mantel. Im Schlichtkleid oberseits braun. Weibchen mit braungrauem Mantel. Im Flug fällt der weiße Bürzelfleck auf. Ruft häufig hart „tschack" oder rau „wiit".

VORKOMMEN Auf Heide- und Moorflächen, Wiesen mit Steinmauern, in Tundragebieten, aber auch auf alpinen Matten mit Felsen und Geröll. Außerhalb der Zugzeit nicht selten auf Wiesen und Feldern und sogar auf Waldlichtungen und Industriegeländen.

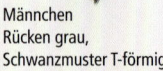

Steinrötel
Monticola saxatilis — Schnäpper

April–Okt

**Weibchen bräunlich,
stark gebändert**

Die Männchen unternehmen oft hohe Singflüge. Die angenehm klingenden Gesangsstrophen enthalten flötende und gepresst zwitschernde Lautfolgen und erinnern an Amsel und Gartenrotschwanz.

MERKMALE 17–20 cm. Männchen im Prachtkleid prächtig bunt: Kopf graublau, weißes Rückenabzeichen. Unterseite und Schwanz rostrot. Weibchen und Männchen im Schlichtkleid bräunlich, stark gebändert.

VORKOMMEN In Mitteleuropa vor allem in der Südschweiz, ebenso wie die verwandte *Blaumerle* auf steinigen Bergwiesen und Blockhalden bis in rund 2500 m Höhe. Gebietsweise auch in Steinbrüchen.

BEOBACHTUNGSTIPP Häufig steht der Steinrötel aufrecht auf einem Felsen und zittert mit dem Schwanz wie ein Hausrotschwanz.

schwarze Maske

Rücken grau

Der Steinschmätzer steht häufig in aufrechter Haltung auf Steinen oder Mauern.

Kopf graublau

Unterseite rostrot

Der scheue und prächtige Steinrötel ist ein seltener Bewohner steiniger Bergwiesen.

Singvögel

Bartmeise
Panurus biarmicus — Bartmeisen

ganzjährig

Weibchen

Bartmeisen fliegen niedrig und geradlinig mit oft breit gefächertem Schwanz über dem Schilf. Sie sind Koloniebrüter, wobei die einzelnen Paare ihre großen, napfförmigen Nester häufig in nur wenigen Metern Abstand voneinander bauen. Im Sommer verzehren sie hauptsächlich Insekten, die im Schilf leben, im Winter Samen von Schilf und Rohrkolben.

MERKMALE 14–15,5 cm. Langer, stufiger Schwanz, Körpergefieder zimtbraun. Männchen mit langem schwarzem Federbart. Im Jugendkleid schwarzer Mantel. Einfacher Gesang aus wenigen unreinen, rufähnlichen Silben: „tschin-tschik-tschräh". Ruft häufig nasal und metallisch „tsching" oder „ping".
VORKOMMEN In großen Schilfflächen, meist an nährstoffreichen Seen oder Teichen. Brütet in Deutschland nur im Nordosten regelmäßig.

Schwanzmeise
Aegithalos caudatus — Schwanzmeisen

ganzjährig

weißköpfige Unterart

Das Schwanzmeisennest gehört zu den kunstvollsten Bauten in der heimischen Vogelwelt. Es ist hoch oval geformt und enthält Moos, Flechten, Pflanzenwolle, Spinnenweben sowie viele Federn.

MERKMALE 13–15 cm. Körper klein und rundlich. Schnabel winzig, Schwanz sehr lang und stufig. In Nord- und Nordosteuropa, seltener Mitteleuropa, weißköpfig. Jungvögel mit dunklen Kopfseiten. Singt leise zwitschernd. Ruft fast ständig weich „tschip", „tsi-tsi-tsi" oder „zerrrr".
VORKOMMEN In unterwuchsreichen Wäldern, gerne naturnahe Laub- und Mischwälder, feuchte Gehölze und auch in vielen Parks und Gärten.
BEOBACHTUNGSTIPP Schwanzmeisen ziehen im Winter in kleinen Trupps umher und sind dann häufiger in Gärten und Parks zu beobachten.

schwarzer Federbart

langer breiter Schwanz

Die Bartmeise fliegt geradlinig und mit schwirrenden Flügelschlägen über dem Schilf.

dunkle Scheitelseiten

sehr langer Schwanz

Die Schwanzmeise erkennt man an ihrer typischen Gestalt und den ständigen Rufen.

Singvögel

Beutelmeise
Remiz pendulinus — Beutelmeisen

April –Okt

Beutelmeisennest

Beutelmeisen turnen gewandt an äußeren Zweigen, nicht selten kopfüber. Außerhalb der Brutzeit sieht man sie im Schilf oder Weidengebüsch. Ihr dickwandiges, kunstvolles Beutelnest aus Samenwolle von Weiden, Pappeln oder Rohrkolben besitzt einen röhrenförmigen Eingang und hängt sehr dekorativ an der Spitze eines äußeren Zweiges, oft einer Weide.

MERKMALE 10–11,5 cm. Klein und meisenähnlich, aber mit schwarzer Gesichtsmaske und braunem Mantel. Jungvögel schlicht grau bräunlich ohne Maske. Singt hoch klirrend und trillernd. Rufe hoch und dünn, abfallend „tssiiüü" oder „tsieülü".
VORKOMMEN In Weiden- und Pappelbeständen an Flüssen, Seen und Teichen, gerne auch in Auwäldern in der Nähe von Schilf- und Rohrkolbenbeständen. Überwintert im Mittelmeerraum.

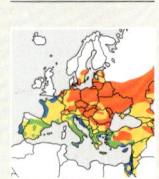

Haubenmeise
Parus cristatus — Meisen

ganzjährig

spitze Federhaube

Haubenmeisen sind meist paarweise unterwegs. Sie suchen im Gegensatz zu anderen Kleinmeisen mitunter auch am Boden Nahrung. Dabei erbeuten sie viele kleine Insekten, deren Larven und Spinnen. Vor allem aber sind sie im Kronenbereich der Nadelbäume zu Hause. Im Winter verzehren sie meist Nadelbaumsamen. Ihre Bruthöhle hacken sie oft selbst – vorwiegend in das morsche Holz eines alten Baumes.

MERKMALE 10,5–12 cm. Spitze, schwarz-weiß melierte Federhaube; Oberseite braun, Unterseite weißlich. Gesang aus aneinandergereihten, rufähnlichen Lauten wie „zi-zi-züt gürregürre zi-zi-züt…". Ruft rollend „ürrrr" oder „zi-zi-gürrrr".
VORKOMMEN Im Nadelwald mit wenigstens etwas Totholz, auch in trockenem, eintönigem Kiefernwald und daneben in vielen Parks und Friedhöfen.

schwarze Maske

brauner Mantel

Die Beutelmeise wirkt meisenartig und fällt durch ihre hohen, dünnen Rufe auf.

geschuppte Federhaube

Oberseite braun

Die Haubenmeise sucht meist paarweise hoch in Nadelbäumen Nahrung.

Singvögel

Kohlmeise
Parus major — Meisen | ganzjährig

Jungvogel Wangen gelblich, schwarze Begrenzung nach unten fehlt

Die robusten Kohlmeisen suchen im Vergleich zu anderen Meisen häufiger auf dem Boden oder an Baumstämmen nach Nahrung. Im Sommer verzehren sie Insekten, im Winter zusätzlich Samen, Nüsse und Fett, die sie oft in Futterhäusern finden. Sie brüten vorwiegend in Baumhöhlen und Nistkästen, daneben auch in verschiedenen Nischen und Höhlungen.

MERKMALE 13,5–15 cm. Größte und häufigste Meise Europas. Auffälliges schwarz-weißes Kopfmuster. Singt sehr variabel, z.B. „zipe-zipe-zipe…" oder zödizodü-zodü…". Ruft häufig „pink" oder schnarrend „tschär-r-r-r".
VORKOMMEN Überall häufig in Wäldern von der Meeresküste bis in die Latschenregion der Gebirge. Gerne in aufgelockerten Laub- und Nadelwäldern, aber auch in Parks und Gärten.

Blaumeise
Parus caeruleus — Meisen | ganzjährig

Jungvogel deutlich blasser

Für die Jungenaufzucht wählen Blaumeisen meist eine Höhle in einem Laubbaum oder Nistkasten. Gelegentlich findet die Brut auch in einem Mauerloch oder einem alten Briefkasten statt.

MERKMALE 10,5–12 cm. Kleine Meise mit kurzem, kräftigem Schnabel. Gefieder blau und gelb, Scheitel blau und weiß umrahmt. Die *Lasurmeise* aus Nordosteuropa ist ähnlich, aber ohne Gelb. Gesangsstrophen klar, hell, enden trillernd: „sieh-sieh-sieh-sirrrrr" oder „zie-zie-zie-tütütü". Ruft häufig „tsie", „tsiet" oder „tjerr err-err".
VORKOMMEN Häufig in unterholzreichen Laub- und Mischwäldern, vor allem mit Eichen, aber auch in Feldgehölzen, Parks und Gärten.
BEOBACHTUNGSTIPP Gelegentlich brüten Blaumeisen auch in einem Mauerloch oder einem alten Briefkasten.

weiße Wangen

breiter, schwarzer Unterseitenstreif (Männchen)

Die Kohlmeise trifft man in nahezu allen Lebensräumen mit Bäumen.

Oberseite mit viel Blau

Unterseite gelb

Die Blaumeise ist durch geringe Größe und das blau-gelbe Gefieder gekennzeichnet.

Singvögel

Sumpfmeise
Parus palustris — Meisen

ganzjährig

Kopfplatte glänzend schwarz
kleiner Kinnfleck

Sumpfmeisen sieht man oft paarweise. Sie brüten gerne in Baumhöhlen mit engem Einflugloch, um der Konkurrenz mit anderen Höhlenbrütern zu entgehen. Nahrung im Sommerhalbjahr Insekten, deren Larven und Spinnen. Ab Spätsommer meist Kräutersamen, die in Verstecken gehortet werden und nicht selten von Kleinvogelfütterungen stammen.

MERKMALE 11,5–13 cm. Gefieder graubraun und eine glänzend schwarze Kopfplatte, die aber nicht immer auffällt. Wichtiger ist die Stimme: Singt meist monoton klappernd „tje-tje-tje…", „tsie-tsie-tsie…" oder „ziwüd-ziwüd-ziwüd…". Die Rufe klingen wie „pisstjä" oder „pistjä-dä-dä-dä".
VORKOMMEN Kommt weniger in Sümpfen vor, sondern vorwiegend in feuchten Laub- und Mischwäldern mit Eichen und Buchen, auch in Parks und Gärten.

Weidenmeise
Parus montanus — Meisen

ganzjährig

recht breiter Kinnfleck

Für die Brut zimmern sich die in Dauerehe lebenden Weidenmeisen meist eine eigene Höhle in morsche Laubbäume. Gelegentlich beziehen sie Spechthöhlen oder auch Nistkästen. Im Herbst ersetzen die Meisen ihre sommerliche Insektennahrung zunehmend durch Samen, die aber nur selten von Futterhäusern stammen.

MERKMALE 12–13 cm. Kopf groß mit Stiernacken. Große, mattschwarze Kopfkappe, die weit in den Nacken reicht. Schwarzer Kinnfleck recht breit. Im frischen Kleid helles Flügelfeld. Singt wehmütig, etwas an Waldlaubsänger erinnernd, „zjü-zjü-zjü…". Ruft nasal und rau „zi-zi-däh-däh-däh".
VORKOMMEN In feuchten Nadelwäldern und Gehölzen aus Weiden und Birken, in Mooren oder an Gewässern. Seltener in Gärten und Parks. Im Norden typischer Bewohner der Nadelwaldtaiga.

schwarze Kopfplatte

schwarzer schmaler Kinnfleck

Die Sumpfmeise lebt in Laub- und Mischwäldern, ihr typischer Ruf verrät sie.

Stiernacken

helles Flügelfeld

Die Weidenmeise erscheint nur selten an Fütterungen, ihre Rufe klingen nasal.

Singvögel

Lapplandmeise
Parus cinctus — Meisen

ganzjährig

Kopfplatte bräunlich

Lapplandmeisen fangen bereits im Mai, meist noch vor der Schneeschmelze, mit dem Brutgeschäft an. Häufig beziehen sie eine alte Baumhöhle vom Dreizehenspecht. Mitunter hacken sie auch selbst eine Höhle in einen morschen Stamm.

MERKMALE 12,5–14 cm. Bräunliche Kopfkappe und flauschig locker wirkendes Gefieder sind typisch. Singt heiser, etwas kratzend und oft unmelodisch.
VORKOMMEN Brütet in nordischen Nadelwäldern (Taiga), vor allem in Kiefernbeständen mit üppigem Flechtenbewuchs und auch in Fjällbirkenwald.
SCHON GEWUSST? Im Herbst hamstern Lapplandmeisen Kiefernsamen und Raupen und bewahren sie in unzähligen Verstecken unter abstehender Baumrinde oder in dichtem Nadelgezweig auf.

Tannenmeise
Parus ater — Meisen

ganzjährig

zwei Flügelbinden

Tannenmeisen bewegen sich flink und rastlos im dichten Gezweig von Nadelbäumen. Außerhalb der Brutzeit bilden sie nicht selten gemischte Trupps mit anderen Meisen und mit Wintergoldhähnchen und besuchen auch Futterhäuser. Sie nisten in Baumhöhlen und Baumstubben, mitunter auch in Erdlöchern.

MERKMALE 10–11,5 cm. Die kleinste Meise Europas, ähnlich einer schlicht gefärbten, kleinen Kohlmeise, aber länglicher weißer Nackenfleck. Gesangsstrophen fast das ganze Jahr über zu hören: „zewizewizewi…" oder „sitjüsitjüsitjü…". Ruft ähnlich wie Goldhähnchen hoch und fein „psit" oder gereiht „tsi-tsi-tsi", oft wehmütig „tüih".
VORKOMMEN In Nadelwäldern, am häufigsten in älterem Fichtenwald. Im reinen Kiefernwald dagegen nur selten und in geringer Dichte.

reiter,
chwarzer
innfleck

Flanken rostbraun

Die Lapplandmeise ist seltener Bewohner der nordischen Nadelwälder.

länglicher, weißer
Nackenfleck

weißes
Wangenfeld

Die Tannenmeise erinnert an die Kohlmeise. Altvögel aber ohne Gelb im Gefieder.

Singvögel

Waldbaumläufer
Certhia familiaris — Baumläufer

ganzjährig

Waldbaumläufer brüten meist hinter abstehender Rinde in einer Baumspalte oder in einem speziellen Baumläufer-Nistkasten mit seitlichem, schmalem Einschlupf direkt am Baumstamm. Die hohen Gesangsstrophen bestehen aus abfallenden Reihen von zwei Trillern, wobei der erste hoch beginnt und langsam abfällt, der zweite fast ebenso hoch anfängt, aber rascher abfällt.

deutlicher Überaugenstreif

MERKMALE 12,5–14 cm. Beide Baumläuferarten mit rindenfarbigem Tarngefieder und langem Stützschwanz. Schnabel beim Waldbaumläufer meist kürzer. Unterseite einheitlich reinweiß. Überaugenstreif deutlicher. Ruft oft hoch und dünn „srrie" oder „tieh".
VORKOMMEN Hauptsächlich in Nadelwäldern und in Mischwäldern mit hohem Anteil an Nadelbäumen sowie im Gebirge bis zur Baumgrenze.

Gartenbaumläufer
Certhia brachydactyla — Baumläufer

ganzjährig

Die Strophe des Gartenbaumläufers ist kürzer als die seiner Zwillingsart und besteht aus hohen, ansteigenden Pfeiftönen. Das aus Reisern, Halmen und Moos gefertigte Nest befindet sich meist in einem Baumspalt.

MERKMALE Langer, zarter, abwärts gebogener Schnabel, länger als beim Waldbaumläufer. Langer Stützschwanz, unterseits weißlich mit bräunlichen Flanken. Ruft oft laut und hoch „tüt", „tüt tüt tüt" oder „sri".

langer Stützschwanz

VORKOMMEN Im Vergleich zur Schwesterart eher in Laub- und Mischwald, besonders in lichten Wäldern und Parks mit älterem Eichenbestand.
BEOBACHTUNGSTIPP Beide Baumläufer klettern etwas mäuseähnlich in ruckartigen kleinen Sprüngen an Bäumen hoch. Oben angekommen fliegen sie zum Fuß eines anderen Baumes.

recht kurzer Schnabel

langer Stützschwanz

Der Waldbaumläufer klettert an Nadelbäumen ruckartig und in Spiralen empor.

recht langer Schnabel

Flanken bräunlich

Der Gartenbaumläufer, ein Vogel der Laubwälder, kommt auch in Gärten und Parks vor.

Singvögel

Mauerläufer
Tichodroma muraria — Mauerläufer

ganzjährig

Männchen im Schlichtkleid und Weibchen haben eine helle Kehle

Bei der Nahrungssuche an Felswänden hüpft der Mauerläufer mit Hilfe einiger rascher, schmetterlingsähnlicher Flügelschläge von Vorsprung zu Vorsprung aufwärts. Dabei stochert er mit seinem langen, gebogenen Schnabel in Ritzen und Spalten Insekten hervor. Der wohlklingende Gesang besteht aus Reihen dünner, aber weit hörbarer, anschwellender Pfiffe.

MERKMALE 15,5–17 cm. Auffällige karminrote Färbung der großen, runden Flügel im Flug, trotzdem an Felsen kletternd recht unscheinbar und schwer zu entdecken. Kehle bei Männchen im Prachtkleid schwärzer. Ruft kurz und flötend „tüi".
VORKOMMEN An Felswänden in verschiedenen Höhenstufen– von den Tallagen bis in über 3000 m Höhe. Noch vor dem Wintereinbruch in tieferen Lagen, mitunter auch an Gebäuden und Steinbrüchen.

Kleiber
Sitta europaea — Kleiber

ganzjährig

Kleiber klettern sehr geschickt an Baumstämmen, oft an der Unterseite von Ästen und nicht selten sogar mit dem Kopf voran am Stamm abwärts. Ihre Gesangsstrophen klingen pfeifend und trillernd.

Weibchen Flanken hell rostbraun

MERKMALE 12–14,5 cm. Gedrungener Körperbau mit großem Kopf, kurzem Schwanz und spechtartigem Schnabel („Spechtmeise"). Oberseite blaugrau, Unterseite orangebraun. Flanken und Unterschwanzdecken beim Männchen tiefkastanienbraun.
VORKOMMEN In älteren Laub- und Mischwäldern, vor allem mit alten Eichen, häufig in Parks, Friedhöfen und großen Gärten mit altem Baumbestand.
BEOBACHTUNGSTIPP Kleiber entdeckt man leicht durch ihre lauten „twett"- und scharfen „siet"-Rufe.

viel rot im Flügel

Der Mauerläufer ist ein prächtiger Gebirgsvogel mit breiten, runden Flügeln.

kurzer Schwanz

kräftiger Schnabel

Der Kleiber wirkt halslos und großköpfig, er klettert an Baumstämmen auch abwärts.

Singvögel

 ### Neuntöter
Lanius collurio — Würger

Mai –Sept

viel Weiß an der Schwanzbasis

Neuntöter spießen ihre Beutetiere wie Käfer, Heuschrecken und kleine Mäuse als Vorrat und zum besseren Bearbeiten auf Dornen und Stacheldraht auf.

MERKMALE 16–18 cm. Männchen auffällig mit aschgrauem Scheitel, schwarzer Gesichtsmaske und rotbraunen Flügeldecken. Weibchen sind viel unscheinbarer, die schwarze Maske fehlt. Singt leise, gepresst plaudernd und knirschend mit vielen Imitationen anderer Kleinvögel. Ruft häufig heiser „dschäää" oder „tschäk".
VORKOMMEN In offenen Landschaften mit dornbuschreichen Waldrändern und Hecken, häufig in Mooren und Heiden. Überwintert in Ost- und Südafrika.
BEOBACHTUNGSTIPP Neuntöter stehen in aufrechter Haltung auf exponierten Warten. Bei Erregung vollführen sie oft drehende Schwanzbewegungen.

 ### Rotkopfwürger
Lanius senator — Würger

April –Sept

Jungvogel Unterseite deutlich geschuppt

Das Nest des Rotkopfwürgers steht meist in über 2 m Höhe in einem Laubbaum. Es ist halbkugelförmig und besteht vor allem aus Grashalmen und oft filzig behaarten Stängeln und Blumen. Die Würger erbeuten vor allem große Insekten wie Käfer und Hummeln.

MERKMALE 17–19 cm. Scheitel und Nacken sind rotbraun; große, weiße Schulterflecken. Weibchen sind etwas weniger prächtig, Jungvögel unterseits stark geschuppt. Singt anhaltend zwitschernd und schwätzend und imitiert andere Vögel. Ruft heiser „wä-wä-wä…" und „dschärrr".
VORKOMMEN Brütet in Streuobstbeständen, die mit Buschbereichen abwechseln. In Südeuropa oft in lichtem Laubwald, Macchia und abwechslungsreicher Kulturlandschaft, gerne mit Olivenhainen. In Mitteleuropa ist die Art inzwischen sehr selten.

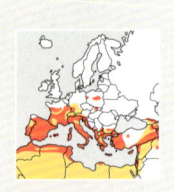

Scheitel aschgrau

Mantel rotbraun

Der Neuntöter steht oft aufrecht auf einer erhöhten Warte und lauert auf Kleintiere.

Scheitel rotbraun

weißer Schulterfleck

Der Rotkopfwürger ist ein seltener Bewohner von naturnahen Streuobstflächen.

Singvögel

Schwarzstirnwürger
Lanius minor – Würger

Mai –Sept

Jungvogel Oberkopf gebändert

Schwarzstirnwürger sind geselliger als andere europäische Würger. Nicht selten jagen mehrere Vögel an günstigen Stellen gemeinsam. Im Vergleich zum Raubwürger stehen sie meist aufrechter auf ihrer Ansitzwarte. Das Nest, kaum unterhalb von 2 m Höhe gebaut, besteht aus dünnen Zweigen, Halmen und Wurzeln sowie grünen Pflanzenteilen.

MERKMALE 19–21 cm. Bei Altvögeln sind vorderer Scheitel und Stirn schwarz. Schwarze Maske fehlt bei Jungvögeln. Recht lauter, plaudernder und schwätzender Gesang. Ruft gepresst „gschwää", „gerrip" und elsterartig „tsche-tsche".
VORKOMMEN, in offener, warmer Landschaft mit hohen Einzelbäumen, Alleen, Feldgehölzen oder Obstbaumkulturen. In Deutschland ausgestorben. Die Winterquartiere liegen im südlichen Afrika.

Raubwürger
Lanius excubitor — Würger

ganzjährig

Raubwürger stehen oft auf hohen Warten, z. B. auf Fichtenspitzen, und lauern auf Beute. Männchen und Weibchen leben in Dauerehe, etablieren aber im Winter jeweils eigene Reviere, in denen sie jagen.

Jungvogel Unterseite grau gewellt

MERKMALE 22–26 cm. Der größte Würger Europas. Schwarze Maske, die sich auf der Stirn höchstens als schmaler Streifen fortsetzt. Weibchen mit schwacher Flankenbänderung. Tief bogenförmige Flugbahn.
VORKOMMEN Meist in Moor- und Heidelandschaften mit Buschgruppen, auch in offener, extensiv bewirtschafteter Kulturlandschaft mit Feldgehölzen, Hecken oder Streuobstgebieten.
BEOBACHTUNGSTIPP Beutetiere wie Kleintiere, Käfer, Eidechsen, Mäuse und kleinere Vögel klemmt der Raubwürger häufig als Vorrat in Astgabeln ein.

Stirn schwarz

lange Flügel

Der Schwarzstirnwürger steht noch aufrechter auf der Warte als der Raubwürger.

Stirn grau

langer Schwanz

Der Raubwürger steht oft auf hohen Warten wie Baumspitzen und Büschen.

Singvögel

 Eichelhäher
Garrulus glandarius — Krähenvögel

ganzjährig

auffälliges Flügel- und Schwanzmuster

Eichelhäher ernähren sich von Eicheln, Nüssen und Bucheckern sowie Früchten. Zur Brutzeit erbeuten sie Insekten und nicht selten Vogeleier und Jungvögel.

MERKMALE 32–35 cm. Gefieder sehr bunt. Im Flug fallen das kontrastreich zum schwarzen Schwanz abgesetzte Weiß des Bürzels und die weißen und blauen Flügelabzeichen auf. Ruft häufig laut rätschend „rääääh", ähnlich Mäusebussard „hiäh".

VORKOMMEN Brütet in Wäldern aller Art bis in etwa 1500 m Höhe, vor allem in Laub- und Mischwäldern mit Eichen, daneben in Feldgehölzen, Parks, Friedhöfen und größeren Gärten.

SCHON GEWUSST? Eichelhäher verstecken sorgfältig Eicheln im Waldboden und tragen so zur Verbreitung von Eichen bei.

 Unglückshäher
Perisoreus infaustus — Krähenvögel

ganzjährig

auf Schwanz, Bürzel und Flügeln viel Rostrot

Unglückshäher lassen sich oft gut beobachten, denn sie sind meist wenig scheu und kommen nicht selten zu mehreren nah heran. Das sehr gut isolierende Nest aus Nadelzweigen und Flechten ist innen mit einer dicken Schicht aus Haaren oder Federn gepolstert. Neststandort ist eine geschützte Stelle rund 3–5 Meter hoch auf einer Fichte oder Kiefer direkt am Stamm.

MERKMALE 22–25 cm. Grundfärbung graubraun, sehr lockeres Gefieder und langer, gestufter, überwiegend rostfarbener Schwanz. Gesang leise mit pfeifenden, knarrenden, trillernden und klagenden Lauten sowie vielen Imitationen. Ruft ähnlich wie Eulen oder Greifvögel, z. B. rau „geä".

VORKOMMEN Brütet in flechtenreichem, möglichst ursprünglichem Nadelwald und im Mischwald, vor allem in der Fichtentaiga. Wandert nur wenig.

hellblaues Flügelfeld

Bürzel und Steißregion weiß

Der Eichelhäher fällt im Flug schon von Weitem durch sein kontrastreiches Gefieder auf.

Körpergefieder graubraun

rostroter Schwanz

Der Unglückshäher lebt versteckt im nordischen Nadelwald, kommt aber oft nah heran.

Singvögel

Tannenhäher
Nucifraga caryocatactes — Krähenvögel

ganzjährig

Gefieder schokoladenbraun, weiß gefleckt

Tannenhäher stehen häufig auf Fichtenspitzen. Im Herbst verstecken sie die Nüsschen der Zirbelkiefer oder Haselnüsse und sichern so die Nahrungsgrundlage für den Winter und die Jungenaufzucht. Die Nestlinge kommen bereits im April zur Welt, wenn die Bergwelt und die Taiga meist noch tief verschneit sind.

MERKMALE 32–35 cm. Gefieder schokoladenbraun mit weißen Flecken, Unterschwanz und Schwanzendbinde blendend weiß. Im Flug etwas ähnlich dem Eichelhäher, wirkt aber durch den kurzen Schwanz und langen Schnabel vorderlastig. Gesang leise schwätzend. Ruft oft heiser und schnarrend „grrräääh", meist mehrfach wiederholend.

VORKOMMEN In Nadel- und Mischwäldern mit Beständen von Zirbelkiefern oder Haselbüschen. In Mitteleuropa vorwiegend in Bergwäldern.

Elster
Pica pica — Krähenvögel

ganzjährig

großes, rundliches Baumnest aus Zweigen

Elstern schreiten auf dem Boden etwas wackelnd, aber würdevoll mit erhobenem Schwanz. Die in Dauerehe lebenden Partner bauen gemeinsam ein großes, überdachtes Baumnest, meist in beträchtlicher Höhe.

MERKMALE 40–51 cm. Schwarz-weißes, kontrastreiches Gefieder, sehr langschwänzig. Flugbild durch langen, gestuften Schwanz und kurze, abgerundete Flügel unverkennbar. Gesang leise und unauffällig. Ruft heiser schäckernd (im Stakkato) „schack-schack-schack…".

VORKOMMEN Brütet in offenen Landschaften mit Bäumen, meist in Kulturland, in Dörfern und Städten, aber auch mitten in Großstädten.

BEOBACHTUNGSTIPP Das Flugbild der Elster ist durch den langen, gestuften Schwanz und kurze, abgerundete Flügel einfach unverkennbar.

langer Schnabel

Schwanzspitze weiß

Der Tannenhäher fällt im Flug durch den kurzen Schwanz mit weißer Endbinde auf.

Metallglanz auf Flügeln und Schwanz

sehr langer Schwanz

Elstern schreiten am Boden etwas wackelnd, aber würdevoll mit erhobenem Schwanz.

Singvögel

Dohle
Coloeus monedula — Krähenvögel | ganzjährig

Augen und Nacken hell

Dohlen leben in Dauerehe und sind auch außerhalb der Brutzeit fast ständig zusammen. Zur Nahrungssuche fliegen sie auf Felder und Wiesen, wo sie vorwiegend nach Insekten, Schnecken und Würmern suchen. Im Winter sieht man sie oft zusammen mit Saatkrähen auf der Suche nach Körnern und Abfällen.

MERKMALE 30–34 cm. Recht klein und kurzschnäblig. Überwiegend schwärzliches Gefieder, grauer Nacken und helle Augen im Alterskleid. Im Flug mit einheitlich grauen Unterflügeln. Typischer Dohlenruf kurz „kja" oder „kjack", manchmal auch lang gezogen „kjaar", bei Gefahr „tjähr".
VORKOMMEN In lichten Laub- und Mischwäldern mit Schwarzspechthöhlen oder Felsgebieten mit Höhlungen. Heute meist Gebäudebruten vor allem in alten Burgen, Kirchen und Ruinen.

Alpendohle
Pyrrhocorax graculus — Krähenvögel | ganzjährig

Gefieder ganz schwarz

Alpendohlen sind sehr gesellig. Nicht selten schließen sie sich zu mehreren Hundert Vögeln zusammen. Die einzelnen Paare halten das ganze Jahr über zusammen und fliegen oft eng beieinander. Häufig werden die Vögel an Berghütten und Gipfeln recht vertraut.

MERKMALE 36–39 cm. Ein geselliger schwarzer Krähenvogel des Hochgebirges. Schnabel etwas gebogen, bei Altvögeln einheitlich gelb. Im Flug gerundetes Schwanzende. Ruft durchdringend, aber angenehm trillernd-rollend „priiep" oder „zierrrr", bei Gefahr durchdringend „krrrüh".
VORKOMMEN Im Hochgebirge mit steilen Felswänden und Höhlungen für die Brut. Im Winter in tieferen Lagen. Im Gegensatz dazu lebt die sehr ähnliche *Alpenkrähe* in der Südschweiz (Wallis) und auf den Britischen Inseln.

Auge hell

Nacken grau

Dohlen fliegen schnell und wendig, oft sieht man sie bei akrobatischen Flugmanövern.

Schnabel einheitlich gelb

Beine rot

Die Alpendohle ist ein Gebirgsvogel, der durch rasante Flugmanöver auffällt.

Singvögel

Rabenkrähe
Corvus corone — Krähenvögel

ganzjährig

gebogener Schnabelfirst

Rabenkrähen ernähren sich vor allem von Insekten, Würmern und Schnecken. Daneben jagen sie kleine Wirbeltiere und suchen nach Getreide, Aas und Abfällen. Zur Brutzeit erbeuten sie viele Nestlinge und Eier anderer Vögel. Männchen und Weibchen bauen gemeinsam ein stabiles Zweignest, oft hoch in einer Baumkrone.

MERKMALE 44–51 cm. Gefieder einheitlich schwarz mit nur schwachem Metallglanz. Schnabel recht dick mit gebogenem First. Flugbild ähnelt der Saatkrähe, jedoch mit gleichmäßig breiten Flügeln. Ruft heiser „kräää" oder „wärr", oft wiederholend.

VORKOMMEN Brütet in aufgelockerten Waldgebieten, Feldgehölzen, Mooren und Heiden sowie im Gebirge und an der Küste, vor allem aber in Kulturland mit Siedlungen, Dörfern und Parks und selbst in Großstädten.

Nebelkrähe
Corvus cornix — Krähenvögel

ganzjährig

Körpergefieder überwiegend grau

In der Lebensweise und der Brutbiologie unterscheiden sich Raben- und Nebelkrähe nur wenig. Als Brutplatz wählt die Nebelkrähe jedoch häufiger Felswände oder eine geschützte Stelle am Boden, beispielsweise in Heidegebieten. Im nördlichen Skandinavien und Finnland ist die Nebelkrähe Zugvogel und wandert im Oktober Richtung Südwesten.

MERKMALE 44–51 cm. Unterseite und Rücken hellgrau gefärbt, sonst sehr ähnlich der Rabenkrähe, auch im Flugbild. Der Schwanz ist nicht einmal angedeutet keilförmig (siehe Saatkrähe). Rufe ebenfalls sehr ähnlich, manche sind weniger rau. Angriffslaut bei beiden trocken schnarrend „krrr krrr…".

VORKOMMEN In Europa ist die Nebelkrähe weiter verbreitet als die Rabenkrähe. In Deutschland hingegen kommt die Nebelkrähe nur östlich der Elbe vor.

Gefieder und Schnabel ganz schwarz

Die Rabenkrähe erkennt man an ihren recht flachen, lässigen Flügelschlägen.

Kopf schwarz

Mantel und Unterseite grau

Die Nebelkrähe erkennt man vor allem an den hellen Gefiederpartien.

Singvögel

 ### Saatkrähe
Corvus frugilegus — Krähenvögel | ganzjährig

Jungvogel befiederte Schnabelbasis

Saatkrähen sind Koloniebrüter. Während der Balz ab Februar unternehmen sie häufig akrobatische Flugspiele über den Bäumen.

MERKMALE 41–49 cm. Schnabelbasis bei Altvögeln unbefiedert grau. Unterscheidet sich von der Rabenkrähe durch den blauen und purpurfarbenen Gefiederglanz sowie das ganz andere Kopfprofil mit steilerer Stirn. Ruft rauer und nasaler als Rabenkrähe „gaaag"" oder „aag-ag".
VORKOMMEN In abwechslungsreichem, fruchtbarem Kulturland bis etwa 300 m Meereshöhe mit Gehölzen oder Baumgruppen, in denen die Nester angelegt werden. Brutkolonien oft in Siedlungen.
BEOBACHTUNGSTIPP Von Oktober bis März lassen sich große Schwärme aus den nordöstlichen Brutgebieten auf Feldern beobachten.

Kolkrabe
Corvus corax — Krähenvögel | ganzjährig

Jungvogel

Kolkraben kreisen nicht selten wie größere Greifvögel am Himmel und halten Ausschau nach Aas und Abfällen. Mitunter töten sie auch schwache und kranke Huftiere. Die Paare leben in Dauerehe zusammen und nisten oft Jahr für Jahr im selben Horst, der meist in einer gegen Niederschläge geschützten Felsnische oder in der Krone eines hohen Baumes steht.

MERKMALE 54–67 cm. Mindestens so groß wie Mäusebussarde. Gefieder einheitlich schwarz, bei Altvögeln metallisch grün und violett glänzend. Im Flug fällt vor allem der keilförmige Schwanz und der weit vorstehende Kopf auf. Ruft meist tief, sonor „krrorr krrorr..." oder „korrp korrp..."
VORKOMMEN In großen Waldgebieten und Gebirgsgegenden mit ausreichendem Bestand an größeren Säugetieren für die Ernährung.

steile Stirn

Schnabelbasis unbefiedert grau

Die Saatkrähe fliegt mit recht tiefen, elastischen Flügelschlägen.

Schnabel sehr kräftig

Schwanz keilförmig

Der Kolkrabe hat lange, recht schmale Flügel und einen keilförmigen Schwanz.

137

Singvögel

Star
Sturnus vulgaris — Stare

Febr–Nov

Schlichtkleid („Perlstar")

Außerhalb der Brutzeit ziehen Stare oft in riesigen Schwärmen umher. Der abwechslungsreiche Gesang enthält raue, knackende, schnarrende, kreischende und pfeifende Tonfolgen sowie gute Imitationen anderer Vögel und von Geräuschen.

MERKMALE 19–22 cm. Untersetzter Körperbau mit kurzem Schwanz. Gefieder im Prachtkleid grünviolett glänzend, im Schlichtkleid (ab Herbst) mit weißen Tupfen übersät. Schnabel im Prachtkleid gelb, bei Männchen mit hellblauer Unterschnabelbasis.
VORKOMMEN In alten Laubwäldern, meist aber in Siedlungen, vor allem aber in Gärten und Parks.
BEOBACHTUNGSTIPP Bei der Nahrungssuche trippeln Stare geschäftig und etwas ruckartig umher und stochern dabei ständig mit dem Schnabel im Boden.

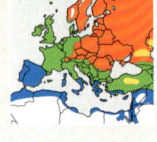

Pirol
Oriolus oriolus — Pirole

Mai–Sept

Weibchen Oberseite grünlich gelb

Der scheue Pirol lebt zur Brutzeit sehr versteckt im Blätterdach der Bäume. Er verrät seine Anwesenheit meist erst durch seinen wohlklingenden, flötenden Gesang, der wie „düdlio" oder „düde-lio" klingt, leicht nachzupfeifen ist und lautmalerisch als „Vogel Bülow" wiedergegeben wird. Bei Störung ruft er häherartig heiser und rau „gjwääk".

MERKMALE 22–25 cm. Altes Männchen leuchtend gelb und schwarz gefärbt. Weibchen und junge Männchen auf der Unterseite auf grüngrauem Grund fein gestrichelt. Im Flug ähnlich Misteldrosseln oder Spechten wegen der Proportionen und der langen flachen Bögen.
VORKOMMEN Brütet in feuchten Laubwäldern, gerne Auwäldern oder Parks mit Gewässern und altem Laubbaumbestand, daneben auch in Pappelalleen und auf Streuobstflächen.

Unterschnabelbasis hellblau

Gefieder grünvioletter Glanz

Der Star zeigt im Flug eine dreieckige Silhouette mit spitzen Flügeln.

Zügelbereich schwarz

Oberseite leuchtend gelb

Der Pirol fliegt in langen Bögen und erinnert damit an die Misteldrossel.

Singvögel

 ### Haussperling
Passer domesticus — Sperlinge

ganzjährig

Das allbekannte, monoton wiederholte Tschilpen ist der arteigene Gesang des Haussperlings. Die meisten von ihnen nisten am Haus, oft in einem Hohlraum unter dem Dach und nicht selten in einem Mauerloch oder Nistkasten.

Weibchen unscheinbar braun-grau

MERKMALE 14–16 cm. Männchen im Prachtkleid recht kontrastreich mit grauem, kastanienbraun eingefasstem Scheitel, rostbraunem Nacken und breitem schwarzem Latz. Weibchen sehr düster braun und grau. Ruft häufig „tschip", im Flug „tschuib" und bei Gefahr zeternd „tscherritititit".
VORKOMMEN Ursprünglich aus Westasien und sehr anpassungsfähig. Heute fast überall in Europa als Kulturfolger in menschlichen Siedlungen von der Küste bis ins Bergland und sogar in den Zentren von Großstädten. Der ähnliche *Italiensperling* besiedelt die Südschweiz.

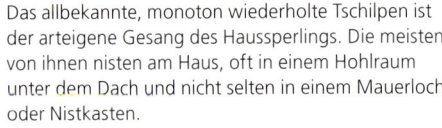

Feldsperling
Passer montanus — Sperlinge

ganzjährig

Feldsperlinge sind viel zurückhaltender und weniger lärmend als Haussperlinge. Sie besuchen auch seltener Futterhäuser. Eher suchen sie wie Goldammern am Boden nach Samen. Der tschilpende Gesang erinnert an den Haussperling, die Silben sind jedoch etwas höher. Feldsperlinge brüten vor allem in Baumhöhlen, in Nischen an Häusern und in Nistkästen.

Jungvogel kein deutlicher Wangenfleck

MERKMALE 12,5–14 cm. Kleiner als Haussperling und relativ kleinköpfig. Scheitel kastanienbraun, helle Kopfseiten mit schwärzlichem Wangenfleck. Ruft im Flug häufig „twit", hart „teck" oder „tscheck".
VORKOMMEN In offener, strukturreicher Kulturlandschaft mit Gehölzen und Hecken, aber auch an Waldrändern und Wegsäumen mit Gebüsch. Recht häufig in Dörfern und an Einzelgehöften, in vielen Städten vor allem an den Rändern und in Parks.

grauer Scheitel

schwarzer Latz

Der Haussperling wirkt häufig unordentlich, denn er plustert sein Gefieder gerne auf.

Scheitel braun

schwärzlicher Wangenfleck

Feldsperlinge sind recht diskret und wenig auffällig, im Flug hört man oft ihre „twit"-Rufe.

Singvögel

Schneesperling
Montifringilla nivalis — Sperlinge

ganzjährig

Schlichtkleid, gelblicher Schnabel

Geeignete Nistplätze finden Schneesperlinge in Spalten und tiefen Löchern in steilen Felsen. Mitunter brüten sie auch an hohen Gebäuden. Ihr lauter Gesang besteht aus einem wiederholten tschilpend-stotternden, etwas zögerlich wirkenden „Tietetscher".

MERKMALE 16,5–19 cm. Groß und langflügelig. Im Flug sind ausgedehnte weiße Partien in Flügeln und Schwanz auffällig. Schnabel und Kehle bei Männchen im Prachtkleid schwarz, Kopf einheitlich dunkelgrau. Ruft häufig rau, durchdringend „ziieh" oder „pschie".
VORKOMMEN Auf felsdurchsetzten Wiesen weit oberhalb der Baumgrenze mit steilen Felswänden oder auch höheren Gebäuden in der Nähe.
BEOBACHTUNGSTIPP Im Winterhalbjahr halten sich Schneesperlinge oft in großen Trupps an Berghotels auf.

Bindenkreuzschnabel
Loxia bifasciata — Finken

ganzjährig

Weibchen Gefieder gelblich grün

Bindenkreuzschnäbel vermögen von den Kreuzschnabelarten am geschicktesten zu klettern und an den Zweigen zu hangeln, um die Samen aus den Zapfen von Lärchen zu klauben. In Finnland nisten sie meist in über 4 m Höhe und gut getarnt in einer Fichte, seltener in einer Kiefer oder Lärche.

MERKMALE 14,5–16 cm. Breite weiße Flügelbinden. Männchen kräftig rosarot, Weibchen gelblich grün. Ruft metallischer und härter als Fichtenkreuzschnabel, oft gereiht „glebb glebb" oder „gibb-gibb", dazwischen trompetend und nasal „tüüht".
VORKOMMEN Im Lärchenwald der (hellen) Taiga Russlands, in Finnland meist in Fichtenwäldern sowie in angepflanzten Forsten mit Japanlärche. Wandert viel – oft bis Mittelskandinavien, brütet dort mitunter auch. Hat sogar schon in Deutschland gebrütet: 1991 auf einem Berliner Friedhof.

Kopf grau

viel Weiß im Schwanz

Den Schneesperling erkennt man im Flug am vielen Weiß in Flügeln und Schwanz.

weiße Flügelbinden

Körpergefieder rosarot

Der Bindenkreuzschnabel ist ein kräftig roter Fink aus der hellen sibirischen Taiga.

Singvögel

Fichtenkreuzschnabel
Loxia curvirostra — Finken

| ganzjährig

Weibchen Gefieder gelb-grünlich

Schottische Kreuzschnäbel *(scotica)* haben als Anpassung an ihre Hauptnahrung – Kiefernzapfen – kräftigere Schnäbel als ihre mittel- und nordeuropäischen Artgenossen, die auf Fichtensamen spezialisiert sind. Der Gesang klingt angenehm trillernd und zwitschernd, oft sind die typischen, metallischen Flugrufe eingestreut.

MERKMALE 15–17 cm. Gedrungen mit großem Kopf und gekreuzten Schnabelspitzen. Männchen mit ziegelrotem Körpergefieder. Jungvögel graubraun und kräftig gestreift. Ruft häufig, laut und metallisch „gjip-gjip-gjip..." oder „kip-kip-kip".

VORKOMMEN In älterem Fichtenwald, im Gebirge bis zur Baumgrenze, seltener in Lärchen- oder Kiefernwald. Besonders außerhalb der Brutzeit in vagabundierenden Trupps, dann nicht selten in Parks und auf hohen Fichten in Gärten.

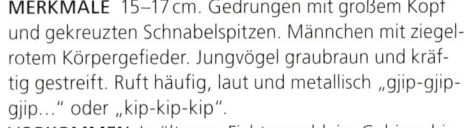
Kiefernkreuzschnabel
Loxia pytyopsittacus — Finken

| ganzjährig

Weibchen Gefieder graugrün

Wandernde Kiefernkreuzschnäbel erscheinen ausnahmsweise auch in Deutschland, wo die Art vereinzelt bereits gebrütet hat. Die Gesangsstrophen, von hohen Wipfeln vorgetragen, sind lauter als die des Fichtenkreuzschnabels und enthalten ratternde und schwirrende Lautfolgen. Das Weibchen baut ein kompaktes Zweignest hoch auf einem Nadelbaum.

MERKMALE 16–18 cm. Schnabel sehr klobig und stark gekrümmt. Bis auf die etwas bedeutendere Größe von Kopf und Schnabel dem Fichtenkreuzschnabel sehr ähnlich und oft nur schwer unterscheidbar. Flugrufe klingen im Vergleich zur Zwillingsart etwas tiefer, eher wie „köpp-köpp".

VORKOMMEN In älterem Kiefernwald oder Nadelmischwald mit hohem Kiefernanteil in der Taigazone Nord- und Nordosteuropas.

gekreuzte Schnabelspitzen

Gefieder ziegelrot

Fichtenkreuzschnäbel fliegen häufig im Trupp über Fichtenspitzen und rufen „kipp-kipp…".

Schnabel sehr hoch

Der Kiefernkreuzschnabel ruft im Flug tiefer als die Zwillingsart: „köpp-köpp…".

145

Singvögel

Hakengimpel
Pinicola enucleator — Finken

ganzjährig

Weibchen Gefieder gelblich orange

Hakengimpel rufen im Flug klar und recht durchdringend „plüit", die Kontaktlaute sind gimpelähnlich. Der wohlklingende, abfallende Gesang aus kurzen, jodelnden Strophen erinnert sowohl an Grünschenkelgesang als auch an manche Rotdrosselstrophen. Im Winter verhalten sich die Vögel auffallend vertraut, besonders, wenn sie dick aufgeplustert Vogelbeeren fressen.

MERKMALE 19–22 cm. Auffallend großer, langschwänziger Fink mit sehr kräftigem, an der Spitze abwärts gebogenem Schnabel. Männchen überwiegend prächtig karminrot. Weibchen und Jungvögel viel schlichter, gelblich orangefarben mit zartem Schuppenmuster. Weiße Flügelbinden auffallend.
VORKOMMEN In ursprünglicher Fichtentaiga mit Kiefern, Birken und reichlichem Vorkommen von Zwergsträuchern wie der Heidelbeere.

Karmingimpel
Carpodacus erythrinus — Finken

Mai –Sept

Weibchen und junge Männchen ohne Rot

In Deutschland brütet der Karmingimpel, der sich bereits im 19. Jahrhundert in mehreren Schüben bis nach Mitteleuropa ausgebreitet hat, vor allem im Norden und Osten sowie im Alpenvorland. Die kurzen, stereotyp wiederholten Gesangsstrophen klingen dünn und weich pfeifend und erinnern etwas an den Gesang des Pirols: „si-widjü-widju".

MERKMALE 13,5–15 cm. Kopf, Brust und Bürzel bei alten Männchen karminrot. Weibchen recht unscheinbar und merkmalsarm. Schnabel kurz, dick, wirkt rundlich. Schwarze Knopfaugen bei Weibchen, jungen Männchen und Jungvögeln. Ruft häufig „zlit" (Lockruf).
VORKOMMEN In verschiedenartiger, mit Gebüsch und Bäumen bestandener Landschaft, gerne auf feuchtem Boden mit üppiger Krautschicht.

Schnabelspitze gebogen

langer Schwanz

Der Hakengimpel, ein großer Fink, ist ein Bewohner der dunklen Fichtentaiga.

Kopf rot

Bürzel rot

Der Karmingimpel fällt im Frühjahr vor allem durch seinen pirolähnlichen Gesang auf.

Singvögel

Gimpel
Pyrrhula pyrrhula — Finken | ganzjährig

Weibchen unterseits bräunlich grau

In Gefangenschaft lernen Gimpel sogar, Lieder exakt nachzupfeifen. Männchen und Weibchen singen. Die weich plaudernden Strophen setzen sich aus Pfeiftönen, Trillern und kratzenden Lauten zusammen und wirken recht zögerlich. Zur Brutzeit leben Gimpel sehr zurückgezogen und rufen auch nur selten. Nach der Brutzeit streifen sie in Familientrupps umher. Im Winter besuchen sie häufig Futterhäuser.

MERKMALE 15,5–17,5 cm. Groß, gedrungen und halslos. Schnabel schwarz, kurz und hoch. Kopfplatte und Kinn schwarz. Beides fehlt bei Jungvögeln. Männchen mit kräftig roter Unterseite. Ruft häufig sanft flötend „djü" oder „djüp-djüp".
VORKOMMEN In unterwuchsreichen Nadel- und Mischwäldern, auch in Feldgehölzen, Friedhöfen, Parks und Gärten mit Bäumen und Büschen.

Kernbeißer
Coccothraustes coccothraustes — Finken | ganzjährig

Weibchen
Gefieder weniger kontrastreich
Schnabel im Schlichtkleid hornfarben

Kernbeißer rufen vor allem im Flug häufig kurz und scharf „zicks" oder durchdringend „ziek". Der leise, selten zu hörende Gesang klingt etwas stotternd.

MERKMALE 16,5–18 cm. Größer, gedrungener und kurzschwänziger Fink mit großem Kopf und mächtigem Kegelschnabel. Gefieder auffallend bunt, vor allem beim Männchen im Prachtkleid. Wirkt im Flug vorderlastig, auffälliger breiter, weißer Flügelstreif. Schnabel im Prachtkleid graublau.
VORKOMMEN In Laubwald oder Mischwald, gerne mit Hainbuchen oder Buchen, in Auwäldern sowie in Parks und Gärten mit hohen Laubbäumen.
SCHON GEWUSST? Der Kernbeißer knackt mit seinem kräftigen Schnabel sogar harte Samen von Steinobst, z. B. Kirschkerne.

Schnabel schwarz

Steiß und Bürzel weiß

Der Gimpel fällt im Flug durch das strahlende Weiß von Bürzel und Steiß auf.

mächtiger Kegelschnabel

weiße Schwanzspitze

Der Kernbeißer zeigt im Flug viel Weiß auf Flügelstreif und Schwanzendbinde.

Singvögel

Grünfink
Carduelis chloris — Finken

ganzjährig

Weibchen grünlich grau

Grünfinken singen oft in hohem, fledermausartigem Singflug. Ihr Gesang erinnert an Kanarienvögel und enthält rollende, trillernde und klingelnde Tonfolgen. Nach der Brutzeit streifen die Vögel in Trupps in der offenen Landschaft umher, aber auch in Siedlungen, wo sie häufig Futterhäuser besuchen.

MERKMALE 14–16 cm. Großer, kräftiger, gelb-grüner Fink mit dickem Schnabel. Im Flug leuchtend gelbe Flügel- und Schwanzabzeichen. Männchen überwiegend olivgrün gefärbt, besonders an Bürzel und Unterseite mit Gelbton. Ruft im Flug „gügügü" oder nasal ansteigend „dwäääsch".
VORKOMMEN In ganz unterschiedlichen Lebensräumen mit Bäumen, außer im Inneren geschlossener Wälder. Häufig in Siedlungen, Parks und Gärten, vielerorts bis in die Stadtzentren.

Girlitz
Serinus serinus — Finken

März –Okt

Männchen mit viel Gelb im Gefieder

Der Girlitz ist seit Mitte des 19. Jahrhunderts aus den Mittelmeerländern nach Mitteleuropa eingewandert. Am auffälligsten ist sein Gesang: ein hohes, anhaltendes Zwitschern mit klirrend-knirschendem Klang auf etwa gleicher Tonhöhe. Das Männchen trägt ihn nicht selten im fledermausartig gaukelnden Singflug vor.

MERKMALE 11–12 cm. Kleinster Fink Europas, nur blaumeisengroß und mit sehr kurzem Schnabel. Männchen im Prachtkleid mit zitronengelber Färbung an Gesicht, Brust und Bürzel. Ruft häufig hoch „girlitt", im Flug trillernd-klirrend „tirrirrlit".
VORKOMMEN In halboffener, abwechslungsreicher Kulturlandschaft mit Baum- und Buschgruppen und niedrig bewachsenen Flächen für die Nahrungssuche. Auch in Parks, Gärten, Friedhöfen und Baumschulen.

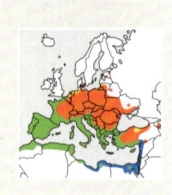

Schnabel hornfarben

Handschwingen mit viel Gelb

Der Grünfink zeigt im Flug viel leuchtendes Gelb auf Flügeln und Schwanz.

Schnabel sehr klein

Bürzel gelb

Beim Weibchen (kleines Foto) ist die Unterseite stärker gestreift.

Singvögel

Erlenzeisig
Carduelis spinus — Finken

ganzjährig

Weibchen unterseits stark gestreift

Auf Nahrungssuche turnt der Erlenzeisig wie Meisen auf Erlen und Birken, um die Samen herauszuklauben. Die eilig zwitschernden Gesangsstrophen klingen angenehm und wirken fröhlich, enthalten viele Imitationen anderer Vögel und enden mit einem nasal gedehnten Quetschlaut.

MERKMALE 11–12,5 cm. Kleiner, gelbgrüner Fink mit kurzem, tief gekerbtem Schwanz. Männchen an Scheitel und Kinn schwarz. Weibchen eher grüngrau. Auffällig schwarz-gelbes Flügel- und Schwanzmuster im Flug. Ruft etwas wehmütig „dliü" oder „düli", daneben leise „te-te-te-tet…".
VORKOMMEN In alten, lichten Nadelwäldern, vor allem Fichtenwald, meist in den Mittelgebirgen und Alpen, aber auch in Tieflandforsten und Mischwäldern mit Fichten. Im Winterhalbjahr auch in Dörfern und Parks.

Zitronenzeisig
Carduelis citrinella — Finken

ganzjährig

Schwanz einheitlich dunkel

Das Nest des Zitronenzeisigs steht gut getarnt hoch auf einem Nadelbaum. Es besteht aus Moos und Flechten, Halmen und Wurzeln. Innen ist es mit Federn und Pflanzenwolle gepolstert. Zitronenzeisige singen kurze, metallisch klingende Strophen. Sie erinnern an Erlenzeisig- und Stieglitzgesang und enden oft in einem gedehnten Quetschlaut.

MERKMALE 11,5–12,5 cm. Kleiner, grünlich gelber, ungestreift wirkender Fink der Gebirge. Beim Männchen sind die Unterseite, Gesicht und Bürzel grünlich gelb und ungestrichelt. Weibchen zeigen schwache Mantelstreifung. Ruft häufig „zi-ä", im Flug nasal „dit-dit-dit…".
VORKOMMEN In aufgelockerten Nadelwäldern, an Waldrändern im Gebirge. Im Schwarzwald in lockeren Bergkiefernbeständen. Überwintert vor allem im Süden Frankreichs.

Scheitel schwarz

Schwanz-seiten gelb

Der Erlenzeisig wirkt im Flug klein, auffällig sind die gelben Flügelbinden.

Nacken und Halsseiten grau

Der Zitronenzeisig lebt im Nadelwald im Gebirge, sein Gesang erinnert an den des Stieglitz'.

Singvögel

Stieglitz
Carduelis carduelis — Finken | ganzjährig

Jungvogel
schlicht grauer Kopf

Außerhalb der Brutzeit streifen Stieglitze oft in Familientrupps an Wegrändern, auf Brachflächen und Wiesen umher, um Samen aus Disteln und anderen Kräutern und Stauden zu klauben. Im Herbst ziehen die meisten nach Südwesteuropa. Ihr Gesang klingt sehr angenehm und munter, zwitschernd, trillernd und klingelnd. Den Anfang bilden einige typische Rufe.

MERKMALE 12–13,5 cm. Rot-weiß-schwarze Kopfzeichnung der Altvögel ist typisch. Im Flug sehr auffälliger breiter gelber Flügelstreif. Ruft klingelnd „delitt", „didelitt" oder „stiegelitt", bei Gefahr nasal „wääi", bei Streitigkeiten schnarrend „tschrrr".
VORKOMMEN In abwechslungsreichem Kulturland mit hohen Bäumen, Obstgärten und Wildkräuterflächen, vielfach auf Brachland, in Dörfern, Parks und Friedhöfen mit alten Laubbäumen.

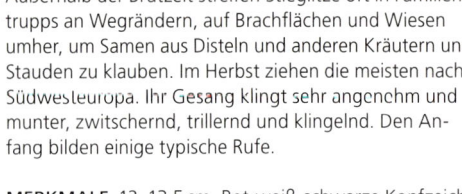

Birkenzeisig
Carduelis flammea — Finken | April–Okt

Die Gesangsstrophen sind rau zwitschernd und werden mit pfeifenden und surrenden Lauten untermischt sowie mit den häufigen Flugrufen, die scheppernd „tsche-tsche-tsche" oder „djüi-tsche-tsche-tsche" klingen.

weißliche
Flügelbinde

MERKMALE 11,5–14 cm. Kleiner Fink mit rotem Stirnfleck und schwarzem Kinnfleck. Altes Männchen mit kräftig hellroter Brust. „*Alpenbirkenzeisig*" Mitteleuropas: oberseits bräunlich und insgesamt recht dunkel. Nordischer „*Taigabirkenzeisig*": größer, heller und mehr grau. Hochnordischer „*Polarbirkenzeisig*": noch größer und heller.
VORKOMMEN In Nadelwäldern der Alpen, aber auch in Mooren des Tieflandes sowie in Dörfern. Taigaform in Fjällgebieten und nordischen Nadelwäldern.
BEOBACHTUNGSTIPP Alte Männchen des Birkenzeisigs haben eine kräftig hellrote Kehl- und Brustpartie.

Gesicht rot

breiter gelber Flügelstreif

Der Stieglitz ist einer unserer buntesten Kleinvögel. Er ruft im Flug ständig „didelitt".

kurzer gelber Schnabel

stark gestreift

Der Alpenbirkenzeisig wirkt insgesamt recht dunkel, er besiedelt auch Gärten und Parks.

Singvögel

Bluthänfling
Carduelis cannabina — Finken | ganzjährig

Nach der Brutzeit streifen Bluthänflinge in Familientrupps umher. Diese schließen sich im Winter zu größeren Schwärmen zusammen. Ihr Gesang ist wohlklingend trillernd und zwitschernd und wird in flottem Tempo vorgetragen. Er enthält neben Pfeiftönen auch viele nasal geckernde und geräuschvolle Laute.

Weibchen bräunlich, ohne Rot

MERKMALE 12,5–14 cm. Männchen im Prachtkleid mit kräftigem Rot auf Stirn und Brust, Mantel braun, ungestreift. Weibchen schwach bräunlich gestreift. Ruft stotternd nasal „tett-tett-terrett".
VORKOMMEN In offener Landschaft mit Büschen, Wacholder, Gruppen von Jungbäumen oder Hecken, auf Heide- und Hochmoorflächen. Häufig in Dörfern, Parks, Gärten und an Stadträndern sowie auf buschreichem Industriegelände.

Berghänfling
Carduelis flavirostris — Finken | Okt–April

Außerhalb der Brutzeit streifen die Berghänflinge in offener Landschaft umher. An der deutschen Nord- und Ostseeküste erscheinen alljährlich Durchzügler und Wintergäste, die sich gerne auf Salzwiesen aufhalten.

im Schlichtkleid gelber Schnabel

MERKMALE 12,5–14 cm. Ähnlich Birkenzeisig, aber etwas langschwänziger und ohne das Rot auf Kopf und Brust. Gefieder überwiegend ockerbraun und deutlich gestreift. Schnabel im Schlichtkleid gelb mit schwarzer Spitze. Männchen im Prachtkleid mit einem rosa Bürzel.
VORKOMMEN In kargen Gebirgsgegenden sowie in der Tundra und Steppe. In Nordeuropa (Norwegen) vor allem in küstennahen Fjällheidegebieten.
BEOBACHTUNGSTIPP Die kleinen Berghänflinge kriechen bei der Nahrungssuche oft wie Mäuse am Boden und sind nicht leicht zu entdecken. Ruft wie Birkenzeisig.

Mantel braun

Brust rot

Der Bluthänfling tritt häufig in Trupps auf, die ständig nasal stotternde Rufe äußern.

kurzer Schnabel

recht langer Schwanz

Der Berghänfling brütet in Küstengebirgen und überwintert an der Nord- und Ostsee.

Singvögel

 Buchfink
Fringilla coelebs — Finken | ganzjährig

Weibchen
unterseits grau

Der Gesang des Buchfinken ("Finkenschlag") besteht aus kräftig schmetternden, abfallenden Strophen mit einem scharfen, buntspechtähnlichen „kick" am Ende. Das Weibchen baut ein dickwandiges, sehr kunstvolles Nest aus Moos und Flechten.

MERKMALE 14–16 cm. Häufigster Fink. Eine doppelte, weiße Flügelbinde ist typisch. Männchen im Prachtkleid (Frühjahr) mit blaugrauem Scheitel und Nacken und rosabrauner Färbung von Kopfseiten und Brust. Bewegt sich am Boden mit kleinen, ruckartigen Trippelschritten. Ruft ein- bis mehrsilbig „pink" (bei Gefahr), rollend „wrütt" (Erregungsruf) und tief „djüp-djüp" (im Flug).
VORKOMMEN In Wäldern aller Art bis zur Baumgrenze, ferner in Hecken und Baumgruppen, Friedhöfen, Parks, Gärten und auch mitten in Städten.

 Bergfink
Fringilla montifringilla — Finken | Okt –April

Weibchen
grauer Kopf

Die Wintergäste erscheinen bei uns häufig in Buchenwäldern, um Bucheckern zu fressen, aber auch in Gärten und Parks, wo sie nicht selten unter Futterhäusern nach Körnern suchen.

MERKMALE 14–16 cm. In Größe und Gestalt ist er dem Buchfinken ähnlich, jedoch mit orangefarbener Brust und dunkel gefleckten Flanken. Stets mit weißem Bürzel, der beim Auffliegen zu sehen ist. Männchen im Prachtkleid mit blauschwarzem Kopf. Schwarz im Schlichtkleid durch bräunliche Federsäume verdeckt. Ruft häufig „dschäh" oder „djä". Singt sehr eintönig, ähnlich einer Kreissäge, „dsäää".
VORKOMMEN In lichten, nordischen Nadel- und Mischwäldern, besonders mit Birken.
SCHON GEWUSST? In manchen Jahren treten Bergfinken in Mitteleuropa in riesigen Schwärmen auf.

Scheitel blaugrau

viel Weiß im Flügel

Der Buchfink bewegt sich am Boden mit kleinen, ruckartigen Trippelschritten.

Kopf schwarz

Brust orange

Der Bergfink, bei uns häufiger Wintergast, fällt durch seinen weißen Bürzel auf.

Singvögel

 Schneeammer
Calcarius nivalis — Ammern

Okt –Apr

Männchen Schlichtkleid

Das Männchen der Schneeammer singt meist auf einem Felsen stehend oder im Singflug. Die kurzen Gesangsstrophen klingen melodisch und angenehm zwitschernd. Ab September trifft man die Schneeammern als Durchzügler und Wintergäste auf offenen, nicht zu hoch bewachsenen Flächen in der Nähe der mitteleuropäischen Küsten an.

MERKMALE 15,5–18 cm. Männchen im Prachtkleid sehr auffällig schwarz-weiß. Weibchen oberseits und auf der Brust braun gezeichnet. Männchen im Schlichtkleid auch an Kopf und Brust verwaschen gelblich braun. Flugruf rollend, erinnert an Haubenmeise „piu pirrrrit".
VORKOMMEN In der Tundra und in steinigen und felsigen Bereichen oberhalb der Baumgrenze. In Skandinavien meist auf kargen Blocksteinfeldern.

 Spornammer
Calcarius lapponicus — Ammern

April –Okt

Weibchen im Prachtkleid ohne schwarze Partien

Während andere Ammern am Boden meist hüpfen, bewegen sich Spornammern geduckt und recht schnell laufend. Der Gesang erinnert an gedämpfte Strophen der Feldlerche, manchmal auch der Heckenbraunelle, vor allem aber ähnelt er dem – allerdings weniger holprigen – Gesangsvortrag der Schneeammer. Das Nest wird vom Weibchen unter einem Zwergstrauch angelegt und mit vielen Schneehuhnfedern gepolstert.

MERKMALE 14–15,5 cm. Im Schlichtkleid mit zwei Flügelbinden, dazwischen ein rotbraunes Feld. Männchen im Prachtkleid unverkennbar. Ruft häufig weich „tjü drrrrr" oder „djüi" (am Brutplatz).
VORKOMMEN Charaktervogel der Tundra und des Fjälls, gerne auf feuchtem Untergrund. Durchzügler in geringer Zahl an den mitteleuropäischen Küsten, meist auf Salzwiesen oder am Strand.

Kopf reinweiß

viel Weiß im Flügel

Die Schneeammer ist Wintergast an der Küste, ihre Trupps erinnern an Schneegestöber.

Nacken rotbraun

Brust schwarz

Die Spornammer bewegt sich am Boden geduckt und recht schnell laufend.

Singvögel

Grauammer
Emberiza calandra — Ammern

ganzjährig

keine besonderen Kennzeichen

Als Warten dienen der Grauammer häufig Leitungsdrähte oder Einzelbäume, auf denen die Männchen anhaltend singen. Ihr Gesang ist kaum zu verwechseln: eine Reihe tickender Laute, die sich beschleunigen und in einem klirrenden Knirschen enden.

MERKMALE 16–19 cm. Groß und kräftig gebaut, tief gekerbter Schwanz ohne jedes Weiß. Gefieder lerchenartig graubraun mit dunkler Streifung, unterseits rahmfarben und bräunlich gestrichelt. Ruft scharf, etwas klickend „pit" oder „pvit" oder „pvit-it-it".
VORKOMMEN In offener, meist flacher Landschaft, vor allem in feuchtem Wiesengelände mit extensiver Nutzung und auf Ackerland mit Getreide.
BEOBACHTUNGSTIPP Bei kurzen Ortswechseln lässt die Grauammer die Beine im Flug hängen.

Goldammer
Emberiza citrinella — Ammern

ganzjährig

Bürzel ungestreift, rostbraun

Das Weibchen der Goldammer baut aus Stängeln, Halmen, Blättern und Moos ein recht umfangreiches Nest, meist in bodennahes, von Gras überwuchertes Gebüsch oder an einer geschützten Stelle in einem Jungbaum. Die Gesangsstrophen klingen melancholisch und werden oft verkürzt vorgetragen: „zizizizi-zieh-düh", was häufig mit „wie hab' ich dich lieb" umschrieben wird.

MERKMALE 15,5–17 cm. Bürzel ungestreift, rostbraun. Männchen mit intensivem Gelb an Kopf und Unterseite und rostbraunem Brustband. Weibchen deutlich blasser, junge Weibchen manchmal nahezu ohne Gelb. Ruft metallisch „tzit", „tsrik" oder „tsrü", daneben auch gedehnt „sieh".
VORKOMMEN In abwechslungsreichem Kulturland mit Waldrändern, Gehölzen, Hecken und Brachflächen, in Fichtenschonungen und an Dorfrändern.

Oberseite gestreift

Schwanz ohne Weiß

Die Grauammer fliegt kraftvoll und wellenförmig, nicht selten auch mit hängenden Beinen.

Kopf leuchtend gelb

Bürzel rostbraun

Die Goldammer singt oft auch in der Mittagshitze, während andere Vögel schweigen.

Singvögel

Zaunammer
Emberiza cirlus — Ammern

ganzjährig

Weibchen gestreifte Kopfseiten

Ihre monotonen, schwirrend-klappernden Gesangsstrophen erinnern an Goldammern. Sie sind jedoch etwas tiefer und enden nicht mit einem abgesetzten Schlussteil. Zudem ähneln sie den Strophen der Klappergrasmücke. Das recht große Nest wird vom Weibchen gebaut - meist gut versteckt in niedriges, dichtes Gebüsch wie Brombeergestrüpp, Weißdorn oder in einen jungen Baum bis höchstens 2 m Höhe.

MERKMALE 15–16,5 cm. Etwas kleiner und kurzschwänziger als Goldammer. Bürzel olivgrau. Männchen mit kontrastreichem Kopfmuster. Ruft häufig dünn und scharf „zit" oder „sip".
VORKOMMEN In warmer, offener Landschaft mit Büschen und einigen höheren Bäumen als Singwarten. In Mitteleuropa vor allem in Weinbergen und Obstanbaugebieten. In Deutschland nur im Südwesten.

Zippammer
Emberiza cia — Ammern

März –Okt

Weibchen matter gefärbt und weniger markant gezeichnet

Die Männchen der Zippammer stehen oft auf exponierten Felsen. Von dort hört man auch ihre hohen, hastig vorgetragenen Gesangsstrophen, die mit ihrem ständigen Tonhöhenwechsel an Heckenbraunellen erinnern, jedoch oft mit „zipp" eingeleitet werden und recht dünn klingen.

MERKMALE 15–16,5 cm. Kopf aschgrau mit schwarzem Streifenmuster. Bürzel ungestreift rotbraun – ähnlich der etwa gleich großen, aber langschwänzig wirkenden Goldammer. Ruft häufig kurz und hoch „zipp" (Name!), daneben auch „sit" oder „tsiü". Flugruf klingt schnarrend „trrr".
VORKOMMEN An felsigen, sonnigen Hängen, die mit Büschen und einzelnen Bäumen bestanden sind, gerne in alten, entsprechend bewachsenen Steinbrüchen. In Deutschland vorwiegend in Weinbergen. Überwintert meist in Frankreich.

Kehle schwarz

olivgraues Brustband

Die Zaunammer brütet in warmer, offener Landschaft, vor allem in Weinbergen.

Kopf mit schwarzen Streifen

Bürzel rotbraun

Die Zippammer sitzt häufig auf exponierten Felsen.

Singvögel

Ortolan
Emberiza hortulana — Ammern

| Mai –Sept

Weibchen schlichter gefärbt mehr gestrichelt

Die wehmütigen, rein klingenden Ortolanstrophen erinnern an verkürzten Goldammergesang, haben aber eine andere Klangfarbe. Sie bestehen meist aus 3 bis 5 höheren Tönen, auf die 1 bis 3 tiefere Schlusstöne folgen. Das Weibchen fertigt aus Halmen, Gras und Haaren ein Bodennest zwischen Kräutern oder Getreide.

MERKMALE 15–16,5 cm. Knapp goldammergroße, schlanke Ammer mit rosafarbenem Schnabel. Augenring, Kehle und Bartstreif hellgelblich. Kopf und breites Brustband grünlich grau. Bauch orangebraun. Ruft häufig metallisch „tslie-ü" oder „tjü".
VORKOMMEN In trockenem, sandigem, gerne kleinräumigem Kulturland mit Rübenäckern, Buschgruppen und höheren Bäumen, daneben in Streuobstgebieten, die an Wald grenzen. Nach der Brutzeit oft auf abgeernteten Rübenäckern.

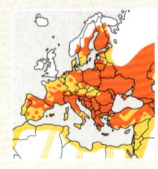

Rohrammer
Emberiza schoeniclus — Ammern

| März –Okt

**weißer Halsring
weißer Bartstreif**

Das Weibchen der Rohrammer baut ein recht großes Nest aus Halmen und Schilfblättern und polstert es innen mit Haaren, Federn und Pflanzenwolle. Meist steht es geschützt auf umgebrochenem Schilf oder Seggen. Die Gesangsstrophen sind kurze, etwas stotternd klingende Folgen von 4 oder 5 Tönen, die variabel sind.

MERKMALE 13,5–15,5 cm. Kopf, Kehle und Schnabel beim Männchen im Prachtkleid schwarz, kontrastiert mit dem Weiß von Halsring und Bartstreif. Im Flug bei gespreizten Steuerfedern sind die weißen Schwanzkanten auffällig. Ruft häufig scharf „zieh" oder rauer „ziü".
VORKOMMEN In der Schilfzone an Gewässern sowie in verschilftem Weidengebüsch, in Sümpfen und Mooren und manchmal auch an feuchten Gräben und mitunter sogar in Getreide- oder Rapsfeldern.

gelber Augenring

grünlich graues Brustband

Der Ortolan lebt die meiste Zeit des Jahres recht unauffällig – außer im Frühjahr.

Kopf schwarz

weiße Schwanzkanten

Die Rohrammer fliegt oft niedrig über dem Schilf (kleines Foto: Weibchen).

Singvögel

Zwergammer
Emberiza pusilla — Ammern

| Mai, Sept –Okt |

Die kurzen, wohlklingenden Gesangsstrophen der Zwergammer erinnern an Ortolan und Baumpieper. Neststandort ist meist eine geschützte Stelle unter einem Weiden- oder Zwergbirkenstrauch oder in einer Seggenbülte. Die seltene *Weidenammer*, eine nordosteuropäische Art der gebüschreichen Gewässerufer, gilt in Finnland als ausgestorben.

Weidenammer

MERKMALE 12–13,5 cm. Kleinste Ammer Europas. Scheitelstreif und Wangen rostbraun mit schmalem, weißlichem Augenring, im Herbst weniger kontrastreich. Sie ähnelt der Rohrammer, aber kurzschwänziger und mit geradem Schnabelfirst. Ruf klingt hart und scharf „tik".
VORKOMMEN In offenen Bereichen der Nadelwaldtaiga, möglichst in Gewässernähe mit Weiden und Zwergbirken sowie einigen Bäumen, aber auch auf buschreichen Lichtungen im Fjällbirkenwald.

Waldammer
Emberiza rustica — Ammern

| April –Sept |

Die Ufer von Fließgewässern mit kleinen Bäumen und Zwergsträuchern sind auch der Vorzugslebensraum des Bibers, der möglicherweise zur Ausbreitung der Waldammer in Skandinavien in den 1980er Jahren beigetragen hat. Ihr Gesang ist wohlklingend: ein munteres Zwitschern mit schnellem Wechsel der Tonhöhe, das etwas an die Heckenbraunelle erinnert.

Jungvogel ist im Herbst der Rohrammer sehr ähnlich

MERKMALE 13–14,5 cm. Im Vergleich zur Rohrammer kräftiger und kurzschwänziger. Flanken stets rotbraun gefleckt. Kopfmuster bei Männchen schwarz-weiß, bei Weibchen meist weniger kontrastreich. Ruft häufig scharf „zit" oder „zick".
VORKOMMEN In feuchten Taigawäldern, oft an Moorrändern oder entlang von kleinen Fließgewässern mit vielen jungen oder kleinwüchsigen Fichten und Zwergsträuchern wie Sumpfporst und Rauschbeere.

rostbrauner Scheitelstreif

weißer Augenring

Die unauffällige Zwergammer lebt in feuchtem Weidengebüsch in der Taiga.

Kopf schwarz-weiß

Flanken rotbraun gefleckt

Die Waldammer hat oft die Scheitelfedern gesträubt.

Tauben und andere

Turteltaube
Streptopelia turtur — Tauben

April –Sept

Jungvogel kontrastärmer ohne Halsseitenfleck

Turteltauben nisten wie Türkentauben in Bäumen, Hecken und Büschen. Sie bauen oft recht niedrig, mitunter nur 1,50 m hoch. Lokal sind sie in Wein- und Obstbaugebieten häufig. Von den heimischen Tauben sind sie die einzigen Langstreckenzieher. Ihre Winterquartiere liegen in den Savannen Afrikas.

MERKMALE 25–27 cm. Klein und zierlich, Flügel rostbraun-schwarz gefleckt. Auffallender schwarz-weißer Fleck an der Halsseite, der Jungvögeln fehlt. Langer, stufiger Schwanz mit weißer Endbinde wird beim Starten und Landen gefächert. Flugweise rasant und reißend, etwas ruckartig. Singt tief, schnurrend und vibrierend „turrr turrr turrr…".
VORKOMMEN In Mitteleuropa nur in trockenen Tieflandgegenden. In abwechslungsreichem, halb offenem Kulturland mit Hecken und Gehölzen.

Türkentaube
Streptopelia decaocto — Tauben

ganzjährig

Jungvogel ohne schwarzes Nackenband

Türkentauben singen tief gurrend, auf der zweiten Silbe betont „du-duh-du". Das Flugbild dieser Taube erinnert an das des Sperbers. Aus diesem Grund erschrecken sich immer noch viele Kleinvögel durch fliegende Türkentauben und reagieren mit den typischen Rufen für Luftalarm, obwohl Türkentauben seit mehreren Jahrzehnten bei uns häufig sind.

MERKMALE 31–34 cm. Deutlich kleiner, schlanker und langschwänziger als Straßentauben. Gefieder einheitlich beigebraun, wirkt recht hell. Im Flug weißliche Unterflügel. Turteltaube mit dunklen Unterflügeln, kürzerem Schwanz und schmaleren Flügeln. Ruft häufig nasal „chwäh" („Girren").
VORKOMMEN In Siedlungen; häufig in Dörfern, Gärten und Parks, auch mitten in der Großstadt, auf Friedhöfen, in Tierparks sowie an Bauernhöfen.

schwarz–weißer Halsfleck

rostbraun gefleckte Flügeldecken

Die Turteltaube fliegt etwas ruckartig, dabei fällt die weiße Schwanzendbinde auf.

schwarzes Nackenband

recht langer Schwanz

Die Türkentaube wirkt im Flug heller als die Turteltaube.

Tauben und andere

Ringeltaube
Columba palumbus — Tauben

| Febr –Okt

Jungvogel ohne weißen Halsfleck

Ringeltauben gehören in Hamburg zum gewohnten Bild in den Parks und Anlagen, denn im nördlichen Mitteleuropa ist ihre Verstädterung bereits weit fortgeschritten. Auf dem Zug in ihre südwesteuropäischen Winterquartiere sieht man oft große Schwärme der Vögel, die sehr hoch und in dichter „Packung" fliegen. Während der Balzflüge beschreibt das Männchen eine girlandenartige Flugbahn über dem Brutrevier.

MERKMALE 38–43 cm. Die größte Taube Europas, aber mit relativ kleinem Kopf. Im Flug sind vor allem weiße Flügelabzeichen auffallend. Singt dumpf gurrend, vier- bis fünfsilbig, auch im Sommer.
VORKOMMEN In offener Landschaft mit Feldgehölzen, Hecken und Waldflächen, vielerorts häufig in Parks, Friedhöfen und Tierparks.

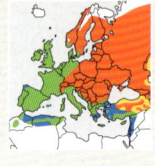

Hohltaube
Columba oenas — Tauben

| Febr –Okt

Jungvogel ohne grünes Halsabzeichen

Hohltauben sind unter den Tauben Europas die einzigen Baumhöhlenbrüter. In baumlosen Gegenden, beispielsweise in Dünengelände, beziehen sie gerne alte Kaninchenhöhlen. In der Regel nisten Hohltauben jedoch in den Höhlen des Schwarzspechtes, nicht selten auch in Nistkästen. Um Staunässe am Höhlenboden zu vermeiden, tragen sie oft reichlich Nistmaterial ein.

MERKMALE 28–32 cm. Kleiner und zierlicher als Ringeltaube und ohne Weiß im Gefieder, im Flug schnellere Flügelschläge. Singt stimmungsvoll, dumpf pumpend: „oh-ruo oh-ruo oh-ruo…".
VORKOMMEN In lichten Laub- und Mischwäldern, häufig in altem Buchenbestand, seltener in Kiefernwald; gebietsweise in Parks mit alten Bäumen. Nahrungssuche auf angrenzenden Feldern.

weißer Halsfleck

weißes Flügelabzeichen

Die Ringeltaube, unsere größte Taube, erkennt man im Flug an dem weißen Flügelband.

grünes Halsabzeichen

kein Weiß im Gefieder

Die schlanke Hohltaube, ein scheuer Waldvogel, wirkt im Flug sehr wohl proportioniert.

Tauben und andere

Felsentaube
Columba livia — Tauben

ganzjährig

Straßentaube Färbung sehr variabel

Die Männchen, die im Alter von einem halben Jahr geschlechtsreif werden, versuchen bald ihren passenden Bereich einer Felswand zu besetzen. Er dient viele Jahre lang als gemeinsames Brutterritorium. Als Nistplatz dient oft eine Spalte oder kleine Höhle in der Felswand. Felsentaubenpaare bleiben lebenslang zusammen.

MERKMALE 30–35 cm. Stammform der allbekannten *Straßentaube (livia f. domestica)*. Oberseite der wilden Felsentaube hellgrau mit zwei durchgehenden schwarzen Flügelbinden, ferner mit leuchtend weißem Bürzel. Singt ähnlich der Straßentaube gedämpft gurrend „gru-o-uh".
VORKOMMEN In Europa ursprünglich an felsigen Meeresküsten und in Gebirgsgegenden. Sonst in verschiedenen offenen Lebensräumen, brütet stets in Felswänden, Klippen oder Ruinen.

Halsbandsittich
Psittacula krameri — Papageien

ganzjährig

grün mit schwarzen Schwungfedern

Seit über 100 Jahren werden in Europa Halsbandsittiche gehalten, doch erst Ende der 1960er-Jahre brüteten die ersten Paare im Freiland – in Deutschland zuerst in Köln und Wiesbaden. Halsbandsittiche können sehr gut klettern und hangeln sogar an Meisenknödeln. Sie brüten in Baumhöhlen.

MERKMALE 27–43 cm. Langschwänziger, smaragdgrüner Papagei mit kräftig rotem Schnabel. Bei Weibchen fehlen schwarz-rosafarbenes Halsband und blauer Hinterscheitel. Fliegt rasant. Ruft laut und kreischend „kiea".
VORKOMMEN Ursprünglich aus der trockenen Dornbuschsavanne Afrikas und Asiens. In Europa hauptsächlich in städtischen Parks und Gärten.
BEOBACHTUNGSTIPP Halsbandsittiche lassen sich vor allem in Großstädten, z. B. in Wiesbaden, beobachten.

zwei schwarze Flügelbinden

Die wilde Felsentaube hat stets einen weißen Bürzel und weiße Unterflügel.

auffälliges Halsband

roter Schnabel

Der Halsbandsittich ist ein großer, grüner und langschwänziger Papagei.

Tauben und andere

Kuckuck
Cuculus canorus — Kuckucke

April –Sept

Der weit zu hörende „Kuckucksruf" ist ein echter Reviergesang. Von Weibchen hört man schnelle Trillerreihen, Jungvögel betteln mit durchdringenden, singvogelartigen Rufen. Das Kuckucksweibchen legt seine rund zehn Eier jeweils einzeln in die Nester kleiner Singvögel.

Jungvogel im Nest des Teichrohrsängers

MERKMALE 32–36 cm. Erinnert im Flug etwas an einen Greifvogel oder Falken, jedoch mit anderer Gestalt und viel flacheren Flügelschlägen. Männchen oberseits sowie an Kopf und Brust ungezeichnet aschgrau, am Bauch sperberähnlich quer gebändert. Weibchen mit rostfarbenem Anflug auf der Brust und schwacher Kehlbänderung.
VORKOMMEN In sehr unterschiedlichen Lebensräumen mit Vorkommen geeigneter Wirtsvögel. Häufig in halb offener Landschaft mit Waldrändern und Gehölzen sowie in Moorgebieten.

Wiedehopf
Upupa epops — Wiedehopfe

April –Sept

Am Boden ist der Wiedehopf oft erstaunlich schwer zu sehen: Seine überwiegend orangebraune Gefiederfärbung fällt nicht sehr auf, die Federhaube ist angelegt, der lange, gebogene Schnabel im Bodenbewuchs verborgen. Wiedehopfe brüten in Baumhöhlen, in Erd- oder Steinhaufen, mitunter auch in Ställen.

am Boden angelegte Federhaube

MERKMALE 25–29 cm. Einzigartige, fächerförmig aufrichtbare Federhaube. Die im Flug kontrastreich schwarz-weiß gebänderten Flügel und die flatternde Flugweise erinnern an Schmetterlinge. Ruft bei Erregung ähnlich Eichelhäher „tschääär". Singt hohl klingend, aber weit hörbar „hup-hup-hup".
VORKOMMEN In warmen Gegenden mit extensiver Weidewirtschaft, gerne auch in Weinbergen und in lichten Auwäldern; gebietsweise auch in Parks und mitten in Dörfern. In Deutschland selten.

Kopf und Brust grau

Bauch quergebändert

Der Kuckuck erinnert an einen kleinen Falken, fliegt aber mit flacheren Flügelschlägen.

aufrichtbare Federhaube

Flügel gebändert

Der Wiedehopf erinnert mit seiner flatternden Flugweise an einen Schmetterling.

Tauben und andere

Blauracke
Coracias garrulus — Racken | April –Sept

In Deutschland ist die Blauracke Ende des 20. Jahrhunderts als Brutvogel ausgestorben. Der taumelnde Balzflug des Männchens wird von einer schnellen, hölzern ratternden Serie von „rrä"-Lauten untermalt. In Mitteleuropa ziehen Blauracken ihre Brut meist in geräumigen Grün- und Schwarzspechthöhlen und in Nistkästen auf. Die Eier liegen auf dem nackten Höhlenboden.

Jungvogel viel matter gefärbt, mehr bräunlich gestrichelte Brust

MERKMALE 29–32 cm. Farbenfrohes, vorwiegend türkisblaues Gefieder, vor allem im Flug auffallend, kann aber bei ungünstigen Lichtverhältnissen recht düster wirken. Kräftiger Schnabel mit Hakenspitze. Ruft rau „rak-rak".
VORKOMMEN In trockenwarmen Tieflandgebieten mit Gehölzen oder lichtem Wald und altem Baumbestand. In Mitteleuropa überwiegend Baumbrüter, nistet vor allem in alten Eichen und Kiefern.

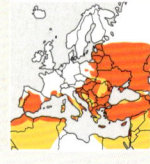

Ziegenmelker
Caprimulgus europaeus — Nachtschwalben | Mai –Sept

Die schnurrenden, oft über fünf Minuten anhaltenden Gesangsstrophen des Männchens, „errrrrörrrrrerrrr-rörrrrr...", erinnern etwas an ein entfernt fahrendes Motorrad. Bei der Balz erzeugen die Ziegenmelker immer wieder knallende Flügelgeräusche. Das Nest ist lediglich eine flache Mulde, meist im Heidekraut verborgen.

Weibchen kein Weiß auf Handschwingen und Schwanzecken

MERKMALE 24–28 cm. Sein Tarngefieder lässt den schlanken Vogel, am Boden oder auf einem Ast sitzend, wie ein Stück Rinde aussehen. Großer flacher Kopf mit großen Augen und winzigem Schnabel. Männchen im Flug mit auffälligen weißen Abzeichen an Flügelspitzen und Schwanz.
VORKOMMEN In trockenen Kiefernwäldern, auf sandigen Heideflächen mit Waldrändern, Lichtungen, Mooren oder Kahlschlägen. Überwintert in Afrika.

Kopf und Unterseite blau

Mantel braun

Die Blauracke ist im Flug durch ihr prächtiges, türkisblaues Gefieder unverwechselbar.

Schnabel sehr kurz

Gefieder tarnfarben

Der nachtaktive Ziegenmelker ist durch seine Gefiederfarbe getarnt.

Tauben und andere

Mauersegler
Apus apus — Segler

Mai –Aug

Gefieder schwärzlich
helle Kehle

Mauersegler treffen um den 1. Mai an ihren mitteleuropäischen Brutplätzen ein. Für den Nestbau sammeln sie Federn, Blätter und Halme, die vom Wind hochgewirbelt wurden, und verkleben alles mit ihrem Speichel zu einer kunstvollen Nestschale. Meist brüten sie in Felswänden oder unter hohen Dächern.

MERKMALE 17–18,5 cm. Im Vergleich zu Schwalben größer, mit längeren, sichelförmigen Flügeln und rasanter Flugweise. Gefieder bis auf die helle Kehle einheitlich dunkel. Ruft hoch und schrill „sriiii".
VORKOMMEN Häufig in Häuserschluchten der meisten Städte und Dörfer. In Deutschland selten (Harz) und in Nordeuropa häufig Baumhöhlenbrüter in Wäldern.
SCHON GEWUSST? Mauersegler verbringen beinah ihr ganzes Leben im Flug und schlafen auch in der Luft.

Alpensegler
Apus melba — Segler

April –Sept

viel Weiß an Kehle,
Unterseite braunes
Brustband

Wie der Mauersegler kann auch der Alpensegler mit seinen kleinen Füßen, die vier nach vorne gerichtete Zehen tragen, kaum laufen, sie geben ihm aber an senkrechten Strukturen Halt. Ursprüngliche Nistplätze sind Nischen und Spalten in steilen Felswänden.

MERKMALE 20–23 cm. Deutlich größer als Mauersegler sowie mit tieferen und langsameren Flügelschlägen und rasanterer Flugweise; erinnert noch mehr an Baumfalken. Ruft lang gezogen trillernd „tri ti-titititi…".
VORKOMMEN Brütet an hohen Felswänden der Südalpen, auch an Gebäuden. In Mitteleuropa vor allem in der Schweiz und in Österreich.
BEOBACHTUNGSTIPP In Deutschland leben Alpensegler nur in drei Städten (z. B. in Freiburg im Breisgau). Dort nisten sie an hohen Gebäuden.

kleiner Schnabel

sehr lange Flügel

Der Mauersegler ist mit seiner Flügelform und Flugweise unverkennbar.

sehr lange Flügel

weiße Kehle

Der große Alpensegler fliegt mit deutlich langsameren Flügelschlägen als der Mauersegler.

181

Tauben und andere

Eisvogel
Alcedo atthis — Eisvögel

ganzjährig

Weibchen rötliche Unterschnabelbasis

Wenn er still am Ufer wartet, kann der Eisvogel bei trübem Wetter trotz seiner prächtigen Farben leicht übersehen werden. Erst wenn er pfeilschnell knapp über dem Wasser vorbeifliegt, fällt das Türkisblau der Oberseite auf. Eisvögel graben für ihre Brut eine knapp 1 m lange Röhre in Ufersteilwände.

MERKMALE 17–19,5 cm. Gedrungen mit großem Kopf und langem Schnabel. Überaus prächtige Gefiederfärbung. Schnabel des Männchens einheitlich schwärzlich. Im Jugendkleid Gefieder weniger glänzend und Füße grau. Ruft hoch und durchdringend pfeifend „tjieht" oder „tsieht".
VORKOMMEN An klaren Bächen und Flüssen mit ausreichendem Angebot an kleinen Schwarmfischen; außerhalb der Brutzeit auch an sehr kleinen Gewässern sowie an der Meeresküste.

Bienenfresser
Merops apiaster — Spinte

Mai –Sept

Jungvogel grünliche Oberseite

Bienenfresser fliegen mit gefangenen Bienen und Wespen zu ihrem Ansitz, reiben das Hinterende des Beutetieres mit dem Schnabel an der Unterlage und drücken so das Gift aus dem Giftapparat heraus. Für die Brut und Jungenaufzucht graben die koloniebrütenden Vögel rund 1,5 m lange Höhlen in Steilwände.

MERKMALE 25–29 cm. Langer, leicht gebogener Schnabel, kurze Schwanzspieße, überragen das Schwanzende etwas. Überaus prächtige Gefiederfärbung. Flugweise sehr elegant und wendig, Flugjagd nach Insekten, häufig eingeschobene Gleitstrecken. Ruft weich, flüssig rollend „prüt" oder „krück", oft mehrfach wiederholt.
VORKOMMEN In offener, reich strukturierter und im Sommerhalbjahr warmer Landschaft mit höheren Büschen oder Bäumen als Ansitzwarten.

langer Schnabel

kurzer Schwanz

Der türkisfarbene Eisvogel fällt oft erst auf, wenn er knapp über dem Wasser vorbeifliegt.

Schnabel lang, etwas gebogen

kurze Schwanzspieße

Der auffällig bunte Bienenfresser fliegt sehr elegant und wendig, mit Gleitstrecken.

Spechte

 ### Wendehals
Jynx torquilla — Spechte

April –Sept

Schwanz gebändert

Der Wendehals klettert nicht wie Spechte an Baumstämmen, sondern sitzt wie ein Singvogel auf Ästen. Er trommelt auch nicht. Meist wird man auf den zurückgezogen lebenden Vogel erst durch den Reviergesang, ein anschwellendes, quäkendes „Gjä gjä-gjä-gjä…" aufmerksam.

MERKMALE 16–18 cm. Rindenfarbenes Tarnkleid, erinnert an Ziegenmelker; ohne spechttypische Merkmale wie Stützschwanz und starken Meißelschnabel. Fliegt ähnlich Singvögeln schnell und in flachen Bögen. Ruft bei Gefahr hart „teck".
VORKOMMEN In offenen Wäldern und in abwechslungsreicher Kulturlandschaft mit sonnigen Stellen, auf denen Ameisen leben, sowie mit gutem Angebot an Baumhöhlen für die Brut. Lebt gerne in Streuobstbeständen, Feldgehölzen, Weinbergen und Parks mit altem Baumbestand.

 ### Schwarzspecht
Dryocopus martius — Spechte

ganzjährig

Hals und Schwanz lang

Im Februar hallen die kräftigen Trommelwirbel des Schwarzspechtes durch den Wald. Die Schlagfolge ist recht langsam, die Wirbel dauern rund 2 bis 3 Sekunden. Im Frühjahr hört man auch den Reviergesang, ein lautes „Kwikwikwikwi".

MERKMALE 40–46 cm. Größter europäischer Specht, fast krähengroß. Gefieder schwarz, Männchen mit kräftig rotem Scheitel. Flugweise geradlinig mit unregelmäßigen, flatternden Flügelschlägen. Ruft im Flug weit hörbar „prrü-prrü-prrü…", nach der Landung „kliöööh".
VORKOMMEN In Nadel und Mischwäldern mit Beständen von alten Buchen oder Kiefern.
SCHON GEWUSST? Für die Brut und Jungenaufzucht zimmern Schwarzspechte jährlich eine neue, oft hoch gelegene Höhle in meist über 80-jährige Bäume.

Schnabel recht kurz

langer, dunkler Augenstreif

Der Wendehals hüpft häufig am Boden, wo er seine Nahrung (Ameisen) sucht.

heller Meißelschnabel

kräftiger Stützschwanz

Der große Schwarzspecht fliegt geradlinig mit unregelmäßigen Flügelschlägen.

Spechte

Grünspecht
Picus viridis — Spechte

ganzjährig

kräftig gelber Bürzel

Der laute, volltönend lachende Reviergesang des Grünspechts bleibt im Verlauf der Strophe auf gleicher Tonhöhe. Für die Brut und Jungenaufzucht übernimmt der Grünspecht eine bereits vorhandene Höhle oder er zimmert sich eine eigene in morsches Laubholz.

MERKMALE 30–36 cm. Größer als Grauspecht und mit schwarzer Maske; Färbung insgesamt grüner; roter Scheitel. Schwarzer Bartstreif bei Männchen auch innen rot. Ruft im Flug hart „kjückjückjückjück".
VORKOMMEN Weniger streng an Wald gebunden als Grauspecht; meist in offenen Lebensräumen und in stark aufgelockerten Wäldern, vorwiegend alter Laubwald; auch in Obstgärten und Parks.
BEOBACHTUNGSTIPP Der Grünspecht hält sich oft am Boden auf. Bei einer Störung fliegt er weit weg.

Grauspecht
Picus canus — Spechte

ganzjährig

äußere Schwanzfedern ohne Bänderung

Grauspechte hämmern ihre Bruthöhle gerne in morsche Laubbäume, seltener in Kiefern. Gelegentlich übernehmen sie fremde Baumhöhlen. Ihr leicht nachzupfeifender Reviergesang ist eine abfallende Reihe aus „gü"-Lauten, die mitunter auch von Weibchen zu hören sind. Die Trommelwirbel dauern rund zwei Sekunden.

MERKMALE 27–32 cm. Deutlich größer und etwas langschwänziger als Buntspecht, Kopf und Hals sowie Unterseite grau, Rücken und Schwanz olivgrün; Männchen mit rotem Vorderscheitel, Augen dunkel, nicht hell. Kontaktruf „kjü".
VORKOMMEN In aufgelockerten, strukturreichen Laub- und Mischwäldern, vor allem mit vielen Buchen und Eichen; besonders in Auwäldern, aber auch in Streuobstgebieten und Parks.

roter Scheitel

schwarzer Bartstreif

Der Grünspecht, hier ein Weibchen, sucht am Boden nach Ameisen.

roter Vorderscheitel (Männchen)

schmaler Bartstreif

Der Grauspecht fällt vor allem durch seinen leicht nachzupfeifenden Gesang auf.

Spechte

Dreizehenspecht
Picoides tridactylus — Spechte

ganzjährig

Rücken mit viel Weiß

Dreizehenspechte hacken Löcherreihen in die Rinde von Fichten („Ringeln") und besuchen diese Stellen regelmäßig, um den Baumsaft zu trinken. Im April und Mai hört man die kräftigen Trommelwirbel. Sie sind länger als beim Buntspecht. Männchen und Weibchen zimmern jedes Jahr eine neue Höhle, meist in eine abgestorbene oder sterbende Fichte. Der Dreizehenspecht besitzt nur drei Zehen, eine weist nach hinten.

MERKMALE 21,5 – 24 cm. Kopf und Flügel auffallend dunkel. Rücken bei der nordischen Unterart ungebändert weiß, bei der mitteleuropäischen dunkel gebändert. Scheitel bei Männchen blass goldgelb. Ruft weich „kjük".
VORKOMMEN In naturnahen Fichtenwäldern und Mischwäldern mit hohem Anteil sterbender und toter Fichten. In Deutschland nur in den Alpen, im Bayerischen Wald, im Böhmerwald und im Schwarzwald.

Weißrückenspecht
Dendrocopos leucotos — Spechte

ganzjährig

Flügeldecken schwarz-weiß gebändert

Der Trommelwirbel des Weißrückenspechts ist viel länger als beim Buntspecht. Er dauert rund 1,6 Sekunden, zum Ende hin wird die Schlagfolge schneller und schwächer. Männchen und Weibchen schlagen für die Brut und Jungenaufzucht eine Höhle mit hoch ovalem Eingang in morsches Laubholz.

MERKMALE 25 – 28 cm. Größer und kräftiger als Buntspecht und mit deutlich längerem Schnabel, Flügeldecken gebändert; Unterschwanzdecken hellrot. Männchen mit rotem Scheitel. Bürzel und Rücken weiß. Ruft weicher als Buntspecht, „kjük" oder „gük".
VORKOMMEN In urwaldartigen Laub- und Mischwäldern mit hohem Anteil an absterbenden und toten Bäumen, vor allem in Bergwäldern und in Waldgebieten an Gewässern. In Mitteleuropa nur in den Alpen, im Bayerischen Wald und im Böhmerwald.

Scheitel goldgelb

Unterseite dunkel gebändert

Der Dreizehenspecht lebt recht heimlich, verrät sich aber durch Hackgeräusche.

Unterschwanzdecken hellrot

Flügeldecken gebändert

Der Weißrückenspecht ist der größte heimische schwarz-weiß-rote Specht.

Spechte

Buntspecht
Dendrocopos major — Spechte | ganzjährig

Männchen mit rotem Hinterkopffleck

Für die Bearbeitung von Tannenzapfen erweitert der Buntspecht mit kräftigen Schnabelhieben natürliche Spalten in Bäumen und passt den Zapfen dort ein („Spechtschmiede"). Sein Trommelwirbel ist relativ kurz (0,5–0,7 Sekunden), die Frequenz seiner Schlagfolge ist aber sehr hoch. Sie nimmt zum Ende hin noch zu und endet ziemlich abrupt.

MERKMALE 23–26 cm. Der weitaus häufigste Specht Europas mit großen weißen Schulterflecken, ungemusterten Flanken und kräftig roten Unterschwanzdecken. Männchen mit rotem Fleck am Hinterkopf. Bei Jungvögeln gesamter Scheitel rot. Ruft häufig hart „kick", bei Erregung gereiht.
VORKOMMEN In fast allen Waldtypen, gerne in naturnahen Eichen-Hainbuchen-Wäldern, aber auch in Parks und in Gärten mit Bäumen.

Blutspecht
Dendrocopos syriacus — Spechte | ganzjährig

kaum Weiß auf den äußeren Schwanzfedern

Blutspechte schlagen ihre Bruthöhlen meist 2–4 m hoch in einem Baumstamm (gerne Obstbaum, Walnuss, Robinie). Im Unterschied zum Buntspecht füttert der Blutspecht die Jungen häufig mit Früchten. Altvögel ernähren sich ähnlich dem Buntspecht von holzbewohnenden Insekten und deren Larven, verzehren aber das ganze Jahr über Früchte und Nüsse. Der Trommelwirbel ist länger als beim Buntspecht.

MERKMALE 23–25 cm. Sehr ähnlich dem Buntspecht, aber Unterseite, Kopf und Halsseiten heller, Steiß eher rosafarben. Ruft weicher, weniger metallisch, klingt eher wie „kück".
VORKOMMEN In locker bis spärlich bewaldeter Landschaft mit Alleen, Hainen und Parks, daneben auch in Dörfern, Friedhöfen und Gärten; in Mitteleuropa meist in Weinbergen und Obstgärten.

Weibchen ohne Rot am Hinterkopf

Unterschwanzdecken kräftig rot

Der Buntspecht, der häufigste Specht, fällt durch seine weißen Schulterflecken auf.

Nackenseiten mit viel Weiß

Steißbereich rosa

Der Blutspecht zeigt viel weniger Weiß auf den Schwanzseiten als der Buntspecht.

Spechte

Mittelspecht
Dendrocopos medius — Spechte

ganzjährig

Männchen und Weibchen roter Scheitel

Der Reviergesang des Mittelspechts, ein nasal klagendes „gähk gähk gähk", erinnert etwas an einen Greifvogel. Der Mittelspecht trommelt nur selten, die Dauer der schwachen Wirbel beträgt rund 2 bis 3 Sekunden.

MERKMALE 19,5–22 cm. Etwas kleiner als Buntspecht, mit deutlich kürzerem und schwächerem Schnabel und rundlicherem Kopf, rotem Scheitel, ähnlich dem Jugendkleid des Buntspechtes.
VORKOMMEN In Laubwäldern, vor allem Eichen-Hainbuchen-Wälder mit altem Baumbestand, auch in naturnaher Hartholzaue und in extensiven Obstgärten.
BEOBACHTUNGSTIPP Nicht selten kann man beobachten, wie der Mittelspecht an dünneren Ästen Nahrung sucht. Mit seinem relativ kleinen Schnabel bearbeitet er vorwiegend die Rinde der Bäume.

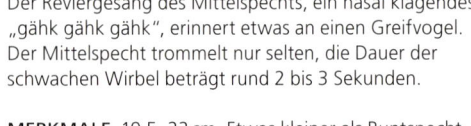

Kleinspecht
Dryobates minor — Spechte

ganzjährig

wirkt im Flug kompakt und singvogelartig

Im Frühjahr hört man oft die langen, gleichmäßigen Trommelwirbel des Kleinspechts. Sie dauern jeweils 1,2–1,6 Sekunden und klingen heller als beim Buntspecht. Der Reviergesang, ein hohes, durchdringendes „kie-kie-kie…", erinnert an Turmfalkenrufe. Männchen und Weibchen hacken gemeinsam eine Bruthöhle meist in den schwachen Seitenast eines Laubbaums. Das Schlupfloch liegt oft an der Astunterseite.

MERKMALE 14–16,5 cm. Kleinster Specht Europas, kaum größer als ein Kleiber und mit kurzem Schnabel. Oberseite schwarz mit weißer Bänderung. Männchen mit rotem Scheitel, Weibchen ohne Rot.
VORKOMMEN In Laub- und Mischwald mit vielen alten Bäumen und Totholz, besonders in Ufergehölzen und Auwäldern mit alten Weiden und Pappeln; gebietsweise in Parks und Obstgärten.

recht
schwacher
Schnabel

Unterschwanz rosa

Der Mittelspecht ist deutlich kleiner und hat viel mehr Weiß am Kopf als der Buntspecht.

Männchen
roter Scheitel

Oberseite
weiß quer gebändert

Den unauffälligen Kleinspecht verrät meist seine Stimme.

Eulen

Schleiereule
Tyto alba — Schleiereulen

ganzjährig

nistet meist in Gebäuden

Schleiereulen kommen nur dann richtig in Brutstimmung, wenn es genügend Wühlmäuse gibt. In Jahren mit geringer Mäusedichte fallen die Bruten nicht selten ganz aus, bei reichlichem Nahrungsangebot dagegen finden regelmäßig Zweitbruten statt. Im Winter bei hoher Schneelage verhungern viele Schleiereulen.

MERKMALE 33–39 cm. Schlanke, hochbeinige Eule mit herzförmig weißem Gesichtsschleier und dunklen, recht kleinen Augen. Wirkt im Flug sehr hell.
VORKOMMEN In offenem, abwechslungsreichem Kulturland, gerne an Siedlungsrändern. Brütet meist in ruhigen Kirchtürmen und Scheunen, oft in Nistkästen.
BEOBACHTUNGSTIPP Am Brutplatz fällt die Schleiereule nachts oft durch ihre ungewöhnlich schnarchenden, zischenden, keuchenden und kreischenden Laute auf.

Zwergohreule
Otus scops — Eulen

April–Sept

Zugvogel
Flügel relativ lang und schlank

Zwergohreulen nisten in Baumhöhlen, gelegentlich auch in Gebäudenischen und Mauerlöchern sowie in Nistkästen. In den Siedlungen des Mittelmeerraumes hört man ab Einbruch der Dunkelheit oft ihren monotonen Reviergesang – Reihen tief pfeifender „dju"-Laute, die an die Rufe der Geburtshelferkröte erinnern.

MERKMALE 19–21 cm. Kleine, schlanke Eule mit sehr fein gezeichnetem, rindenfarbigem Tarngefieder, gelben Augen und dicken Federohren.
VORKOMMEN In trockener, abwechslungsreicher Kulturlandschaft mit extensiver Nutzung und vielen Großinsekten, die als Nahrung dienen; häufig in Olivenhainen, Weinbergen und Obstgärten, aber auch in Gärten und Parks. Einzelne Bruten alljährlich in warmen Gegenden Süddeutschlands. Überwintert in Afrika.

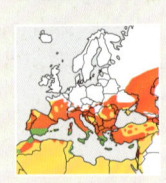

Augen schwarz

herzförmiger, heller Gesichtsschleier

Die Schleiereule wirkt im Flug sehr hell, dunkle Abzeichen fehlen völlig.

kurze, breite Federohren

Augen gelb

Die rindenfarbige Zwergohreule ist in ihrem Tagesversteck kaum zu entdecken.

Eulen

Waldohreule
Asio otus — Eulen

ganzjährig

Jungvogel
Ansätze von
Federohren

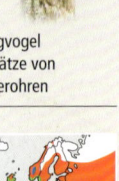

Waldohreulen brüten meist in alten Krähen- oder Elsternestern, manchmal auch in einem Eichhörnchenkobel oder Greifvogelhorst. Der Reviergesang des Männchens ist ein gedämpftes „uh". Die Rufe der Ästlinge sind hoch und klagend „piii-e". Sie weisen den futterbringenden Altvögeln den Weg zu ihren Jungen.

MERKMALE 31–37 cm. Gefieder baumrindenfarbig, orangerote Augen, lange, aufrichtbare Federohren, die oft aber angelegt sind. Im Flug ähnlich der Sumpfohreule, diese jedoch mit gelben Augen und längeren Flügeln mit dunkler Spitze. Ruft bei Gefahr scharf krächzend „uäkuäk-uäk".

VORKOMMEN An Waldrändern, in lichten Nadel- und Mischwäldern, Feldgehölzen sowie größeren Parks und Friedhöfen. Jagt nach Wühlmäusen in offener, niedrig bewachsener Landschaft.

Sumpfohreule
Asio flammeus — Eulen

ganzjährig

Jungvogel
schwarzes Gesicht,
kaum sichtbare
Federohren

Das Sumpfohreulen-Männchen singt oft im hohen Flug ein tief und gedämpft klingendes „Bu-bu-bu-bu-bu…". Immer wieder hört man knatternde Flügelgeräusche.

MERKMALE 33–40 cm. Hervorragende Tarnung am Boden. Federohren kurz, meist nicht sichtbar. Tief ausholende Flügelschläge und gaukelnde Flugweise erinnern etwas an Weihen. Ruft heiser, krächzend „tschie-ef", bei Gefahr rau „tschef-tschef-tschef".

VORKOMMEN Auf Verlandungsflächen, in Mooren, Heide- und Dünengelände sowie in der Tundra. In Mitteleuropa lokal und selten, meist auf dem Durchzug zu sehen, im Norden häufiger.

BEOBACHTUNGSTIPP Sumpfohreulen kann man im Gegensatz zu anderen Eulen auch bei Tageslicht auf der Jagd beobachten. Häufig jagen sie morgens und abends.

lange Federohren

Augen orangerot

Die Waldohreule fliegt gelegentlich tagsüber, ihre langen Federohren legt sie dann an.

…derohren sehr kurz

Augen gelb

Die Sumpfohreule fliegt meist tagsüber, die dunklen Flügelspitzen sind typisch.

Eulen

Uhu
Bubo bubo — Eulen

ganzjährig

Jungvogel
helles Gesicht

Der Reviergesang des lautlosen Jägers – ein weittragendes, aber trotzdem eher gedämpftes „buho"– hat dem Uhu zu seinem Namen verholfen. Im Oktober beginnt die Herbstbalz, bei der auch die Paarbildung erfolgt, die Frühjahrsbalz setzt meist im Februar ein. Als Brutplatz dient oft eine geschützte Nische in einer störungsfreien Felswand oder im Steilabbruch einer Kiesgrube.

MERKMALE 59–73 cm. Größte Eule der Welt. Untersetzte Gestalt mit dickem Kopf mit großen Federohren sowie orangegelben Augen. Fliegt kraftvoll mit recht flachen Flügelschlägen.

VORKOMMEN Vorwiegend in Wald- und Bergland mit Felswänden oder anderen Steilhängen; heute nach zahlreichen Aussetzungsaktionen in den meisten Teilen Deutschlands wieder heimisch.

Schneeeule
Bubo scandiacus — Eulen

ganzjährig

Weibchen Gefieder
schwärzlich gefleckt
und gebändert

In Skandinavien wählen die Schneeeulen ihre Brutplätze meist auf einem mit Zwergsträuchern bewachsenen Plateau im Hochfjäll. Gute Rundumsicht, Schutz vor Wind und schnelle Schneeschmelze im Frühjahr sind besonders wichtig. Der Reviergesang des Männchens klingt möwenartig „hoor".

MERKMALE 53–65 cm. Fast uhugroß, weißes oder überwiegend weißes Gefieder, leuchtend gelbe Augen. Männchen bis auf ein paar schwarze Flecken auf den Flügeln vollständig weiß. Lange, recht spitze Flügel erinnern etwas an einen Greifvogel. Quäkender Alarmruf.

VORKOMMEN In Tundra- und Fjällgebieten; treten nur bei hoher Dichte ihrer Hauptbeutetiere, Lemminge, zahlreicher auf. In manchen Jahren weite Wanderungen bis nach Südskandinavien, ausnahmsweise bis in den Norden Mitteleuropas.

auffällige Federohren

Augen orangefarben

Der Uhu, die größte Eule, fliegt mit kraftvollen, flachen Flügelschlägen, ähnlich dem Bussard.

Augen gelb

Gefieder weiß

Die tagaktive Schneeeule lebt in der Tundra, sie fliegt mit kraftvollen Flügelschlägen.

Eulen

Waldkauz
Strix aluco — Eulen

ganzjährig

Jungvogel hell, auch im Gesicht Gefieder gebändert

Zur Erzeugung von nachhaltiger Gruselstimmung verwendet man in Kriminalfilmen häufig den Reviergesang des Männchens, ein schauriges „huuu huhu-hu-huu". Die Brut findet meist in einer geräumigen Baumhöhle, seltener in einem Nistkasten statt. Mitunter ziehen die Käuze ihre Jungen auch in einer Kirchturmnische auf.

MERKMALE 37–43 cm. Kräftig gebaut und relativ kurzschwänzig, großer, runder Kopf mit schwarzen Augen. Tarnfarbenes Gefieder in zwei Färbungsvarianten: einer eher grauen und einer rotbraunen Variante. Im Flug gedrungen, Flügel kurz und gerundet. Weibchen rufen scharf „kju-wick", bei Gefahr schnell „wick-wick-wick…".
VORKOMMEN In älteren Laub- und Mischwäldern, in Dörfern, Stadtparks und Friedhöfen mit großen Laubbäumen. Im Gebirge bis Buchenwaldgrenze.

Habichtskauz
Strix uralensis — Eulen

ganzjährig

Jungvogel größer und dunkler als Waldkauz-Ästlinge

Der Habichtskauz ist in Horstnähe ausgesprochen gefährlich. Leidenschaftlich verteidigt er seine Brut. Man sollte sich daher schleunigst aus dem Nestbereich zurückziehen und bei Attacken des Kauzes vor allem die Augen schützen. Der Reviergesang des Männchens klingt tief heulend: „wuhu wuhu owuhu".

MERKMALE 50–59 cm. Größer und langschwänziger als Waldkauz, Augen verhältnismäßig kleiner, Färbung eher hellgrau. Erinnert im Flug an Mäusebussard, fliegt aber mit viel tieferen Flügelschlägen und ist langschwänziger.
VORKOMMEN In abwechslungsreichen Mischwäldern mit hohem Altholzanteil sowie Freiflächen für die Beutejagd; gebietsweise auch in reinen Buchenwäldern. In Nordeuropa in aufgelockerten Nadelwäldern mit Mooren oder Kahlschlägen. Seit 1989 lebt eine kleinere eingebürgerte Population im Nationalpark Bayerischer Wald.

Kopf rundlich

Augen schwarz

Der Waldkauz wirkt im Flug gedrungen – durch breite Flügel und kurzen Schwanz.

relativ kleine, schwarze Augen

Gefieder recht hell

Der langschwänzige Habichtskauz fliegt lautlos und mit ausholenden Flügelschlägen.

Eulen

Bartkauz
Strix nebulosa — Eulen

ganzjährig

Jungvogel dunkles Gesicht

Bartkäuze brüten meist in alten Greifvogelhorsten von Habicht oder Mäusebussard. Ab März hört man in der Dunkelheit den dumpfen, pumpenden, schwer zu ortenden Reviergesang des Männchens: „bwo-bwo-bwo…".

MERKMALE 59–68 cm. Fast so groß wie Uhu, aber nur halb so schwer. Großer Kopf mit fast rundem Gesichtsschleier aus schmalen, konzentrischen, dunklen Linien; kleine, stechend gelbe Augen. Im Flug helles Flügelfeld und langer Schwanz mit breiter dunkler Endbinde.
VORKOMMEN In aufgelockerten Nadelwäldern, von Mooren und Lichtungen durchzogen, oder an Kahlschläge grenzend. Nur bei Mäusemangel Wanderungen von mehreren Hundert Kilometern.
SCHON GEWUSST? Ihren Brutplatz verteidigen Bartkäuze furchtlos und greifen dabei auch Menschen an.

Raufußkauz
Aegolius funereus — Eulen

ganzjährig

Jungvogel flauschig, einheitlich kaffeebraun

Raufußkäuze brüten vorwiegend in alten Schwarzspechthöhlen, aber heute wachsen auch viele Jungen in Nistkästen auf; darin stapeln sich oft Mäuse und Spitzmäuse. Der nächtliche Reviergesang des Männchens ist weit zu hören, ein pfeifendes, anschwellendes „bu-bu-bu-bu-bu-bu…". Weibchen rufen eichhörnchenähnlich „tschjäck".

MERKMALE 22–27 cm. Großer Kopf mit markantem, schwarz umrandetem Schleier und gelben, erstaunt blickenden Augen. Oberseite dunkelbraun mit weißen Flecken übersät. Fliegt in gerader, nicht bogenförmiger Flugbahn.
VORKOMMEN In nordischen Nadelwäldern, vor allem mit hohem Anteil an Fichten. In Mitteleuropa vorwiegend in älteren Nadelwäldern der Alpen und Mittelgebirge sowie in Forsten des Tieflandes.

Schleier aus konzentrischen Linien

kleine gelbe Augen

Der Bartkauz ist eine sehr große Eule mit großem Kopf und fast rundem Gesichtsschleier.

Kopf groß, etwas eckig

Augen gelb

Der rein nachtaktive Raufußkauz scheint immer etwas erstaunt zu gucken.

203

Eulen

Steinkauz
Athene noctua — Eulen

ganzjährig

Jungvogel
dunkler Kopf
Scheitel ungefleckt

Der scharfe, etwas abfallende Ruf des Steinkauzes, „kuwitt" oder „quitt", wurde früher oft als „komm mit" interpretiert und als Aufforderung für kranke Menschen verstanden, in den Tod zu folgen.

MERKMALE 23–27,5 cm. Kleine, kurzschwänzige Eule mit breitem und flachem Kopf. Mürrischer Gesichtsausdruck durch große gelbe Augen und weiße Überaugenstreifen. Oberseite braun mit weißen Tupfen.
VORKOMMEN In abwechslungsreicher, offener Landschaft mit extensiv genutzten Wiesen und Weiden, gerne in Streuobstflächen und Gebieten mit Kopfweiden, in Weinbergen und an naturnahen Dorfrändern.
BEOBACHTUNGSTIPP Der Steinkauz steht häufig auch tagsüber auf Zaunpfählen, Masten und anderen Warten. Er brütet in Kopfweiden und Obstbäumen im Tiefland.

Sperlingskauz
Glaucidium passerinum — Eulen

ganzjährig

Jungvogel
Kopf und Oberseite
recht dunkel, kaum
weiße Tüpfelung

Der Reviergesang des Männchens besteht aus gimpelähnlichen Pfeiftönen mit kürzeren, vibrierenden Zwischenlauten: „pjü üüü pjü üüü pjü üüü…". Weibchen rufen dünn und hoch, ähnlich Rotkehlchen, aber energischer, „tsiieh". Außerhalb der Brutzeit melden sich Männchen und Weibchen mit Herbstgesang – einer ansteigenden Reihe von Pfeiftönen („Tonleiter").

MERKMALE 15–19 cm. Kleinste europäische Eule, relativ kleiner, flacher Kopf mit gelben Augen und kurzem Überaugenstreif, wirkt etwas koboldartig. Fliegt tief bogenförmig, ähnlich dem Buntspecht.
VORKOMMEN In aufgelockerten, hochstämmigen Nadel- und Mischwäldern mit Altbauminseln, häufig am Rand von kleinen Mooren und anderen Lichtungen. In Mitteleuropa meist in höheren Lagen des Berglandes, aber auch in Tieflandforsten.

weißer
Überaugenstreif

Augen gelb

Der Steinkauz wirkt im Flug kurzschwänzig, seine Flugbahn ist wellenförmig.

Augen klein, gelb

Schwanz oft angehoben

Der Sperlingskauz erinnert mit seinem tief wellenförmigen Flug an Spechte.

Eulen und Greifvögel

Sperbereule
Surnia ulula — Eulen | ganzjährig

Jungvogel schwach gebänderte Unterseite, dunkler Augenbereich, weiße Wangenflecken

Die Sperbereule erinnert auch im Flug an einen Greifvogel. Sie fliegt schnell und geradlinig mit kurzen Gleitstrecken, rüttelt gelegentlich und vollführt vor dem Landen auf der Warte einen eleganten „Aufschwung". Oft steht sie hoch oben auf einem dürren Baum. Als Brutplatz dient meist eine Baumhöhle, manchmal auch ein alter Greifvogel- oder Krähenhorst. Sperbereulen greifen zum Schutz der Brut auch Menschen in beherzten Flugattacken an.

MERKMALE 35–43 cm. Langschwänzige Eule mit abgerundeten Flügeln und quer gebänderter Unterseite, erinnert mehr an Sperber als an eine Eule. Warnt gellend, turmfalkenähnlich „kwi-kwi-kwi…".
VORKOMMEN In aufgelockertem Nadel- und Fjällbirkenwald bis zur Baumgrenze – mit Mooren, Lichtungen und Kahlschlägen für die Mäusejagd.

Würgfalke
Falco cherrug — Falken | ganzjährig

Jungvogel unterseits kräftiger gestreift und mit dunklerem Kopf, Füße graugrün

Der Würgfalke jagt von einem Ansitz aus, z. B. von einem Mast. Hat er ein geeignetes Beutetier entdeckt, pirscht er sich in niedrigem Flug heran, nutzt dabei Deckungsmöglichkeiten, stößt dann wie ein Habicht auf das Opfer zu. In Europa erbeutet er vorwiegend Ziesel, daneben auch Hamster, Wühlmäuse, Tauben und Hühner.

MERKMALE 47–55 cm. Altvögel mit gelblich brauner Oberseite und hellem Kopf, im Vergleich zum Wanderfalken längerer Schwanz, breitere, weniger spitze Flügel und langsamere Flügelschläge. In Horstnähe raues, klagendes „Kek-kek-kek-kek…".
VORKOMMEN Ursprünglich ein Steppenbewohner, jagt aber auch in trockenem, extensiv bewirtschaftetem Kulturland. Außerhalb der Brutzeit nicht selten an Gewässerufern und sogar am Meer.

dunkle Schleier-umrahmung

langer Schwanz

Die tagaktive Sperbereule erinnert im Flug an einen Sperber oder Habicht.

Bartstreif schmal

Der Würgfalke fliegt mit vergleichsweise langsamen Flügelschlägen.

Greifvögel

Wanderfalke
Falco peregrinus — Falken

ganzjährig

Jungvogel
Oberseite bräunlich
Unterseite gelbbraun
mit Längsstreifung

Wenn der Wanderfalke einen geeigneten Vogel entdeckt hat, beschleunigt er mit kräftigen Flügelschlägen und stößt dann mit angelegten Flügeln und hoher Geschwindigkeit (bis zu 200 km/h) auf seine Beute hinab. In Mitteleuropa brüten Wanderfalken in Nischen und Halbhöhlen von steilen Felsen und hohen Gebäuden.

MERKMALE 38–51 cm. Auffallend kräftig gebauter Falke mit langen, spitzen, an der Basis jedoch breiten Flügeln; Bartstreif breit und schwarz. Altvögel oberseits schiefergrau bis taubenblau, unterseits auf weißem Grund quer gebändert. Im Horstbereich klagende Rufreihen: „gjä gjä gjä...", oft lang anhaltend.

VORKOMMEN In ganz unterschiedlichen Lebensräumen, meist im Hügel- und Bergland, aber auch in Heidegebieten, in ausgedehnten Mooren und an der Küste. Jagt im Winter oft an Gewässern.

Gerfalke
Falco rusticolus — Falken

ganzjährig

Jungvogel Füße und
Wachshaut bläulich

Der Gerfalke bringt fliegende Beutetiere, z. B. Schneehühner, meist in rasanter, horizontaler Verfolgungsjagd, zur Strecke. Manchmal nutzt er auch geschickt die Geländestruktur als Deckung. Besonders im Winter rüttelt er gelegentlich über niedrigem Gebüsch, um die dort Schutz suchenden Schneehühner zum Auffliegen zu bringen.

MERKMALE 53–63 cm. Größter Falke, massiger Körper; im Vergleich zum Wanderfalken vor allem längere, breitere, weniger spitze Flügel, längerer Schwanz und ohne deutlichen Bartstreif. Gefieder oberseits meist graubraun bis hellschiefergrau. In Grönland ganz weiß. In Nestnähe raue Rufreihen „kräeh kräeh kräeh...".

VORKOMMEN Offene Gebirgslandschaften und Tundra. Brütet oft an Klippen von Flusstälern. In Nordeuropa meist in der Birkenzone des Fjälls.

breiter Bartstreif

Unterseite quer gebändert (Altvogel)

Der Wanderfalke wirkt auch im Flug sehr kräftig, die spitzen Flügel sind an der Basis breit.

Bartstreif undeutlich

Der Gerfalke, der größte Falke der Welt, zeigt im Flug relativ breite, stumpfe Flügel.

Greifvögel

Baumfalke
Falco subbuteo — Falken

April –Okt

Jungvogel ohne rote „Hosen", Bartstreif noch undeutlich

Der Baumfalke ist ein überaus rasanter und geschickter Luftjäger, der neben Vögeln gerne fliegende Insekten wie Käfer und Libellen fängt. Wegen der sichelförmigen Flügel erinnert das Flugbild an den viel kleineren Mauersegler. Baumfalken nisten in alten Krähennestern, gelegentlich auch in Nestern von Elstern und Ringeltauben, mitunter auch von Greifvögeln.

MERKMALE 29–35 cm. Im Vergleich zu Turmfalken kürzerer Schwanz, längere Flügel und viel rasantere Flugweise. Rote „Hosen" erst von Nahem zu erkennen. Während der Balz- und Brutzeit häufig durchdringende Rufreihen: „gjegjegjegje…".
VORKOMMEN Weitverbreitet, aber nirgends häufig. In abwechslungsreicher Waldlandschaft mit Heideflächen, Mooren und ausgedehnten Verlandungsbereichen. Überwintert im südlichen Afrika.

Rotfußfalke
Falco vespertinus — Falken

Mai –Okt

Jungvogel oberseits braun, Stirn und Kopfseiten weißlich

Rotfußfalken besetzen häufig Nester von Krähenvögeln, z. B. Saatkrähen und Elstern, und vertreiben dann oft kurzerhand die rechtmäßigen Besitzer. Sie brüten in Kolonien. In der Brutkolonie sind die Falken recht lautfreudig, die Rufreihen ähneln denen von Wendehals und Turmfalke „kikikiki…".

MERKMALE 28–34 cm. Männchen überwiegend dunkelschiefergrau mit roten „Hosen"; Weibchen mit grauer, quer gebänderter Oberseite, Unterseite und Kopf rostgelblich. Flugweise weicher und weniger reißend als Baumfalke, rüttelt häufig.
VORKOMMEN In offener Landschaft – große Moore, Steppengebiete oder weite Flusstäler. Brütet in Auwaldbereichen, Gehölzstreifen oder kleinen Wäldchen. In Deutschland seltener, aber regelmäßiger Gast im Mai und im Spätsommer.

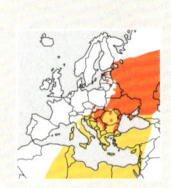

deutlicher Bartstreif

rote „Hosen"

Der Baumfalke hat lange, spitze Flügel, im Flug erinnert er an den Mauersegler.

rote Wachshaut am Schnabel

rote „Hosen"

Der Rotfußfalke fliegt weniger rasant als der Baumfalke und rüttelt nicht selten.

211

Greifvögel

Turmfalke
Falco tinnunculus — Falken

ganzjährig

Weibchen Oberseite und Kopf bräunlich Schwanz gebändert

Die typische Jagdmethode des Turmfalken ist das energieaufwendige „Rütteln". Dabei scheint der Vogel an einem unsichtbaren Faden zu hängen. Der Kopf ist nach unten und gegen den Wind gerichtet, die Flügelbewegungen sind schnell und flatternd, der lange Schwanz ist gespreizt. Heute brüten die meisten Turmfalken in Siedlungen auf hohen Gebäuden.

MERKMALE 31–37 cm. Kopf und Schwanz beim Männchen graublau, Flügeloberseite rotbraun mit schwarzer Fleckung, breite schwarze Schwanzendbinde im Flug auffallend. Besonders zur Brutzeit hohe, schnelle Rufreihen „kjikijikji…".
VORKOMMEN Häufig in der Kulturlandschaft, oft an Straßenrändern. In abwechslungsreicher Kulturlandschaft, in Moor- und Heidegebieten mit Bäumen und Krähennestern für die Brut.

Merlin
Falco columbarius — Falken

Sept –April

Weibchen Oberseite graubraun

Wie der Sperber ist der Merlin ein Kleinvogeljäger, der seine Beutetiere in rasantem, horizontalem Verfolgungsflug fängt oder sie am Boden überrumpelt. Nicht selten scheucht er sie auch aus der Deckung von Hecken, um sie dann im offenen Gelände leichter zu fangen. Danach ruht er gern auf dem Boden.

MERKMALE 26–33 cm. Kleiner, kompakter Falke mit kurzen, spitzen Flügeln. Männchen oberseits blaugrau, unterseits orangefarben mit schwacher dunkler Strichelung. Am Brutplatz durchdringende, anschwellende Rufreihen: „ki-ki-kikikiki…", die des Weibchens etwas tiefer und langsamer.
VORKOMMEN In nordischen Birken- und Kiefernwäldern sowie in baumlosen Heiden und weiten Moorgebieten. Im Winterhalbjahr auch in Mitteleuropa, vorwiegend in küstennaher Landschaft.

Kopf blaugrau

breite, schwarze Schwanzendbinde

Der Turmfalke, unserer häufigster Falke, rüttelt oft ausdauernd über offenem Land.

Bartstreif undeutlich

Männchen Oberseite blaugrau

Der kleine Merlin ist ein Falke, der im rasanten Flug etwas an den Wanderfalken erinnert.

Greifvögel

Fischadler
Pandion haliaetus — Fischadler

März–Okt

stürzt sich mit weit nach vorne gestreckten Fängen ins Wasser

Auf der Jagd fliegt der Fischadler mit leichten, flachen Flügelschlägen über dem Gewässer. Er rüttelt häufig und steigt, wenn er eine passende Beute erspäht hat, in Stufen abwärts, bevor er sich im nächsten Augenblick ins Wasser stürzt. Der große Fischadlerhorst besteht aus Knüppeln und Zweigen. Häufig ist er auf einer alten Kiefer gebaut oder einem Strommasten.

MERKMALE 52–60 cm. Sehr helle Unterseite, schlanke, lange, häufig nach hinten gewinkelte Flügel. In Horstnähe melodische, klagende Rufreihen, variieren in Klangfarbe und Tempo, „djüpp-djüpp-djüpp…" oder mehr auf „i".
VORKOMMEN An klaren, fischreichen, bewaldeten Seen und größeren, langsam fließenden Flüssen sowie in Mündungsbereichen mit Brackwasser und stellenweise an der Meeresküste.

Schlangenadler
Circaetus gallicus — Habichtverwandte

April–Sept

rüttelt oft mit herabhängenden Beinen

Bei der Jagd sucht der Schlangenadler schwebend und rüttelnd und oft mit herabhängenden Beinen den Boden nach Schlangen ab. Hat er eine Beute entdeckt, lässt er sich entweder wie an einem Fallschirm nieder oder stürzt mit halb angelegten Flügeln hinunter.

MERKMALE 62–69 cm. Großer, unterseits heller Greifvogel mit großem rundem Kopf und gelben Augen. Kopf und Brust meist dunkler. Zur Balzzeit laute, pfeifende Rufe, erinnern an Pirol.
VORKOMMEN Offene, abwechslungsreiche Landschaften mit Waldbereichen, extensivem Kulturland und reichlichem Reptilienvorkommen. In Deutschland nahezu alljährlicher Gast.
BEOBACHTUNGSTIPP Im Flug lange breite Flügel, unterseits recht hell, aber ohne dunklen Bugfleck.

dunkle Maske

Unterseite sehr hell

Der Fischadler hat nach hinten gewinkelte Flügel und eine dunkle Schwanzendbinde.

gelbe Augen

Beine nackt, blaugrau

Der Schlangenadler fällt schon von Weitem durch seinen dicken, eulenartigen Kopf auf.

Greifvögel

Rotmilan
Milvus milvus — Habichtverwandte

ganzjährig

Kopf hellgrau

Der Rotmilan betätigt sich zwar auch als Aasvertilger, Abfallverwerter und Schmarotzer bei anderen Greifvögeln, fängt aber einen Großteil seiner Beutetiere selbst. Der Horst wird entweder selbst gebaut oder von Krähen oder Bussarden übernommen. In der Regel steht er in einem hohen Baum in Waldrandnähe.

MERKMALE 61–72 cm. Gefieder überwiegend fuchsrot, Auge mit gelber Iris. Sehr elegante Flugweise, lange, kontrastreiche Flügel, Schwanz tief gegabelt, wird häufig verdreht und kann bei starker Spreizung auch gerade abgeschnitten aussehen. Ruft im Frühjahr am Brutplatz pfeifend-klagende „wie-uh wie-uh-wie-uh-wie-uuh"-Reihen.
VORKOMMEN In abwechslungsreicher Landschaft mit offenen Flächen und lichten Laub- und Mischwäldern. Überwintert meist im Mittelmeerraum.

Schwarzmilan
Milvus migrans — Habichtverwandte

April–Sept

nur schwach gegabelter Schwanz

Auf der Suche nach toten Fischen fliegt der Schwarzmilan oft langsam und niedrig über Wasserflächen und am Ufer entlang. Nicht selten sieht man ihn auch an Müllkippen oder am Straßenrand. Im Normalflug hebt und senkt sich der Körper rhythmisch, was an Seeschwalben erinnert. Bei der Balz fliegen die Partner mit elastischen Flügelschlägen und laut rufend in Kreisbahnen nah beieinander.

MERKMALE 48–58 cm. Dunkler, mittelgroßer Greifvogel mit schlanken, langen Flügeln; größer und langflügeliger als Mäusebussard. Flugbild wirkt harmonisch. Ruft wiehernd-klagend „pie-iier".
VORKOMMEN In vielen, vor allem südlichen Ländern weitverbreitet und weltweit wohl der häufigste Greifvögel. In Mitteleuropa eher selten. In offenem Gelände mit zumindest einzelnen Bäumen.

Augen gelb

langer, tief gegabelter Schwanz

Der Rotmilan hat lange, kontrastreiche Flügel, seine Flugweise wirkt sehr elegant.

Kopf heller

Schwanz erdbraun

Der Schwarzmilan ist häufig am Wasser oder in Wassernähe zu beobachten.

Greifvögel

Gänsegeier
Gyps fulvus — Habichtverwandte | Mai–Sept

Gefieder hell sandfarben

Die in den Hohen Tauern regelmäßig übersommernden Gänsegeier sind Nichtbrüter, die offensichtlich von den großen Beständen an Schafen und Jungkühen der Hochalmen angelockt werden. Gänsegeier verzehren Muskelfleisch und Eingeweide von frischtoten Tieren oder verwestes Fleisch. Haut, Sehnen und Knochen rühren sie nicht an.

MERKMALE 95–110 cm. Sehr groß, hellsandfarbenes Gefieder und dunkle Schwung- und Steuerfedern. Im Vergleich zum Steinadler größer und kurzschwänziger, langer Hals im Flug eingezogen; hält die Flügel leicht angehoben. Am Aas grunzende, glucksende und auch keckernde Laute.
VORKOMMEN In trockenen Gebirgsgegenden mit steilen, Thermik erzeugenden Abhängen. In den Alpen Übersommerer aus den Balkanländern.

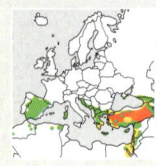

Bartgeier
Gypaetus barbatus — Habichtverwandte | ganzjährig

Jungvogel schwarzbrauner Kopf grauer Bauch

Für den Bartgeier ist das Vorkommen von großen Greifvögeln und von Großraubtieren wie Bär und Luchs von großer Bedeutung, denn er kann von deren Beuteresten profitieren. Nach bisher erfolgreicher Wiedereinbürgerung (erste Freilandbruten in den 1990er-Jahren) scheint sich der Bartgeier nach seiner Ausrottung langsam wieder im Alpenraum zu etablieren.

MERKMALE 105–125 cm. Sehr großer, lang gestreckter Greifvogel mit heller Unterseite und mehr oder weniger ausgeprägtem, rostrotem Anflug auf Unterseite und Kopf, der durch eisenhaltigen Sand entsteht. Im Flug langer, keilförmiger Schwanz und schmale, spitz zulaufende Flügel.
VORKOMMEN In stark zerklüfteten Gebirgsgegenden mit großen Huftierbeständen als Nahrungsbasis. In den Alpen wieder eingebürgert.

langer, mit Dunen bedeckter Hals

Schwungfedern dunkel

Der Gänsegeier hat einen kurzen Schwanz, der Hals wird im Flug eingezogen.

schwarzer Federbart

langer Schwanz

Der Bartgeier hat lange, recht schmale Flügel und einen langen, keilförmigen Schwanz.

Greifvögel

Mönchsgeier
Aegypius monachus — Habichtverwandte | ganzjährig

Der imposante Mönchsgeier dominiert am Kadaver oft über die anderen Geier. Diese profitieren aber von seiner Anwesenheit, denn er kann mit seinem kräftigen Schnabel die Haut des toten Tieres durchtrennen und so den Weg zu Muskelfleisch und Innereien freimachen. Der kleinste und häufigste Geier Europas ist der *Schmutzgeier*, der ebenfalls in Südeuropa beheimatet ist.

sehr groß und dunkel

MERKMALE 100–115 cm. Größter und dunkelster Geier Europas. Rechteckiger, dunenbedeckter Kopf mit zottiger Halskrause, bei Jungvögeln schwärzlich. Flügel von fast 3 m Spannweite mit langen „Fingern" werden beim Segeln waagerecht gehalten; Flugbild erinnert etwas an das des Seeadlers.

VORKOMMEN In trockenen Gebirgsgegenden mit mediterranen Nadel- oder Eichenwäldern und mit größeren Huftierbeständen wie Schafen.

Seeadler
Haliaeetus albicilla — Habichtverwandte | ganzjährig

Der Seeadler fliegt bei der Jagd niedrig über dem Wasser, gleitet häufig und rüttelt mit schwerfälligen Flügelschlägen. Im Sommer verzehren mitteleuropäische Seeadler viele Fische, aber auch Vögel wie Blässhühner und Enten sowie verschiedene Säugetiere.

Jungvogel
Schwanz, Kopf und
Schnabel dunkel

MERKMALE 76–92 cm. Größer als Steinadler und mit noch mächtigerem Schnabel. Altvögel mit kurzem weißem Schwanz und gelbem Schnabel. Im Flug sehr breite, stark gefingerte Flügel und kurzer, keilförmiger Schwanz. In Nestnähe laute, an Schwarzspecht erinnernde Rufe.

VORKOMMEN An großen, waldumstandenen Seen und Flüssen und an der steilen Meeresküste. In Deutschland fast ausschließlich im Nordosten.

BEOBACHTUNGSTIPP Altvögel fallen auf durch den kurzen weißen Schwanz und den gelben Schnabel.

Kopf mit Dunen bedeckt

kurzer Schwanz

Der riesige Mönchsgeier hält seine brettartigen Flügel beim Segeln waagrecht.

kurzer, weißer Schwanz

Schnabel gelb

Der Seeadler zeigt sehr breite, brettartige Flügen und einen weit vorstehenden Kopf.

Greifvögel

Steinadler
Aquila chrysaetos — Habichtverwandte ganzjährig

Jungvogel (links) Schwanz weiß mit schwarzer Endbinde

Das Flugbild des Steinadlers wirkt durch den geschwungenen Flügelhinterrand harmonisch. Die Adler patrouillieren oft paarweise in niedriger Höhe an Berghängen und suchen ihr Revier nach Beutetieren ab. Dabei gelingt es oft dem hinterherfliegenden Adler, das vom Partner aufgeschreckte Beutetier zu überwältigen. Die Adler wählen für den Horst meist eine unzugängliche Stelle in einer Felswand.

MERKMALE 80–93 cm. Großer, sehr kräftiger Adler mit langen Flügeln und langem Schwanz; hält die Flügel im Segelflug in Form eines flachen Vs. Jungvögel mit auffälligen weißen Flügelabzeichen.
VORKOMMEN In Europa hauptsächlich in Gebirgsgegenden. In Nordeuropa auch waldbewohnende Populationen. Altvögel meist sehr standorttreu.

Kaiseradler
Aquila heliaca — Habichtverwandte ganzjährig

Jungvogel überwiegend gelbbraun

Wie der Seeadler hält auch der Kaiseradler beim Segeln die Flügel gerade. Beide Altvögel bauen einen großen Horst, der so gut wie immer auf einem hohen Baum steht. Der Kaiseradler ist ein spezialisierter Kleintierjäger, der vor allem Ziesel und Hamster schlägt, aber auch Vögel sowie Amphibien und Reptilien.

MERKMALE 70–83 cm. Großer Adler mit weißen Schulterflecken. Im Vergleich zum Steinadler mit kürzerem Schwanz und weniger geschwungenen, daher eher brettartigen Flügeln (außer im Jugendkleid) und so im Flugbild dem Seeadler ähnlicher. Ruft oft tief bellend, erinnert etwas an Kolkrabe.
VORKOMMEN In Waldsteppen und Steppen, aber nicht in höheren Gebirgslagen. Außerhalb der Brutzeit auch in völlig baumlosem Gelände.

Nacken goldbraun

sehr kräftige Füße

Der Steinadler hat ein sehr harmonisches Flugbild mit langen Flügeln und langem Schwanz.

weiße Schulterflecken

Schwanz relativ kurz

Der Kaiseradler zeigt im Flug ähnlich dem Seeadler lange, brettartige Flügel.

Greifvögel

Schreiadler
Aquila pomarina — Habichtverwandte

April –Sept

Schreiadlerpaare sind sich oft lebenslang treu und halten an ihrem Brutrevier jahrelang fest. Der Horst, von beiden Altvögeln erbaut, steht meist im unteren Kronenbereich eines alten Baumes, als Unterlage dient nicht selten ein alter Milan- oder Bussardhorst. Häufig legen die Adler frische Zweige in die Nestmulde.

Jungvogel rostgelber Nackenfleck, weiße Flecken auf den Flügeln

MERKMALE 55–65 cm. Recht kleiner, überwiegend brauner Adler mit bussardähnlichem Kopf. Wirkt im Flug nur unwesentlich größer als Mäusebussard, aber adlerartig durch gleichmäßig breite Flügel. Laute „jück"-Rufreihen zur Brutzeit.

VORKOMMEN In ursprünglichen Laub- und Mischwäldern mit eingestreuten Feuchtgebieten wie Mooren, großen Lichtungen und nassen Wiesen für die Beutejagd. Überwintert in Ostafrika. In Deutschland seltener Brutvogel im Nordosten.

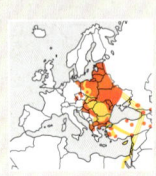

Schelladler
Aquila clanga — Habichtverwandte

März –Okt

Ende März oder im April kehren die seltenen Adler an ihre osteuropäischen Brutplätze zurück und vollführen zunächst Schauflüge mit häufigen „Abstürzen" und großer Rufaktivität: Der Horst wird meist in einem alten Laub- oder Nadelbaum in rund 8–12 m Höhe errichtet. Bevorzugte Horststandorte sind feuchte Wälder, ein gutes Stück vom Waldrand entfernt.

Jungvogel Oberseite wegen der weißen Deckfederspitzen viel heller

MERKMALE 59–69 cm. Kaum größer als Schreiadler, wirkt aber wegen des dunklen Gefieders oft deutlich größer. Unterflügeldecken dunkler als Schwungfedern (beim Schreiadler umgekehrt). Zur Brutzeit oft bellende „kjäk"-Reihen – etwas tiefer als beim Schreiadler.

VORKOMMEN Meist in Feuchtgebieten des Tieflandes, gerne in alten Auwäldern mit Gewässern, nassen Wiesen und Mooren in der Nähe. Brütet gebietsweise auch in offenen Bergwäldern bis in 1000 m Höhe.

Kopf bussardähnlich

Der Schreiadler ist kaum größer als ein Bussard, hat aber adlerartige Flügel.

Augen dunkel

Der Schelladler hat dunkle Unterflügeldecken, die Schwungfedern sind etwas heller.

Greifvögel

Zwergadler
Aquila pennata — Habichtverwandte

April–Sept

dunkle Variante

Zur Balz- und Brutzeit hört man von Zwergadlern häufig durchdringende, schnelle, an- und absteigende Rufreihen „wi-wi-jükjükjük…", die etwas an Watvögel, vor allem an Rotschenkel, erinnern. Die Adler brüten auf Bäumen, gebietsweise auch auf Felsen. Beide Partner, die in Dauerehe leben, bauen den Horst oder sie übernehmen ihn von anderen Großvögeln.

MERKMALE 42–51 cm. Im Flug ähnlich Mäusebussard, wirkt aber adlerartiger. Zwei Farbvarianten: eine häufigere helle mit weißlicher Unterseite und dunklen Schwungfedern und eine seltenere dunkle mit überwiegend dunkler Unterseite.

VORKOMMEN In alten, lichten Laub- und Mischwäldern in bergiger Landschaft mit anschließenden offenen, buschreichen Gebieten für die Beutejagd. Überwintert in den Savannen südlich der Sahara.

Rohrweihe
Circus aeruginosus — Habichtverwandte

März–Okt

Weibchen überwiegend dunkelbraun gelbliche Kopfplatte

Rohrweihen fliegen häufig langsam gaukelnd über Schilfflächen. Sie suchen auch über offenem Kulturland Nahrung, jedoch erbeuten sie im Vergleich zu den anderen Weihen vorwiegend Tiere der Feuchtgebiete. Nachdem das Männchen mehrere Nestplattformen gebaut hat, wählt das Weibchen eine als endgültigen Neststandort aus. Das Nest steht oft im höchsten und dichtesten Bereich des Röhrichts.

MERKMALE 43–55 cm. Fast so groß wie Mäusebussard, aber schlanker, langschwänziger und mit schmaleren Flügeln. Männchen recht bunt mit grauem Schwanz und dreifarbiger Oberseite. Balzruf des Männchens nasalklagend „kwi-ää".

VORKOMMEN In ausgedehnten Schilfbeständen an Seen und Flüssen des Flachlandes, brütet gelegentlich auch in Getreide- oder Rapsfeldern.

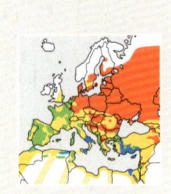

Augenbereich dunkler

Unterseite hell (helle Variante)

Der Zwergadler erinnert im Flug an den Mäusebussard, wirkt aber adlerartiger.

Flügelspitzen schwarz

blaugraues Flügelfeld

Die Rohrweihe ist bussardähnlich, hat aber schmalere, oft V-förmig angehobene Flügel.

Greifvögel

Wiesenweihe
Circus pygargus — Habichtverwandte | April–Sept

Weibchen wirkt schlanker als Kornweihe

Die langen, schmalen Flügel und die elegante Flugweise der Wiesenweihe ähneln besonders beim Männchen den Seeschwalben und Möwen, weniger anderen Greifvögeln. Gleich nach der Ankunft im Brutrevier unternimmt das Männchen girlandenförmige Balzflüge in größerer Höhe.

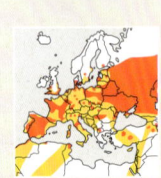

MERKMALE 39–50 cm. Noch schlanker als die sonst ähnliche Kornweihe, wirkt im Flug beinahe „schlaksig". Männchen oberseits mit schwarzem Flügelband. Männchen der *Steppenweihe* aus den östlichen Steppen vor allem auf der Unterseite auffällig hell, Schwarz der Flügelspitzen keilförmig, erinnert stark an Möwen.
VORKOMMEN In weiten Feuchtgebieten, gerne Verlandungszonen mit nicht zu hoher Vegetation und in feuchten Heidegebieten; brütet zunehmend auch auf Kulturland, überwintert in Afrika.

Kornweihe
Circus cyaneus — Habichtverwandte | ganzjährig

Weibchen eulenartiger Gesichtsschleier

Kornweihen sind Mäusejäger, die bei ungünstiger Witterung auf Kleinvögel ausweichen. In vielen Gebieten ist die Feldmaus wichtigstes Beutetier. Neststandort ist eine geschützte Stelle am Boden mit höherem Bewuchs. Wie bei den anderen Weihen übernimmt das Männchen anfangs die Fütterung der Familie, dafür versorgt das Weibchen die Jungen nach dem Verlassen des Nestes allein.

MERKMALE 42–55 cm. Kompakter gebaut als Wiesenweihe. Männchen mit überwiegend blaugrauem Gefieder und breiter schwarzer Flügelspitze. Weibchen mit breitem weißem Bürzelfleck. Männchen rufen während des Balzfluges schnell keckernd „tschek-ik-ik-ik…".
VORKOMMEN In Moor- und Heideflächen, Buschland, Verlandungszonen und in Küstendünen; brütet gebietsweise auch in Getreidefeldern.

Augen gelb

Unterseite braun gestrichelt

Die schlanke Wiesenweihe erinnert in ihrer Flugweise an Möwen und Seeschwalben.

Kopf und Brust blaugrau

Unterseite weiß

Die Kornweihe ist in Mitteleuropa regelmäßiger Wintergast im Offenland.

Greifvögel

Habicht
Accipiter gentilis — Habichtverwandte | ganzjährig

Jungvogel Unterseite auf gelblichem Grund tropfenartig gefleckt

Bereits im Spätwinter unternehmen die Partner eines Brutpaares Schauflüge – mit langsamen Flügelschlägen und gesträubten weißen Unterschwanzfedern. Dabei hört man lange Folgen von ungeduldig klingenden „gik-gik-gik"-Rufen. Jungvögel rufen hoch und heiser „psiie".

MERKMALE 49–64 cm. Große Habichtsweibchen sind gut bussardgroß, Männchen viel kleiner. Im Vergleich zum Sperber langsamere Flügelschläge und etwas längerer Schwanz. Unterseite bei Altvögeln quer gebändert.
VORKOMMEN In abwechslungsreichen Waldgebieten mit ruhigen Altholzbeständen. Zur Zugzeit auch an der Küste. Jungvögel wandern oft weit.
SCHON GEWUSST? Die Habicht-Männchen sind kaum größer als ein großes Sperber-Weibchen, jedoch rund doppelt so schwer.

Sperber
Accipiter nisus — Habichtverwandte | ganzjährig

Jungvogel Oberseite braun

Der Sperber ist ein draufgängerischer und wendiger Kleinvogeljäger. Besonders im Winter sieht man Sperber auch in Städten und Dörfern jagen, denn dort versprechen die vielen Vogelfütterungen reiche Beute.

MERKMALE 29–41 cm. Kleiner Greifvogel mit langem Schwanz und relativ breiten Flügeln. Weibchen fast doppelt so schwer wie Männchen. Weibchen mit bräunlich grauer, Männchen mit blaugrauer Oberseite. In Nestnähe schnelle, hohe „kjik-kjik-kjik"-Reihen.
VORKOMMEN In reich strukturierter Landschaft, gerne Nadel- und Mischwald mit großen Lichtungen, auch in kleinen Feldgehölzen und selbst in den größeren Parks und Friedhöfen der Städte.
SCHON GEWUSST? Die Sperber-Weibchen sind größer und fast doppelt so schwer wie die Männchen.

Unterseite
quer gebändert

Unterschwanzdecken
weiß

Der Habicht ähnelt im Flugbild dem Sperber, jedoch sind Hals und Schwanz länger.

Wangen
rotbraun

dünne Beine

Der Sperber fliegt mit Serien von raschen Flügelschlägen und kurzen Gleitstrecken.

Greifvögel

Wespenbussard
Pernis apivorus — Habichtverwandte | Mai –Sept

Männchen Jungvogel

Zur Nahrungssuche fliegt der Wespenbussard oft an sonnigen Waldrändern oder Hecken entlang und achtet auf ein- und ausfliegende Insekten. Mit den langen und schmalen Krallen seiner Scharrfüße gräbt er Wespen- und Bienennester aus, um die sehr nahrhaften Larven zu verzehren.

MERKMALE 52–59 cm. Schlanker, bussardähnlicher Greifvogel mit taubenartigem Kopf, vor allem auf der Unterseite ungewöhnlich variabel gefärbt. Im Flug schmalere Flügel als Mäusebussard, Schwanz länger und schmaler mit zwei deutlichen Binden und einer breiteren Endbinde. Ruft melodisch, gedehnt „wii-luu" oder auch „wi-wi-lu".
VORKOMMEN In ausgedehnten, abwechslungsreichen Wäldern mit Altholzbereichen, Lichtungen, Wiesen und Waldrändern. Ausgeprägter Langstreckenzieher, überwintert im südlichen Afrika.

Mäusebussard
Buteo buteo — Habichtverwandte | ganz- jährig

heller Mäusebussard

Mäusebussarde sind spezialisierte Kleinsäugerjäger, die vor allem Wühlmäuse, aber auch Waldmäuse, Spitzmäuse sowie junge Hasen und Kaninchen erbeuten; gelegentlich fangen sie auch Eidechsen, Blindschleichen oder Lurche. Im Winter sind tote Hasen und andere Verkehrsopfer entlang der Straßen wichtig.

MERKMALE 46–58 cm. Lange und breite Flügel, breite Kopf- und Halspartie und ziemlich kurzer Schwanz. Gefiederfärbung sehr variabel – von einheitlich schwarzbraun bis fast weiß – mit vielen Übergängen. Vielfach ein helles Brustband. Ruft weit hörbar, klingt klagend-miauend „hii-äh".
VORKOMMEN In ganz unterschiedlichen Landschaften, sofern wenigstens Waldinseln für die Horstanlage und offenes, nicht zu hoch bewachsenes Gelände für die Beutejagd vorhanden sind.

Kopf taubenartig   Augen gelb

Der Wespenbussard hat schmalere Flügel und ist langschwänziger als der Mäusebussard.

Augen meist dunkel

Lauf unbefiedert

Der Mäusebussard hat lange, breite Flügel und einen recht kurzen Schwanz.

Greifvögel

Raufußbussard
Buteo lagopus — Habichtverwandte

Okt–April

Jungvogel
Brust gestrichelt

Die Bestandsdichte hängt wie beim Mäusebussard stark vom Angebot an Kleinsäugern ab, vor allem an Lemmingen. Im Brutgebiet sind Lemminge und andere Wühlmäuse die Hauptbeutetiere, daneben spielen auch junge Schneehasen und Hühnerküken eine Rolle. Die Winterernährung entspricht der des Mäusebussards.

MERKMALE 49–59 cm. Wie beim Mäusebussard sehr unterschiedliche Gefiederfärbung, jedoch stets mit weißer Schwanzbasis. Männchen meist mit 3–4 Schwanzbinden, Weibchen mit nur 1–2. Rüttelt viel häufiger als Mäusebussard.

VORKOMMEN In Skandinavien vor allem in der Übergangszone zwischen Fjällbirkenwald und Kahlfjäll, seltener in nordischen Wäldern mit altem, schütterem Nadel- und Mischwald. Im Winterhalbjahr oft im Norden Mitteleuropas.

Adlerbussard
Buteo rufinus — Habichtverwandte

März–Sept

Schwanz bei Altvögeln oberseits ungebändert

Bei der Nahrungssuche fliegen Adlerbussarde oft über trockenen Feldern und rütteln häufig. Nicht selten stehen sie auf einem Leitungsmast und halten nach Kleintieren Ausschau. Wichtige Beutetiere sind Ziesel, Hamster, Wühl- und Rennmäuse, manchmal stehen auch Eidechsen und Insekten auf dem Speiseplan.

MERKMALE 51–62 cm. Größter und am meisten adlerartig wirkender Bussard. In Zeichnung und Färbung sehr unterschiedlich, Kopf, Hals und Schwanz jedoch meist hell rostfarben. Im Flug lange Flügel und markanter dunkler Bugfleck.

VORKOMMEN In trockenen Steppen und Halbwüsten. In Südosteuropa in waldreichen Landschaften mit Felsen für die Nestanlage und offenen Bereichen für die Beutejagd. Brütet in Mitteleuropa nur in Ostungarn regelmäßig, erste dort bekannte Brut 1992.

Augen hell

Lauf befiedert

Der Raufußbussard wirkt im Flug eleganter als der Mäusebussard und rüttelt häufiger.

Kopf und Hals hellrostbraun

Der Adlerbussard ist der größte Bussard, er wirkt auch am meisten adlerartig.

Hühner

Moorschneehuhn
Lagopus lagopus — Glatt- und Raufußhühner | ganzjährig

Schottisches Moorschneehuhn ganzjährig braun

Besonders im Frühjahr hört man die lauten und nasal gackernden Lautfolgen des Männchens, an die oft ein raues, mehrfach wiederholtes „Kobäh" angehängt wird. Während des Balzfluges startet der Hahn mit burrenden Flügelschlägen, nach einer Weile segelt er dann mit steif gehaltenen Flügeln und gespreizten Steuerfedern über dem Brutrevier.

MERKMALE 35–43 cm. Im Vergleich zum Alpenschneehuhn etwas größer, mit gröberem Schnabel; dunkle Gefiederanteile eher rotbraun als braungrau. Im Winter fast reinweiß. Unterart der Britischen Inseln *(scoticus)* in allen Kleidern einheitlich rostbraun, auch im Winter.
VORKOMMEN In nordischen Mooren und Tundren sowie im Fjällbirkenwald, im Winter auch in dichtem Birkenwald oder lockerem Nadelwald.

Alpenschneehuhn
Lagopus muta — Glatt- und Raufußhühner | ganzjährig

Vor allem die Männchen des Alpenschneehuhns rufen beim Auffliegen und während des Schaufluges tief und trocken knarrend „arr-arr-ka-karr", worauf ein ratterndes „rrrrrrr k k k k k kk" folgt. Die Hühner sind nicht besonders scheu und lassen den vorsichtigen Beobachter oft recht nah herankommen. Sie ernähren sich vor allem von Knospen und Beeren der Zwergsträucher.

Männchen im Winter

MERKMALE 31–35 cm. Je nach Jahreszeit und Geschlecht sehr unterschiedlich gefärbt. Im Winter bis auf schwarze Steuerfedern und (beim Männchen) schwarzen Zügelstreif reinweiß.
VORKOMMEN In den Hochlagen der Gebirge und in steinigen Tundragebieten bis hinab zum Meeresniveau; lebt in Mitteleuropa oberhalb der Baumgrenze, an reich strukturierten Hängen mit felsigen Matten und Steinhalden.

Schnabel recht kräftig

weiß befiederte Beine

Das Moorschneehuhn hat wie das Alpenschneehuhn stets ganz weiße Flügel.

überwiegend graubraun

Das Alpenschneehuhn unternimmt im Frühjahr eindrucksvolle Schauflüge.

Hühner

Birkhuhn
Tetrao tetrix — Glatt- und Raufußhühner | ganzjährig

Weibchen braun, stark gebändert

Die Gemeinschaftsbalz der Birkhühner findet ab Ende Februar auf Mooren, zugefrorenen Seen und anderen Freiflächen statt. Die Hähne umkreisen sich in geduckter Haltung und mit gefächertem Schwanz; sie balzen mit an- und abschwellendem „Kullern", oft unterbrochen von einem zischend-fauchenden „Tschuüsch".

MERKMALE 40–58 cm. Männchen mit sichelförmig nach außen gebogenen Steuerfedern („Spielhahnfedern"). Weibchen im Vergleich zur größeren und schwereren Auerhenne mit kürzerem, gekerbtem Schwanz, viel helleren Unterflügeln und graubraunem Gefieder.
VORKOMMEN In weiten Moor- und Heidelandschaften mit Baumgruppen sowie auf Kahlschlag- und Waldbrandflächen; in Mitteleuropa meist in den Alpen im Bereich der Baumgrenze. In Nordeuropa auch in offenen Wäldern mit Lichtungen.

Auerhuhn
Tetrao urogallus | Glatt- und Raufußhühner | ganzjährig

Weibchen rostroter Brustfleck

Die polternden Abfluggeräusche eines kurz vor dem Beobachter startenden Auerhahns können Wanderern einen gehörigen Schreck einjagen. Ab März findet die imposante Balz statt. Dabei nehmen die Hähne die bekannte Imponierhaltung ein; während der Balzstrophen äußern sie merkwürdige schleifende, wetzende, knallende und glucksende Laute. Für das Gelege scharrt das Weibchen eine flache Mulde.

MERKMALE 54–90 cm. Männchen fast truthahngroß. Weibchen ähnlich Birkhenne, aber mit einfarbig rostrotem Vorderhals- und Brustfleck.
VORKOMMEN Ursprünglich in der lichten Taiga Sibiriens, in Mitteleuropa in alten, ruhigen Nadel- und Mischwäldern mit Mooren und anderen Freiflächen; heute fast nur noch im Bergland.

schwarzer Schnabel

„Spielhahnfedern"

Der Birkhahn ist unverkennbar, im Flug zeigt er viel Weiß auf den Flügeln.

Schnabel hell

Steuerfedern gerade

Der Auerhahn fällt vor allem durch seine Größe auf, er ist fast truthahngroß.

Hühner

Haselhuhn
Tetrastes bonasia

Glatt- und Raufußhühner | ganzjährig

Weibchen
helle Kehle

Das Haselhuhn ist überwiegend ein Bodenvogel, steht aber auch in Sträuchern und Bäumen und läuft auch auf Ästen. Es flüchtet, wenn man es überrascht, bereits früh und fliegt meist hoch in einen dichten Nadelbaum, sodass man nur das typische Flügelburren mitbekommt. Fast das ganze Jahr über hört man den Gesang des Männchens, ein sehr hohes, rhythmisches Pfeifen.

MERKMALE 34–39 cm. Gedrungenes, kleines Huhn mit tarnfarbenem Gefieder und relativ langem Schwanz mit breiter, dunkler Endbinde. Kehle beim Männchen schwarz mit weißer Einrahmung.
VORKOMMEN In unterholzreichen, reich strukturierten Misch- und Nadelwäldern, besonders an dicht ewachsenen Fluss- und Bachufern mit Beeren und Kätzchentragenden Sträuchern. In Mitteleuropa.

Wachtel
Coturnix coturnix

Glatt- und Raufußhühner | Mai–Okt

lange Flügel,
spitzer Schwanz

Wegen der überaus zurückgezogenen Lebensweise bekommt man die Wachtel kaum zu Gesicht, aber man hört sie häufig und zu jeder Tageszeit. Der Reviergesang des Männchens ist eine „pick-werwick"-Folge.

MERKMALE 16–18 cm. Kleinstes Huhn Europas, nur starengroß, wirkt fast schwanzlos. Gefieder tarnfarben gelbbraun, oberseits stark dunkel gemustert. Männchen mit schwarzer Kehlmitte.
VORKOMMEN In der offenen, warmen Feldflur mit Wintergetreide, hochgrasigen Wiesen, Klee- und Luzernefeldern oder verkrauteten Brachflächen. Langstreckenzieher, überwintert in Afrika.
SCHON GEWUSST? Die Wachtel ist der einzige Langstreckenzieher unter den europäischen Hühnern; sie zieht nach Afrika und kehrt erst im Mai zurück.

Kehle schwarz

dunkle Schwanzendbinde

Das Haselhuhn lebt versteckt im Unterholz, beim Auffliegen hört man Flügelgeräusche.

Kehlmitte schwarz

Die Wachtel, das kleinste europäische Huhn, fliegt kraftvoll mit schnellen Flügelschlägen.

Hühner

Steinhuhn
Alectoris graeca

Glatt- und Raufußhühner | ganzjährig

Kehle weiß
Steuerfedern rotbraun

Steinhühner sind rein europäische Hühnervögel und leben in den reich strukturierten und unübersichtlichen alpinen Lebensräumen. Meist sind sie nur schwer zu entdecken. Sie drücken sich geschickt oder entfernen sich ungesehen „zu Fuß". Die Männchen balzen im Frühjahr mit mehrfach wiederholten „tschitti ti-tok"-Reihen.

MERKMALE 33–36 cm. Vom sehr ähnlichen süd-osteuropäischen Chukarhuhn (*Alectoris chukar*, lokal in den Alpen eingebürgert) vor allem durch den schmalen deutlichen Überaugenstreif (statt breiten, undeutlichen)
und die weiße (statt gelblich weiße) Kehlfärbung unterschieden. Ruft beim Abflug oft rau, schrill und gepresst „pitschi-pitschi-pitschi witu".

VORKOMMEN An sonnigen, oft steilen Hängen mit felsigem und steinigem Untergrund mit vielen Zwergsträuchern in etwa 1500–2000 m Höhe. Sehr selten.

Rothuhn
Alectoris rufa — Glatt- und Raufußhühner | ganzjährig

kleines, weißes Kehlfeld

Noch im 19. Jahrhundert war das Rothuhn im Südwesten Deutschlands Brutvogel. Das Männchen wählt den Neststandort aus und scharrt an einer geschützten Stelle eine flache Mulde für das Gelege. Bei der Bebrütung des Geleges hilft es ebenfalls mit. Es singt rau und heiser „gotschek gotschek-tschek…". Auf den Britischen Inseln wurde die Art eingebürgert.

MERKMALE 32–35 cm. Von Stein- und Chucarhuhn durch das kleine, weiße Kehlfeld und das breite, schwarz gefleckte Halsband unterschieden; wirkt insgesamt mehr braun. Ruft bei Störung „tschrie-ech", sonst häufig rau „tschok-tschokorrr".

VORKOMMEN In offener, trockener, strukturreicher Landschaft mit niedrigen Büschen und Flächen mit kurzem Gras oder fast ohne Bewuchs für die Nahrungssuche; oft auf extensivem Kulturland.

viel Schwarz zwischen Auge und Schnabel

Flanken schwarz-weiß gebändert

Das Steinhuhn, seltener, scheuer Bewohner der Alpen, ist nicht leicht zu beobachten.

deutlicher weißer Überaugenstreif

schwarz geflecktes Halsband

Das Rothuhn erinnert stark an das Stein- und Chukarhuhn, ist aber insgesamt brauner.

Hühner

Rebhuhn
Perdix perdix — Rau- und Glattfußhühner | ganzjährig

Steuerfedern rostrot

Rebhühner bilden außerhalb der Brutzeit Familientrupps, die sich in harten Wintern oft zu größeren Verbänden zusammenschließen. In Mitteleuropa ist es weitverbreitet und war früher ein häufiger Brutvogel in der Feldflur. Es hat aber durch Intensivierung der Landbewirtschaftung fast überall sehr stark abgenommen.

MERKMALE 28–32 cm. Kleines, kompakt gebautes Huhn mit kurzem Schwanz und rundlichem Kopf. Gefieder ist überwiegend grau, Gesicht orange-braun. Dunkler, hufeisenförmiger Bauchfleck bei Weibchen schwächer ausgeprägt. Fliegt meist dicht über dem Boden, rostrote Steuerfedern oft auffallend. Reviergesang heiser „girreck".
VORKOMMEN In offener, trockener Kulturlandschaft des Tieflandes mit Brachland, Ackerrainen, Hochstaudenbereichen, Gräben und Hecken.

Jagdfasan
Phasianus colchicus | Glatt- und Raufußhühner | ganzjährig

Weibchen Flanken dunkel gefleckt langer Schwanz

Seit Jahrhunderten wurden Vögel verschiedener Unterarten in weiten Teilen Europas ausgesetzt und haben vielerorts frei lebende Bestände gebildet. Allerdings können die Wärme liebenden Hühner (besonders die Küken) nicht überall ihre Bestände selbstständig erhalten, sondern werden durch Zufütterung und Aussetzungen von Volierenvögeln gestützt.

MERKMALE 55–90 cm. Männchen auffallend bunt mit „überlangem" Schwanz, Weibchen kleiner, etwas kurzschwänziger und mit tarnfarbenem Gefieder. Ruft im Flug oft hart und heiser „äch" oder „gögök". Reviergesang laut, explosiv „koh-krok", darauf ein Flügelburren.
VORKOMMEN Überwiegend asiatische Art, in Europa ursprünglich nur in Transkaukasien. Heute meist in der Kulturlandschaft und in Parks.

Gesicht orange-braun

dunkler Bauchfleck

Das Rebhuhn lebt in offener Kulturlandschaft, es fliegt meist dicht über dem Boden.

viel Rot im Gesicht

weißer Halsring

Der scheue Jagdfasan ist trotz seines bunten Gefieders nur schwer zu beobachten.

Schreitvögel

 Rohrdommel
Botaurus stellaris — Reiher | ganzjährig

wirkt im Flug gedrungen und eulenartig

Rohrdommeln verraten sich erst durch den nebelhornartigen Reviergesang des Männchens. Sie leben sehr versteckt im Schilf und klettern dort langsam und schleichend. Bei Gefahr erstarren sie in einer senkrechten Haltung mit Kopf und Schnabel nach oben gereckt (Pfahlstellung). Sie verstärken die Tarnwirkung noch, indem sie sich im Rhythmus des schwankenden Schilfs seitlich hin und her bewegen.

MERKMALE 69–81 cm. Schilffarbener, untersetzter Reiher; erinnert im Flug etwas an eine Eule. Im Frühjahr dumpfes, in Abständen wiederholtes „uwuump", oft weit zu hören. Ruft im Flug rau „krau" – ähnlich dem Bellen eines Fuchses.
VORKOMMEN In ausgedehnten Schilfbeständen an Seeufern und in Sumpfgebieten. Überwintert zum Teil in Süd- und Westeuropa, oft im Brutgebiet.

 Zwergdommel
Ixobrychus minutus — Reiher | Mai–Sept

Weibchen Mantel braun, gestreift

Zwergdommeln sind geschickte Kletterer im Halmenwald des Schilfröhrichts. Sie kommen dort zügig vorwärts, indem sie mit den überaus langen Zehen mehrere Halme gleichzeitig umfassen. Die Pfahlstellung beherrschen sie genauso gut wie Rohrdommeln. Standort für das kegelförmige, locker aus Halmen und Zweigen gebaute Nest ist oft eine dicht bewachsene Stelle im Rohrkolbenbestand knapp über dem Wasser.

MERKMALE 33–38 cm. Kleinste Reiherart Europas. Männchen mit schwarzem Mantel; Jungvögel stark gestreift. Im Flug helles Armflügelfeld auffallend. Reviergesang ähnlich fernem Hundegebell.
VORKOMMEN In dichten Schilfbeständen an Seen und Teichen, auch in schmalen Schilfstreifen, anders als Rohrdommel. Im westlichen Mitteleuropa sehr selten. Überwintert stets in Afrika.

Scheitel braunschwarz

dicker Hals

Die Rohrdommel ist ein scheuer Reiher, den man im Schilf eher hört als sieht.

schwarzer Mantel

großes, helles Flügelfeld

Die Zwergdommel sieht man mitunter auch am Tag knapp über dem Schilf fliegen.

Schreitvögel

Silberreiher
Casmerodius albus — Reiher

ganzjährig

Prachtkleid (links)
Schlichtkleid (rechts)

Die nächsten Brutkolonien des Silberreihers liegen am Neusiedler See in Österreich. In Deutschland ist der seltene Reiher längst keine Ausnahmeerscheinung mehr, sondern lässt sich inzwischen als regelmäßiger Gast und in steigender Anzahl an unterschiedlichen Gewässern beobachten. Bei der Nahrungssuche sind die weißen Reiher sehr auffällig, denn sie pirschen oft ohne Deckung durch das Flachwasser.

MERKMALE 85–100 cm. Großer, sehr schlanker, eleganter Reiher mit ganz weißem Gefieder. Im Prachtkleid mit dunklem Schnabel und über die Flügel herabhängenden Schmuckfedern. In der Brutkolonie krächzende und heiser rollende Laute.
VORKOMMEN In ausgedehnten Schilfwäldern an Seen, Altwässern und in Flussmündungen. Jagt auch auf Wiesen und Feldern nach Mäusen.

Seidenreiher
Egretta garzetta — Reiher

Mai –Sept

Schlichtkleid (links)
Prachtkleid (rechts)

Bei der Nahrungssuche laufen Seidenreiher oft hektisch durch das flache Wasser und schnappen sehr rasch nach links und rechts nach aufgeschreckten Beutetieren. Wie Kuhreiher suchen auch sie gerne Weidevieh auf, um die von den großen Tieren aufgescheuchten Insekten zu fangen. Seidenreiher brüten in großen, gemischten Kolonien zusammen mit anderen Reiherarten.

MERKMALE 55–65 cm. Kleiner, schlanker, weißer Reiher, wirkt stets sehr elegant. Zehen gelb. Zur Paarungszeit auffällige Schmuckfedern aus zwei verlängerten Nackenfedern und filigranem, von den Schultern herabhängendem „Federmantel".
VORKOMMEN An busch- und baumbestandenen Rändern von flachen Seen, Flussufern und Lagunen, heute zunehmend in Reisfeldern. Brütet ausnahmsweise in Deutschland und Österreich.

Schnabel gelb (Schlichtkleid)

Zehen schwarz

Der Silberreiher fällt schon von Weitem durch seine Größe und das weiße Gefieder auf.

verlängerte Nackenfedern (Schmuckfedern)

Zehen gelb

Der Seidenreiher ist deutlich kleiner als ein Graureiher, seine gelben Zehen sind typisch.

Schreitvögel

Graureiher
Ardea cinerea — Reiher

ganzjährig

Jungvogel
Gefieder mit wenig Kontrasten

Wie viele andere Reiher schreitet auch der Graureiher bei der Nahrungssuche bedächtig und mit vorgestrecktem Hals im Flachwasser. Entdeckt er ein geeignetes Beutetier, stößt er mit seinem dolchartigen Schnabel blitzschnell zu. Häufig steht er aber auch unbeweglich im seichten Wasser oder auf einer Feuchtwiese.

MERKMALE 84–102 cm. Überwiegend grau. Langer und spitzer, gelblicher, zur Balzeit orange gefärbter Schnabel. Segelt im Gegensatz zu Kranichen oder Störchen kaum; im Flug und am Boden meist eingezogener Hals. Flugruf heiser „kräich".

VORKOMMEN Brütet in Feldgehölzen, an Waldrändern oder in Auwäldern, oft auf Inseln in größeren Seen. Sucht Nahrung an Gewässern mit flachen Ufern oder an Gräben; fängt häufig auch mitten auf Wiesen und Feldern Mäuse und Frösche.

Purpurreiher
Ardea purpurea — Reiher

April–Okt

Jungvogel (links)
Oberseite lehmbraun
Prachtkleid (rechts)

Purpurreiher tarnen sich meist vorzüglich im Halmengewirr. Sie sind mehr auf Deckung erpicht als Grau- und Silberreiher. Auch stehen sie weniger auf Bäumen. Bei der Beutesuche lauern sie oft gut gedeckt an Gräben oder kleinen, offenen Wasserstellen. Wenn Gefahr droht, verharren sie ähnlich wie Rohrdommeln.

MERKMALE 70–90 cm. Wirkt meist sehr schlank und dunkel. Langer, schmaler Schnabel, geht ohne Absatz in den Kopf über, sieht zusammen mit dem dünnen Hals schlangenartig aus. Jugendkleid überwiegend lehmbraun. Wirkt im Flug schlaksig, Hals eckig und „durchhängend".

VORKOMMEN Brütet nur in ausgedehnten Schilfarealen und Sumpfgebieten mit dichter Vegetation. In Mitteleuropa selten. Außerhalb der Brutzeit an offenen, deckungsbietenden Wasserstellen.

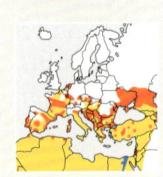

schwarze Scheitelseiten

Schmuckfedern an Brust und Oberseite

Der Graureiher fliegt meist mit eingezogenem Hals und segelt nicht wie ein Storch.

Hals sehr dünn mit schwarzen Längsstreifen

Mantel dunkelgrau

Der Purpurreiher wirkt im Flug sehr schlank und schlaksig, der Hals erscheint eckig.

Schreitvögel

Nachtreiher
Nycticorax nycticorax — Reiher

April–Okt

Jungvogel ähnlich Rohrdommel

Nachtreiher sind vor allem nachts und in der Dämmerung aktiv. Bei Tag sieht man sie nur selten Nahrung suchen, denn dann stehen sie in kleinen Trupps auf Bäumen und schlafen. Im März bis April erscheinen die Reiher in ihren Brutbäumen, die sie sich mit Artgenossen und oft mit anderen Reiherarten teilen. Das Männchen beschafft das Material für das recht kleine Nest.

MERKMALE 58–65 cm. Gedrungener Reiher mit kurzem, kräftigem Schnabel. Im Prachtkleid 2 bis 3 weiße fadenförmige Schmuckfedern. Ruft im Flug hohl und froschartig „quak" oder „koark".
VORKOMMEN Zur Brutzeit in baumbestandenen Sumpfgebieten und in Flussauen mit vielen Altwässern und dschungelartiger Vegetation. In Mitteleuropa sehr selten geworden, vor allem durch den fortgesetzten Ausbau von Wasserstraßen.

Rallenreiher
Ardeola ralloides — Reiher

Mai–Aug

Schlichtkleid Kopf und Halsseiten streifig

Rallenreiher lieben die Deckung und sind bei der Jagd Einzelgänger. Ähnlich wie Rohrdommeln stehen sie häufig in Lauerstellung im dichten Schilf direkt über dem Wasser oder in geschützten Schwimmpflanzenbeständen. Die Nester befinden sich auf Bäumen, Büschen oder im Schilf, oft in gemischten Kolonien mit anderen Reihern wie Seiden- und Nachtreihern.

MERKMALE 40–49 cm. Unauffällig beigebrauner Reiher, der beim Auffliegen plötzlich überwiegend weiß wird, denn Flügel und Schwanz sind schneeweiß. Im Prachtkleid Kopf und Halsseiten ockergelb, im Schlichtkleid dort stärker gestrichelt.
VORKOMMEN Brütet in dichtem, oft mit Bäumen aufgelockertem Gebüsch nahe weiten Sümpfen – häufig in Flussdeltas und Verlandungszonen. Überwintert von Südeuropa bis ins tropische Afrika.

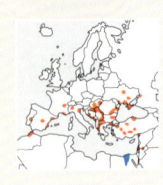

schwarzer Scheitel

fadenförmige Schmuckfedern

Der Nachtreiher ist hauptsächlich dämmerungsaktiv; tagsüber schläft er in Bäumen.

Halsseiten ockergelb

Flügel und Schwanz weiß

Der Rallenreiher wirkt am Boden recht schlicht, zeigt aber im Flug auffallendes Weiß.

Schreitvögel

Löffler
Platalea leucorodia — Ibisse

März –Okt

Jungvogel Schnabel fleischfarben

Seit den 1990er Jahren brüten Löffler auch an der deutschen Nordseeküste in mehreren Kolonien. Bei der Nahrungssuche führen sie mit ihrem merkwürdig geformten Schnabel seitliche Pendelbewegungen im Flachwasser aus und wirbeln dadurch Kleintiere vom Gewässergrund hoch. Löffler sind Koloniebrüter; sie bauen umfangreiche Nester auf altem Schilf.

MERKMALE 80–93 cm. Weißer Schreitvogel mit langem, löffelartigem Schnabel. Im Prachtkleid orangefarbener Brustlatz und herabhängender Nackenschopf. Im Jugendkleid schwarze Flügelspitzen und fleischfarbener Schnabel.

VORKOMMEN Brütet meist in Schilfwäldern des Binnenlandes (Neusiedler See), aber auch an der Meeresküste (Nordsee); überwintert im Mittelmeerraum und im nördlichen Afrika.

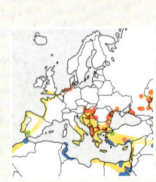

Rosaflamingo
Phoenicopterus roseus — Flamingos

ganzjährig

Jungvogel (links) Oberseite einfarbig grau-braun Beine dunkel

Mit ihrem ungewöhnlich geformten Schnabel, der als Seihapparat funktioniert, filtrieren Flamingos das Wasser. Dabei schreiten sie langsam vorwärts oder treten auf der Stelle, um kleine Wassertiere aufzuwirbeln. Das kegelförmige Nest besteht aus Schlamm.

MERKMALE 90–120 cm. Großer Stelzvogel mit merkwürdig geformtem Schnabel, Beine und Hals sehr lang. Im Flug schwarz-rotes Flügelmuster, etwas durchhängender Hals. Ruft gänseähnlich.

VORKOMMEN An großen, flachen, meist salzigen Seen und schlammigen Seichtwasserbereichen in Flussdeltas und an der Küste. In Deutschland nur in Westfalen; dort brütet auch der südamerikanische *Chileflamingo*.

SCHON GEWUSST? Der Rosaflamingo hält den Schnabel so, dass die Oberseite nach unten weist.

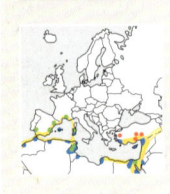

Nackenschopf

löffelförmiger Schnabel

Der Löffler fliegt mit ausgestrecktem Hals und eingeschobenen Gleitstrecken.

Schnabel nach unten gebogen

Beine rosa

Der Rosaflamingo ist im Flug schon von Weitem an seinem sehr langen Hals zu erkennen.

Schreitvögel

 ### Weißstorch
Ciconia ciconia — Störche

März –Aug

Nicht selten treffen sich die Partner des vorigen Jahres wieder auf demselben Schornstein, denn sie haben eine starke Bindung an den Horst. Mit der Brut können sie erst beginnen, wenn sie das Nest ausgebessert und gegen Artgenossen verteidigt haben.

brütet oft auf Schornsteinen

MERKMALE 95–110 cm. Sehr großer, schwarz-weißer Stelzvogel mit langem Hals; Beine und Schnabel lang, rot. Im Jugendkleid Schnabel mit dunkler Spitze, Beine rosafarben. Fliegt wie Kranich mit ausgestrecktem Hals.
VORKOMMEN Brütet auf Gebäuden, Nahrungssuche auf Feuchtwiesen und anderen, extensiv genutzten Wiesen in offenen Tieflandgegenden.
SCHON GEWUSST? Der Storch ruft oder singt nicht. Am Nest klappern die Partner jedoch synchron mit dem langen Schnabel.

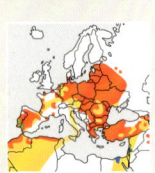

 ### Schwarzstorch
Ciconia nigra — Störche

März –Okt

Schwarzstörche sind nicht so gesellig wie Weißstörche und treten außerhalb der Brutzeit meist einzeln oder in kleinen Trupps auf. Zur Nahrungssuche fliegen sie nicht selten an kleine Bäche. Der Schwarzstorchhorst steht meist in der Krone alter Bäume in ruhigen Wäldern; im Laufe der Jahre kann er durch ständige Ausbesserung sehr umfangreich werden.

Jungvogel
Schnabel grünlich
Beine grünlich

MERKMALE 90–105 cm. Sehr großer, überwiegend schwarzer Schreitvogel; Schnabel und Beine kräftig rot, bei Jungvögeln grünlich. Im Flug unterseits bis auf weißen Bauch schwarz. Am Nest verschiedene schleifende und weinerliche Rufe, im Flug manchmal „füju". Klappert nur ausnahmsweise.
VORKOMMEN In alten, naturnahen Wäldern mit Mooren, Tümpeln und Bächen für die Nahrungssuche. Überwintert in Afrika nördlich des Äquators.

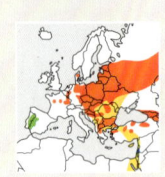

langer roter Schnabel

Unterseite weiß

Der Weißstorch fliegt mit lang ausgestrecktem Hals, die Flügel sind schwarz-weiß.

Kopf und Hals schwarz

langer roter Schnabel

Der Schwarzstorch, ein Bewohner ruhiger Wälder, ist von unten überwiegend schwarz.

Schreitvögel

Großtrappe
Otis tarda — Trappen

ganzjährig

Weibchen
Hals viel schlanker

Die Großtrappe gehört zu den am meisten gefährdeten Vogelarten Europas und kommt bei uns nur noch lokal in Ostdeutschland und Ostösterreich vor. Während der eindrucksvollen Schaubalz verwandeln sich die einzeln agierenden Männchen in schneeweiße Riesenblüten. Die viel kleinere, eher hühnerähnliche *Zwergtrappe* war früher Brutvogel im südöstlichen Mitteleuropa bis nach Ostdeutschland.

MERKMALE 75–105 cm. Truthahngroß und langbeinig, Männchen viel größer als Weibchen und oft nahezu doppelt so schwer; Weibchen viel zierlicher. Im Flug ausgestreckter Hals, gänseähnlich.
VORKOMMEN Ursprünglich in weiten, gerne etwas hügeligen Steppengebieten; heute in Europa vorwiegend in großflächigem, extensiv genutztem Kulturland mit wildkräuterreichem Brachland.

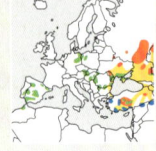

Kranich
Grus grus — Kraniche

März
–Nov

Jungvogel
Kopf kontrastlos,
gelblich braun

Im Frühjahr vollführen Kraniche beeindruckende Balztänze, indem sie mit gerecktem Hals majestätisch stolzieren, flügelschlagend in die Luft springen und sich immer wieder tief verbeugen. Sie überwintern zumeist auf der Iberischen Halbinsel, besonders in lichten Kork- und Steineichenbeständen der spanischen Dehesas.

MERKMALE 96–119 cm. Sehr großer, überwiegend grauer Schreitvogel mit relativ kurzem Schnabel und am Hinterende überhängendem Schmuckfederbausch.
VORKOMMEN In weiten Moor- und Verlandungsgebieten, aber auch in lichten Bruchwäldern inmitten von Sumpfgebieten und an einsamen Waldseen.
BEOBACHTUNGSTIPP Im Frühjahr und Herbst hört man oft erst die trompetenden Rufe, bevor man die Formation der ziehenden Kraniche am Himmel sieht.

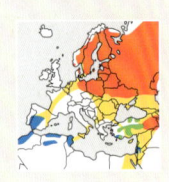

dicker Hals

braune Brust

Die Großtrappe fliegt gänseähnlich mit ausgestrecktem Hals, die Flügel zeigen viel Weiß.

Schnabel kurz

Schmuckfederbausch

Der Kranich fliegt mit ausgestrecktem Hals, Trupps bilden häufig V-Formation.

Rallen

Teichhuhn
Gallinula chloropus — Rallen

ganzjährig

Jungvogel unscheinbar bräunlich

Teichhühner sind sehr vorsichtig und rennen bei Gefahr sofort in schützenden Bewuchs. Trotzdem können sie an Parkgewässern vertraut werden. Typisch sind ihre hühnerartigen Bewegungen und das häufige Schwanzzucken beim Laufen und Schwimmen. Das Nest steht meist gut versteckt im dichten Uferbewuchs über trockenem Boden oder Flachwasser.

MERKMALE 27–31 cm. Schieferschwarz – bis auf das Weiß von Flankenband und äußeren Unterschwanzdecken. Schnabel und Stirnschild rot, Schnabelspitze gelb. Ruft rau, aber wohlklingend „kürrk", bei Gefahr durchdringender „kittek".
VORKOMMEN In der deckungsreichen Uferzone von stehenden und langsam fließenden Gewässern, aber auch an Gräben und kleinen Tümpeln. Vielerorts an unterschiedlichen Parkgewässern.

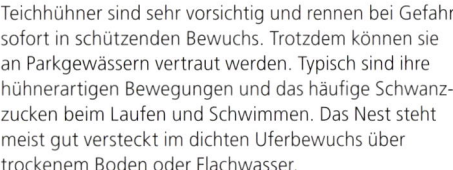

Blässhuhn
Fulica atra — Rallen

ganzjährig

Jungvogel überwiegend dunkelgrau, Kehle, Halsseiten und Brust weißlich, Stirnfeld fehlt

Das Blässhuhn schwimmt hoch auf dem Wasser und nickt ständig mit dem Kopf. Nicht selten taucht es nach einem kleinen Sprung. Bevor es von der Wasseroberfläche starten kann, muss es eine längere Strecke flügelschlagend über das Wasser laufen. In Parks und an Dampferstegen werden die Rallen futterzahm.

MERKMALE 36–42 cm. Schwarzer, rundlicher Wasservogel, schwimmt wie eine Ente auf dem Wasser. Bis auf weißen Schnabel und weißes Stirnschild schwarz. Ruft kurz, hupend „köw", stimmlos „tsk" oder „tsi" sowie vokallos „tp".
VORKOMMEN An nährstoffreichen Gewässern mit üppiger Ufervegetation, auch an Parkteichen und -seen mitten in der Großstadt. Außerhalb der Brutzeit in oft großen, dicht geballten Scharen auf größeren Gewässern und an der Meeresküste.

rotes Stirnschild

Unterschwanz außen weiß

Das Teichhuhn zuckt beim Laufen ständig mit dem Schwanz.

weißes Stirnschild

Schwimmlappen zwischen den Zehen

Das Blässhuhn erinnert auf dem Wasser an eine schwarze, rundliche Ente.

261

Rallen

Wasserralle
Rallus aquaticus — Rallen

ganzjährig

**Jungvogel
Kopf und Brust hell**

Meist sieht man die Wasserralle mit gestelztem, zuckendem Schwanz in Deckung rennen. Im Winter kommt sie auch aus dem Bewuchs hervor und steht dann frei auf Schlickflächen oder auf dem Eis.

MERKMALE 23–26 cm. Langer, etwas nach unten gebogener roter Schnabel; wirkt aus der Ferne oft schwarz. Oberseite olivbraun, schwarz gefleckt, Kopfseiten, Kehle und Brust blaugrau, Flanken und Bauch mit schwarzweißer Bänderung. Ruft laut, ähnlich Hausschwein quiekend; Balzruf des Männchens monoton „küpp küpp küpp…".
VORKOMMEN Im Pflanzengewirr von Schilf- und Seggenbeständen, vor allem an Gewässerufern.
BEOBACHTUNGSTIPP Wie andere Rallen fliegt auch die Wasserralle mit hängenden Beinen auf, sie flüchtet aber meistens rennend.

Tüpfelsumpfhuhn
Porzana porzana — Rallen

April
–Okt

**Unterschwanzdecken
gelblich**

Bei der Nahrungssuche bleiben Tüpfelsumpfhühner möglichst in dichter Vegetation oder zumindest in unmittelbarer Nähe. Zu den Zugzeiten sieht man sie mitunter am Schilfrand laufen. Der Balzgesang von Männchen und (weniger schneidend und deutlich leiser) von Weibchen ist meist in der Dämmerung und nachts zu hören: ein monotones, peitschenartiges, im Sekundentakt wiederholtes „Huitt".

MERKMALE 19–22,5 cm. Knapp amselgroße Ralle mit weißer Fleckung auf Oberseite, Hals und Brust; Flanken wellig gebändert. Balzt nachts.
VORKOMMEN In der Verlandungszone von Flüssen und Seen mit gleichbleibend niedrigem Wasserstand (bis 30 cm), dort meist am Übergang vom Schilf zu Seggen- und Binsenbeständen. Überwintert vom Mittelmeerraum bis Südafrika.

langer, roter Schnabel

Flanken schwarz-weiß gebändert

Die Wasserralle lebt versteckt in dichtem Schilf, meist hört man sie rufen.

Oberseite weiß gefleckt

Flanken wellig gebändert

Das scheue Tüpfelsumpfhuhn wagt sich kaum aus der dichten Vegetation.

Rallen

 ### Kleines Sumpfhuhn
Porzana parva · Rallen

April–Sept

Weibchen beige, Kopf und Oberseite hell

Im Vergleich zu anderen Kleinrallen schwimmt das Kleine Sumpfhuhn bei der Nahrungssuche häufiger. Dabei pickt es Nahrungsbestandteile von aus dem Wasser ragenden Pflanzen ab. Nicht selten klettert es geschickt im Pflanzengewirr. Das sehr ähnliche *Zwergsumpfhuhn* ist in Mitteleuropa ein sehr seltener Bewohner von überschwemmten Wiesen.

MERKMALE 17–19 cm. Sehr kleine Ralle, nur etwa halb so schwer wie Amsel. Kleines, rotes Abzeichen direkt an der Schnabelbasis; Oberseite mit hellbraunen Längsstreifen. Männchen unterseits blaugrau. Nächtlicher Balzgesang, eine abfallende Reihe froschähnlich quakender Laute.
VORKOMMEN In großen, dichten Schilf-, Rohrkolben- und Seggenbeständen. In Mitteleuropa vor allem am Neusiedler See. Überwintert in Afrika.

Wachtelkönig
Crex crex — Rallen

April–Sept

Flügeldecken rotbraun

Den scheuen Wachtelkönig sieht man nur ausnahmsweise einmal. Bei Anwesenheit hört man jedoch ständig sein zweisilbiges, trocken und hölzern klingendes Schnarren. Am sichersten bekommt man diese Ralle Anfang Mai zu Gesicht, wenn die Vegetation noch nicht so hoch steht. Dann sieht man mitunter den Vogel schnell und geduckt über eine Freifläche laufen.

MERKMALE 22–25 cm. Ähnlich wie das Rebhuhn, aber kleiner, schmaler und mit längeren Beinen und kräftigerem Schnabel. Oberseite gelblich braun mit dunkler Fleckung, Brust- und Kopfseiten überwiegend blaugrau.
VORKOMMEN In Feuchtwiesen, seltener auf Brachflächen oder in Getreide- und Kleefeldern.
BEOBACHTUNGSTIPP Reviergesang des Männchens ist ein im Sekundentakt vorgetragenes „rrerrp-rrerrp…"

kleiner roter Fleck an der Schnabelbasis

Unterseite blaugrau

Das Kleine Sumpfhuhn schwimmt manchmal bei der Nahrungssuche.

kurzer kräftiger Schnabel

Gesicht und Brust blaugrau

Der Wachtelkönig lebt sehr versteckt im Gras, meist hört man ihn nur.

Watvögel

Triel
Burhinus oedicnemus — Triele

März–Okt

Beine recht dick
Augen sehr groß
und gelb

Der Triel ist ein dämmerungs- und nachtaktiver Ödlandvogel, der sich tagsüber unsichtbar macht. Dann ist er oft nur schwer auszumachen, denn er ruft kaum und drückt sich meist dicht an den Boden. Bei Gefahr läuft er nicht selten in geduckter Haltung (wie ein Regenpfeifer) davon.

MERKMALE 38–45 cm. Großer, kräftiger Watvogel mit langen gelben Beinen und kurzem gelbem Schnabel mit schwarzer Spitze. Männchen mit kontrastreich abgesetzter weißer Flügelbinde. Im Flug schwarz-weißes Flügelmuster auffallend, erinnert etwas an Zwergtrappe. Ruft vorwiegend nachts „külie" oder klagend „krürrieh", ähnlich Großem Brachvogel, jedoch meist rauer.
VORKOMMEN Auf trockenen, sonnigen Flächen mit spärlichem Bewuchs, vor allem in Heide- und Steppengebieten; auch auf trockenen Kulturflächen.

Rotflügel-Brachschwalbe
Glareola pratincola — Brachschwalben

Mai–Sept

Jungvogel (oben)
Oberseite mit
Schuppenmuster

Brachschwalben fliegen bei der Insektenjagd rasant und wendig wie Seeschwalben oder große Rauchschwalben, manchmal wie Baumfalken. Sie unternehmen Sturzflüge und andere Flugmanöver und unterbrechen den Ruderflug immer wieder hoch in der Luft segelnd.

MERKMALE 24–28 cm. Wirkt am Boden stehend etwas regenpfeiferartig, Körper aber deutlich lang gestreckter, Beine und Schnabel kürzer. Im Flug gegabelter Schwanz, kastanienbraune Unterflügeldecken (wirken aber aus der Ferne oft schwarz) sowie weißer Armschwingen-Hinterrand typisch. Ruft zur Brutzeit seeschwalbenähnlich „kirrik" oder „kerretek-kitek".
VORKOMMEN Brütet in Kolonien auf offenen, spärlich bewachsenen Flächen in Steppen- und Halbwüsten. In Mitteleuropa (nur in Ungarn regelmäßig) meist in Salzpfannen und an Salzseen.

schwarze Schnabelspitze

weiße Flügelbinde

Der Triel erinnert an einen großen Regenpfeifer, seine Flügelschläge wirken steif.

schwarzumrandete Kehle

lange Schwanzspieße

Die Rotflügel-Brachschwalbe zeigt im Flug die braunen Unterflügeldecken.

Watvögel

Stelzenläufer
Himantopus himantopus — Säbelschnäbler | April –Sept

Schnabel gerade, nadelartig dünn

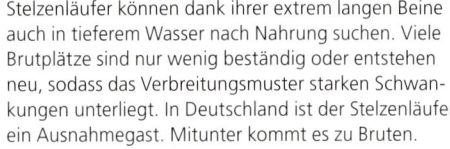

Stelzenläufer können dank ihrer extrem langen Beine auch in tieferem Wasser nach Nahrung suchen. Viele Brutplätze sind nur wenig beständig oder entstehen neu, sodass das Verbreitungsmuster starken Schwankungen unterliegt. In Deutschland ist der Stelzenläufer ein Ausnahmegast. Mitunter kommt es zu Bruten.

MERKMALE 33–36 cm. Zierlicher, eleganter Watvogel mit extrem langen Beinen; Gefieder schwarz-weiß. Männchen mit schwarzer, grünlich glänzender Oberseite; Mantel und Schulterfedern bei Weibchen eher bräunlich. Zur Brutzeit sehr stimmfreudig: ruft bei Gefahr laut, etwas quäkend „kjick-kjick-kjick…", daneben kläffend „ki-eck".

VORKOMMEN An Steppenseen, Küstenlagunen ohne Gezeitenwechsel und in Salzsümpfen, aber auch in Salinen, Reisfeldern und an Fischweihern.

Säbelschnäbler
Recurvirostra avosetta — Säbelschnäbler | März –Nov

Jungvogel (rechts) oberseits bräunlich

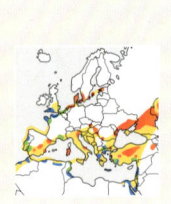

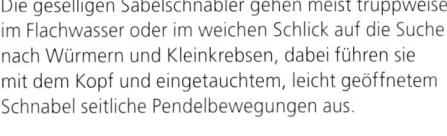

Die geselligen Säbelschnäbler gehen meist truppweise im Flachwasser oder im weichen Schlick auf die Suche nach Würmern und Kleinkrebsen, dabei führen sie mit dem Kopf und eingetauchtem, leicht geöffnetem Schnabel seitliche Pendelbewegungen aus.

MERKMALE 42–46 cm. Eleganter Watvogel mit langen, bläulich grauen Beinen und langem, dünnem, aufwärts gebogenem Schnabel. Im Flug auffällig schwarz-weißes Flügelmuster. Ruft melodisch flötend „plütt".

VORKOMMEN Brütet an flachen Sandstränden, salzigen oder brackigen Lagunen und an Steppenseen; nur selten im Binnenland. Überwintert vor allem in Südwesteuropa und Nordafrika.

BEOBACHTUNGSTIPP Säbelschnäbler fallen durch ihre seitlichen Pendelbewegungen des Kopfes auf.

Flügel schwarz

sehr lange Beine

Der Stelzenläufer ist mit seinen extrem langen Beinen stets unverwechselbar.

Schnabel aufwärts gebogen

Beine bläulich grau

Der Säbelschnäbler zeigt im Flug ein auffälliges schwarz-weißes Flügelmuster.

269

Watvögel

Austernfischer
Haematopus ostralegus — Austernfischer

ganzjährig

Schlichtkleid
weißes Kehlband

Austernfischer sind zu jeder Jahreszeit ausgesprochen gesellig. Außerhalb der Brutzeit schließen sie sich oft zu großen Scharen zusammen, die an der Küste umherziehen. Im Frühjahr bilden die Männchen Balzgruppen, wobei die Vögel in aggressiver Pose mit ausgestrecktem Hals und nach unten weisendem, geöffnetem Schnabel umherlaufen und laut trillern.

MERKMALE 39–44 cm. Recht großer, kräftig gebauter Küstenvogel mit langem rotem Schnabel und roten Beinen sowie kontrastreich schwarz-weißem Gefieder. Ruft laut und durchdringend, schrill „keliip" oder „kliliep", oft in Serien. Zur Balzzeit brachvogelartiger Triller.
VORKOMMEN An verschiedenartigen Küsten, vor allem aber im Gezeitenbereich von Sand- und Kiesstränden; gebietsweise auch entlang großer Flüsse und manchmal auf Wiesen und Weiden.

Kiebitz
Vanellus vanellus — Regenpfeifer

ganzjährig

Schlichtkleid
Kehle hell
Oberseite geschuppt
Federholle kürzer

Die Flugbalz des Männchens beginnt mit einigen kurzen „wie-ip"-Rufen in horizontaler Flugweise, danach stürzt der Vogel mit einem klagenden, heiseren „Tchiäwitt-witt-witt-tchiäwie" halsbrecherisch in Richtung Boden und setzt dann den Schauflug im Zickzackkurs knapp über dem Boden fort. Während der Darbietung hört man ein wummerndes Flügelgeräusch.

MERKMALE 28–31 cm. Großer, stämmiger Regenpfeifer mit breiten, rundlichen Flügeln und langer dünner Federholle (bei Weibchen kürzer). Ruft heiser und etwas weinerlich „piä-wi", „wie-ip", „piuwitt" oder durchdringend „tschuech".
VORKOMMEN Ursprünglich ein Bewohner von Feuchtwiesen, Sümpfen und Mooren, heute vielfach auf Wiesen und Feldern, deren Bewirtschaftung oft kaum erfolgreiche Bruten zulässt.

langer roter Schnabel

kräftige rote Beine

Der Austernfischer ist ein stämmiger Küstenvogel mit schwarz-weißem Gefieder.

Federholle

Oberseite Metallglanz

Der Kiebitz vollführt während der Balz rasante Flugmanöver.

271

Watvögel

Kiebitzregenpfeifer
Pluvialis squatarola — **Regenpfeifer** | ganzjährig

im Flug auffällige schwarze Achseln

Kiebitzregenpfeifer wirken bei der Nahrungssuche im Watt sehr bedächtig. Typisch ist auch ihre geduckte Haltung. Dagegen steht der Goldregenpfeifer immer betont aufrecht. Das Nest liegt häufig auf einer kleinen Erhöhung. Dort schmilzt der Schnee schneller.

MERKMALE 26–29 cm. Größer und kräftiger gebaut als Goldregenpfeifer, Schnabel dicker. Im Prachtkleid auffallend schwarz-weiß, im Schlichtkleid ohne goldgelbe Oberseitentönung, im Jugendkleid oft ähnlich goldgelb wie Goldregenpfeifer. Ruft traurig flötend, deutlich dreisilbig „tlü-e-wie".
VORKOMMEN In feuchten Bereichen der Moos- und Flechtentundra. Außerhalb der Brutzeit truppweise auf dem Watt und auf Sandflächen vieler Küsten. Im Binnenland selten, dort meist auf größeren, kaum bewachsenen Schlammflächen.

Goldregenpfeifer
Pluvialis apricaria — **Regenpfeifer** | ganzjährig

Der stimmungsvolle Gesang meist in hohem, gaukelndem Singflug vorgetragen. Wieder am Boden folgt oft ein hastig klingendes „Kerrülia-kerrülia-kerrülia…".
In Mitteleuropa bewohnt der Goldregenpfeifer weite, einsame Hochmoore. In Deutschland ist die Art bis auf einen kleinen Restbestand ausgestorben.

Schlicht- und Jugendkleid, Oberseite goldgelb gefleckt Unterseite ohne Schwarz

MERKMALE 25–28 cm. Großer Regenpfeifer, wirkt etwas kindlich durch kompakte Gestalt mit rundlichem Kopf und kurzem Schnabel.
VORKOMMEN In den großen Mooren der Taiga, in der Tundra, in der feuchten Bergtundra des skandinavischen Fjälls sowie in weiten, feuchten Heiden.
BEOBACHTUNGSTIPP Der Goldregenpfeifer ruft wehmütig klagend „düh" oder „tlie" und balzt laut und melancholisch „dü-dii-u dü-dii-u…".

Schnabel dick

Oberseite schwarz-weiß gefleckt

Der Kiebitzregenpfeifer ist wenig gesellig, im Watt wirkt er oft etwas bucklig.

Kopf rundlich

große Augen

Oberseite goldgelb gefleckt

Prachtkleid mit schwarzer Unterseite

Der Goldregenpfeifer unternimmt im Frühjahr hohe, gaukelnde Singflüge.

Watvögel

Flussregenpfeifer
Charadrius dubius — Regenpfeifer

April –Sept

**Jugendkleid
Kopf hellbräunlich**

Ursprünglich ist der Flussregenpfeifer ein typischer Brutvogel der spärlich bewachsenen Uferbereiche und kurzlebigen Inseln von größeren Flüssen. Seit rund hundert Jahren haben Eingriffe an den Flüssen den Regenpfeifer nahezu heimatlos gemacht, sodass er sich neue geeignete Lebensräume erschließen musste.

MERKMALE 15,5–18 cm. Kleiner, zierlicher Regenpfeifer mit schlankem dunklem Schnabel und intensiv gelbem Lidring. Im Prachtkleid schwarzes Kopf- und Halsmuster. Ruft scharf, abfallend „piu", „pitt" oder „prih". Balz heiser „grigrigrigriägriä…".
VORKOMMEN Brütet heute vor allem in Kies- und Sandgruben und anderen Entnahmestellen, in abgelassenen Fisch- und Klärteichen und sogar auf großen Baustellen mit Lastwagen-Verkehr.

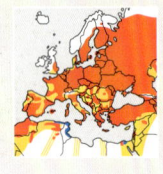

Sandregenpfeifer
Charadrius hiaticula — Regenpfeifer

ganzjährig

**Jungvogel
oberseits helle
Federsäume, weißer
Überaugenstreif**

Der fledermausartig taumelnde Singflug des Männchens beschreibt Schlangenlinien in meist geringer Höhe über dem Boden; dabei hört man schnelle „tliia"- oder „tiliä"-Folgen. Zur Balzzeit legt das Männchen in Wassernähe mehrere flache Mulden an, von denen das Weibchen eine zum endgültigen Nistplatz bestimmt.

MERKMALE 17–19,5 cm. Im Vergleich zum Flussregenpfeifer etwas größer, kräftiger, mit dickerem, im Basisteil orangefarbenem Schnabel sowie mit kürzeren, orangefarbenen Beinen. Im Flug breiter weißer Flügelstreif auffallend. Ruft weich und zweisilbig „tü-ip" (Flussregenpfeifer ruft einsilbig).
VORKOMMEN An offenen, flachen Kies- und Sandstränden sowie auf kurzgrasigen Wiesen und Weiden an der Küste, an Binnenseen und -flüssen; auch im Fjäll und in der Tundra.

gelber Lidring

Beine blassrot

Der Flussregenpfeifer balzt im Frühjahr im fledermausartigen Schauflug.

kräftiger Schnabel

Beine orangefarben

Der Sandregenpfeifer fällt im Flug durch seinen breiten, weißen Flügelstreif auf.

Watvögel

Seeregenpfeifer
Charadrius alexandrinus — Regenpfeifer

April–Okt

Weibchen dunkle Abzeichen am Kopf, Brustseiten graubraun

Seeregenpfeifer brüten oft in lockeren Kolonien. Das Männchen dreht für das aus drei Eiern bestehende Gelege eine einfache Mulde in den Sand oder den weichen Schlammboden. Scharfe „tjekke-tjekke-tjekke"-Serien sowie ein rollendes „Drürirreerre" begleiten den schmetterlingsähnlichen Singflug des Männchens.

MERKMALE 15–17 cm. Im Vergleich zu Fluss- und Sandregenpfeifer heller, weniger kontrastreich gefärbt und hochbeiniger, Brustband vorne offen, Schnabel und Füße dunkel. Männchen im Prachtkleid mit schwarzen Brustseitenflecken, Scheitel- und Nacken rostbraun gefärbt. Jungvögel blass. Ruft weich, klar „djit", „drrt" und klagend „tü-iet".

VORKOMMEN Auf salzhaltigen Böden mit spärlicher Vegetation an der Küste wie im Binnenland, an Sandstränden und in Dünengelände.

Mornellregenpfeifer
Charadrius morinellus — Regenpfeifer

April–Sept

Jungvogel Oberseite mit beige-weißem Schuppenmuster

Beim Mornellregenpfeifer sind die Geschlechterrollen vertauscht. Die Weibchen unternehmen kreisende Singflüge und werben um die Männchen. Um die Bebrütung des Geleges kümmert sich entweder nur das Männchen oder es erhält Unterstützung von seiner Partnerin. Die Jungen führt das Männchen häufig ganz allein.

MERKMALE 20,5–24 cm. Weibchen etwas größer und kontrastreicher gefärbt. Breite helle Überaugenstreifen, die sich im Nacken treffen. Im Schlichtkleid überwiegend blassgelblich braun.

VORKOMMEN Brütet auf trockenen und steinigen Hochflächen der skandinavischen Fjällkette sowie in der Flechtentundra. In Mitteleuropa nur wenige Brutplätze in den Ostalpen, sonst seltener, aber regelmäßiger Durchzügler.

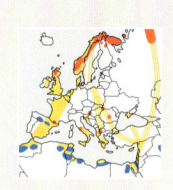

Scheitel, Nacken rostbraun

schwarze Brustseitenflecken

Der Seeregenpfeifer wirkt hell und großköpfig, im Flug fällt der weiße Flügelstreif auf.

weißer Überaugenstreif

weißes Brustband

Der Mornellregenpfeifer lebt im kargen Fjäll, die Weibchen unternehmen Singflüge.

Watvögel

Odinshühnchen
Phalaropus lobatus — Schnepfen | Mai –Sept

Jugendkleid (oben) gelbliche Längsstreifen **Schlichtkleid (unten)** grau, oberseits weiße Längsstreifen

Bei der Nahrungssuche im Wasser drehen sich Odinshühnchen wie Kreisel um die eigene Achse und wirbeln dabei kleine Wassertiere an die Oberfläche. Die Weibchen werben um die Männchen und vertreiben Konkurrentinnen. Das Nest ist eine einfache, mit etwas Pflanzenmaterial ausgekleidete Mulde auf einer Seggenbülte.

MERKMALE 17–19 cm. Kleiner, zarter Watvogel mit sehr feinem, etwa kopflangem, geradem Schnabel. Im Prachtkleid unverwechselbar. Im Jugendkleid oberseits mit gelblicher Längsstreifung. Ruft nachdrücklich, etwas nasal „krit-krit" und blässhuhnähnlich „kerrek", beim Schwimmen kurz „pirr".

VORKOMMEN An kleinen Seen und Tümpeln in der Birken- und Weidenzone des Fjälls, aber auch in weiten Mooren der nördlichen Taiga. In Mitteleuropa gelegentlich zu den Zugzeiten auf küstennahen Gewässern.

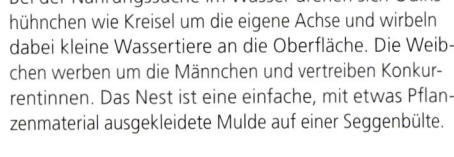

Thorshühnchen
Phalaropus fulicarius — Schnepfen | ganzjährig

Jungvogel Oberseite schwach gelblich gestreift

Obwohl die in Mitteleuropa als Ausnahmegäste erscheinenden Thorshühnchen in der Regel einzeln auftreten, sind die Vögel das ganze Jahr über gesellig. Sie rufen höher und klarer als Odinshühnchen. Wie bei der Schwesterart sind Bebrütung des Geleges und Betreuung der Jungen alleinige Aufgabe des Männchens.

MERKMALE 20–22 cm. Etwas größer und weniger zierlich gebaut als Odinshühnchen, Schnabel etwas kräftiger und breiter. Weibchen im Prachtkleid unverkennbar, Männchen weniger intensiv und kontrastreich gefärbt, unterseits weiß gefleckt. Im Schlichtkleid oberseits ungemustert grau.

VORKOMMEN An Süß- oder Brackwassertümpeln in der hochnordischen, küstennahen Tundra. Überwintert auf dem offenen Atlantik. Im Winter selten auf der Nordsee, nur ausnahmsweise im Binnenland.

rotbraune Halsseiten

feiner schwarzer Schnabel

Das Odinshühnchen dreht sich bei der Nahrungssuche wie ein Kreisel um sich selbst.

Schnabel an der Basis gelb

Das Thorshühnchen ist nicht so zierlich gebaut wie das Odinshühnchen.

Watvögel

Großer Brachvogel
Numenius arquata — Schnepfen

März–Nov

Jungvogel (oben)
Schnabel kürzer

Die sehr ortstreuen Brachvögel erscheinen Jahr für Jahr an ihrem angestammten Brutplatz, auch wenn er längst kaum noch genügend Bruterfolg zulässt. Die laut flötenden und trillernden Gesangsstrophen sind melodisch und stimmungsvoll, sie werden vom Männchen in auf- und absteigendem Singflug vorgetragen.

MERKMALE 48–57 cm. Der größte Watvogel Europas; Schnabel sehr lang und abwärtsgebogen, bei Männchen etwas kürzer. Im Flug weißer Rückenkeil, wirkt etwas möwenähnlich. Ruft häufig laut und klar „kür-lie" oder „güi-güi-güi".

VORKOMMEN Ursprünglich in ausgedehnten, offenen Mooren, auf Feuchtwiesen und feuchten Heideflächen. Brütet heute meist auf Mähwiesen und sogar Äckern. Außerhalb der Brutzeit oft an der Küste, aber auch an Seeufern im Binnenland.

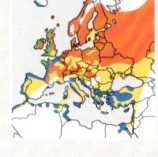

Regenbrachvogel
Numenius phaeopus — Schnepfen

April–Sept

Weißer Rückenkeil im Flug

Die Gesangsstrophen erinnern an die des Großen Brachvogels, der Klangcharakter ist jedoch etwas härter und weniger stimmungsvoll. Als Nistplatz wählen Regenbrachvögel eine trockene Stelle, gerne auf einem mit Zwergsträuchern bewachsenen Strang in einem Moor, das sie häufig mit dem Goldregenpfeifer teilen.

MERKMALE 37–45 cm. Deutlich kleiner als Großer Brachvogel, und daher im Flug schnellere Flügelschläge, Schnabel meist deutlich kürzer. Gefieder dunkler als bei der Vergleichsart, Kopf gestreift. Flugruf flötend, klingt kichernd „bibibi…".

VORKOMMEN In nordischen Moorgebieten von der Nadelwaldzone bis in die Fjällregion, auf feuchten Heideflächen, frischen Kahlschlägen und in der Tundra. Zu den Zugzeiten meist an der Küste – regelmäßig einzeln oder in kleinen Gruppen.

heller Scheitel

sehr langer, gebogener Schnabel

Der Große Brachvogel unternimmt im Frühjahr auf- und absteigende Singflüge.

Scheitel dunkel mit hellem Längsstreif

gebogener Schnabel

Der Regenbrachvogel fliegt mit recht schnellen Flügelschlägen.

Watvögel

 Uferschnepfe
Limosa limosa — Schnepfen

März –Sept

Die durch hohes Gras stolzierende Uferschnepfe erinnert in ihrer Gestalt entfernt an einen Storch. Den Singflug, der in oft großer Höhe stattfindet, begleiten laute, jammernde „grutte-grutte"- und „dewäida-dewäida"-Folgen, am Brutplatz hört man energische „Widewide…".

im Flug viel Weiß

MERKMALE 37–42 cm. Großer, eleganter und im Flug sehr auffälliger Watvogel mit langem Schnabel und langen Beinen. Im Prachtkleid vorne rostbraun, Weibchen oft etwas weniger intensiv gefärbt. Im Jugendkleid Kopf und Brust orangebeige. Im Flug weißer Schwanz mit schwarzer Endbinde. Ruft nasal „geg" oder „wäd".
VORKOMMEN In Moor- und feuchten Heidegebieten sowie in der Grassteppe. Heute meist auf hochgrasigen Wiesen. Außerhalb der Brutzeit vorwiegend auf Schlammflächen im Binnenland.

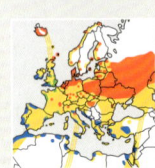

 Pfuhlschnepfe
Limosa lapponica — Schnepfen

ganzjährig

Pfuhlschnepfen wirken bei der Nahrungssuche lebhafter als Uferschnepfen. Sie halten sich häufig im festeren, sandigen Schlick auf. Am Brutplatz hört man von singfliegenden Männchen ein rhythmisches „Küwee-küwee-küwee…". Das Nest liegt auf einem trockenen Strang oder kleinen Hügel im nassen Moor.

Jungvogel
Oberseite und Brust
mit Beigeton

MERKMALE 33–41 cm. Etwas kleiner und weniger hochbeinig als Uferschnepfe, Schnabel erkennbar aufwärtsgebogen. Männchen im Prachtkleid unterseits kräftig ziegelrot, Weibchen mit orangebrauner Brust.
VORKOMMEN Brütet im hohen Norden in feuchter Tundra und auf Mooren in der Taigazone. Außerhalb der Brutzeit truppweise im Wattenmeer.
BEOBACHTUNGSTIPP Die Pfuhlschnepfe ruft im Flug nasal jammernd gähgähgähgäh…" oder „kivik.

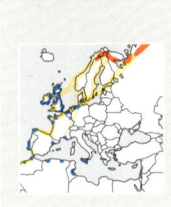

langer, gerader Schnabel

Gefieder rostbraun

Die große Uferschnepfe zeigt im Flug viel Weiß auf Flügeln und Schwanz.

Schnabel aufwärts gebogen

Gefieder ziegelrot

Die Pfuhlschnepfe erinnert, über dem Watt fliegend, an den Regenbrachvogel.

Watvögel

Bekassine
Gallinago gallinago — Schnepfen

ganzjährig

sehr langer Schnabel, Gefieder tarnfarben

Bekassinen fliegen oft wenige Meter vor dem Beobachter plötzlich hoch, um im Zickzackflug rasch Höhe zu gewinnen. Der Gesang ist ein taktfest wiederholtes „Tücka-tücka-tücka…" oder „Djepe-djepe-djepe…". Daneben produzieren Bekassinen im hohen Balzflug ein anschwellendes, vibrierend-summendes „Wwwwwwww…" („Meckern").

MERKMALE 23–28 cm. Mittelgroßer Watvogel mit bräunlicher, hell gestreifter Oberseite. Ruft beim Auffliegen nasal „ätsch" oder „ätch", dann oft breiter, weißer Armflügel-Hinterrand sichtbar.
VORKOMMEN In Moorgebieten und Feuchtwiesen mit dichtem, nicht zu hohem Bewuchs. Außerhalb der Brutzeit häufig an Seeufern und auf anderen deckungsreichen Feucht- und Nassflächen, aber auch an kleinen Tümpeln und Gräben.

Doppelschnepfe
Gallinago media — Schnepfen

April –Nov

kräftig gebaut

Die Männchen treffen sich ähnlich Birkhähnen oder Kampfläufern an traditionellen Plätzen zur abendlichen Arenabalz. Jedes Männchen steht auf einer Grasbülte, reckt sich hoch, wölbt die Brust vor, zieht den Hals ein und hält den Schnabel schräg nach oben. Dabei äußern die Rivalen merkwürdige bibbernde, hell trommelnde und zwitschernde Laute.

MERKMALE 26–30 cm. Im Vergleich zur Bekassine deutlich größer, kompakter und mit kürzerem Schnabel. Erinnert beim Auffliegen eher an Waldschnepfe als an Bekassine. Fliegt stumm auf, mit gerader Flugbahn, viel Weiß am Außenschwanz.
VORKOMMEN In nassen, bültenreichen Moorgebieten und auf Feuchtwiesen. Früher auch in Mitteleuropa weitverbreitet, heute bis auf Ostpolen seltener Gast. Rastet auch auf trockenem Boden.

Oberseite gestreift

sehr langer, gerader Schnabel

Die Bekassine fliegt häufig im Zickzack-Kurs, im Balzflug „meckert" sie.

Unterseite gebändert

Die Doppelschnepfe ist größer und kompakter als die Bekassine, der Schnabel ist kürzer.

Watvögel

 Zwergschnepfe
Lymnocryptes minimus — Schnepfen

ganzjährig

Oberseite mit kräftigen, gelblichen Längsbändern

Im Gegensatz zur Bekassine fliegt die Zwergschnepfe stumm und geradlinig auf, um bald wieder zu landen. Die Flügelschläge sind flatternd und die Flugweise etwas zögerlich. Während des Singfluges, der in komplizierten Bahnen verläuft, tragen die Männchen ihren dreiteiligen Gesang vor, dessen mittlerer Teil an die Geräusche galoppierender Pferde erinnert.

MERKMALE 18–20 cm. Kleinste Sumpfschnepfe, nur lerchengroß und mit viel kürzerem Schnabel als Bekassine. Keilförmiger Schwanz ohne Weiß.

VORKOMMEN Auf weiten, sehr feuchten bis nassen Mooren mit Seggen und Wollgräsern sowie in der Strauchtundra. Lebt außerhalb der Brutzeit auf Feuchtwiesen.

BEOBACHTUNGSTIPP Zwergschnepfen fliegen oft unmittelbar vor den Füßen des Beobachters stumm auf.

 **Waldschnepfe**
Scolopax rusticola — Schnepfen

ganzjährig

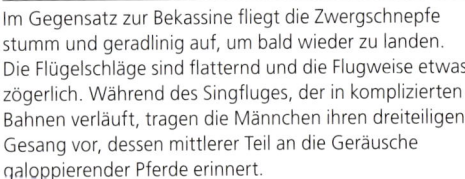

Flügel breit, gerundet

Die oft knapp vor dem Beobachter hochfliegende Waldschnepfe erinnert zunächst an einen kleineren Hühnervogel. Sie fliegt aber ohne dessen burrendes Fluggeräusch. Bei der Balz fliegt das Männchen in der Höhe der Baumwipfel auf festgelegtem Kurs über dem Brutterritorium und äußert dabei abwechselnd ein tiefes Quorren und ein hohes, scharfes „Pisst".

MERKMALE 33–38 cm. Gedrungener, taubengroßer und dickköpfiger Waldvogel. Oberseite rotbraun mit feiner Musterung, wirkt wie altes Laub. Im Flug recht langsame Flugweise; breite, abgerundete Flügel und langer gerader Schnabel auffallend.

VORKOMMEN In ganz unterschiedlichen, aber ausgedehnten Wäldern mit feuchten Bereichen und artenreicher Bodenschicht sowie mit Lichtungen und Schneisen, häufig an Moorrändern.

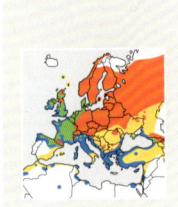

Scheitelmitte dunkel

recht kurzer Schnabel

Die Zwergschnepfe ist nur etwa so groß wie eine Lerche.

Oberkopf quer gemustert

Gefieder tarnfarben

Die Waldschnepfe fliegt während der abendlichen Balz in Baumwipfelhöhe.

Watvögel

Rotschenkel
Tringa totanus — Schnepfen

ganzjährig

Jungvogel (oben) Oberseite mit beigefarbenen Federrändern und orangefarbenen Beinen

Ein laut flötendes „Djü-ü" oder „Djü-ü-ü", gehört zu den häufigsten Vogelstimmen an der Küste. Vor allem in Brutplatznähe warnen Rotschenkel oft anhaltend „tjicktjicktjick…". Die Gesangsstrophen klingen jodelnd. Da Rotschenkel nur kleine Reviere beanspruchen, kommt es oft zur Bildung von lockeren Brutkolonien.

MERKMALE 24–27 cm. Mittelgroßer Watvogel mit roten Beinen und roter Schnabelbasis. Im Prachtkleid oberseits grob dunkel gefleckt, im Schlichtkleid unscheinbar braungrau. Im Flug breiter, weißer Flügelhinterrand und Rückenkeil auffällig.

VORKOMMEN Ursprünglich in Moorgebieten, Feuchtwiesen und an Kiesbänken von großen Flüssen. In Deutschland heute vorwiegend auf den Salzwiesen der Küste, im Süden sehr selten, dort zur Zugzeit auch im Binnenland anzutreffen.

Dunkler Wasserläufer
Tringa erythropus — Schnepfen

April –Okt

Schlichtkleid kräftig rote Beine und hellgraue Oberseite, weißer Bauch ungemustert

Bei der Nahrungssuche waten Dunkle Wasserläufer oft bis zum Bauch im tieferen Wasser und schwimmen sogar gelegentlich. Dabei treten sie häufig in dichten Trupps auf, die sich recht schnell vorwärtsbewegen. Der Gesang – nur am Brutplatz zu hören – klingt wehmütig: „kürrewi…kürrewi…kürrewi…"

MERKMALE 29–33 cm. Etwas größer und vor allem langbeiniger als Rotschenkel, Schnabel ebenfalls länger. Im Prachtkleid bis auf ovales weißes Rückenabzeichen (nur im Flug sichtbar) fast ganz schwarz. Im Jugendkleid Unterseite gleichmäßig gebändert. Ruft im Flug scharf, zweisilbig „tjü-it".

VORKOMMEN In Mooren am Nordrand der Taigazone und in der feuchten Tundra. Außerhalb der Brutzeit in Trupps an flachen Gewässerufern, an Prielen und Brackwasserbereichen der Küste.

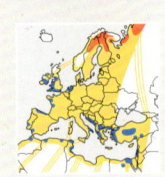

Schnabelbasis rot

Beine rot

Der Rotschenkel gehört zu den häufigsten und stimmfreudigsten Küstenvögeln.

langer Schnabel

**lange schwarze Beine
Prachtkleid**

Der Dunkle Wasserläufer fällt durch Eleganz und reißenden Flug auf.

Watvögel

Grünschenkel
Tringa nebularia — Schnepfen

April –Okt

Schlichtkleid
Oberseite hellgrau
Vorderhals weiß

Grünschenkel waten häufig im Flachwasser, um nach Nahrung zu suchen. Dabei rennen sie oft mit geöffnetem Schnabel hinter kleinen Fischen her. Typisch ist der dreisilbige, hart flötende Flugruf „tjütjütjü". Während des Singfluges balzen die Männchen mit weit tragenden „klürri klürri klürri…"-Reihen; Störungen am Brutplatz werden mit scheltendem „Kjükjükjü…" quittiert.

MERKMALE 30–34 cm. Großer Wasserläufer mit meist deutlich aufgeworfenem Schnabel und langen grünlichen Beinen. Im Prachtkleid oberseits mit großen, unregelmäßigen Flecken. Im Jugendkleid Oberseite mit hellen Federrändern.
VORKOMMEN In Moor- und Heidegebieten mit wenigen Büschen und Bäumen, im Fjäll und in der Tundra. Außerhalb der Brutzeit häufig an der Flachküste, meist einzeln auch im Binnenland.

Teichwasserläufer
Tringa stagnatilis — Schnepfen

April –Sept

Schlichtkleid
Beine grünlich
Oberseite recht
einheitlich grau

Teichwasserläufer sieht man bei der Nahrungssuche meist einzeln oder in zerstreuten Trupps. Das Bodennest, eine flache Mulde mit etwas Gras und Blättern ausgelegt, liegt gewöhnlich gut versteckt.

MERKMALE 20–25 cm. Graziler, langbeiniger Wasserläufer mit sehr feinem dunklem Schnabel. In der Färbung ähnlich dem Grünschenkel, jedoch nur wenig größer als ein Bruchwasserläufer. Im Prachtkleid Oberseite markant dunkel gefleckt. Ruft im Flug klagend „kiü", oft 3–4-mal wiederholt, weniger scharf als der Grünschenkelruf.
VORKOMMEN In feuchten Wiesen und Sümpfen der Steppenzone in der Nähe von Gewässern. Brütet in Mitteleuropa nur vereinzelt in Polen.
BEOBACHTUNGSTIPP Teichwasserläufer sieht man oft in Gesellschaft anderer Watvögel.

Schnabel aufgeworfen

Beine grünlich

Der Grünschenkel fällt schon von Weitem auf, denn er ist groß, hell und stimmfreudig.

Stirn weiß

Schnabel fein und gerade

Der Teichwasserläufer ähnelt dem größeren Grünschenkel.

Watvögel

Waldwasserläufer
Tringa ochropus — Schnepfen | ganzjährig

Jungvogel (oben) Sprenkelung deutlicher, erinnert an Bruchwasserläufer

Als einziger europäischer Watvogel nistet der Waldwasserläufer regelmäßig in Vogelnestern, oft in vorjährigen Drosselnestern. Die rhythmischen Gesangsstrophen des Waldwasserläufers lassen sich mit „gegjärluid-gegjärluid-gegjärluid…" wiedergeben. Sie werden in hohem Singflug oder von einer Warte aus vorgetragen.

MERKMALE 20–24 cm. Kurzbeiniger und gedrungener als Bruchwasserläufer, oberseits im Prachtkleid dunkler und mit nur feiner, weißer Sprenkelung. Im Flug schneeweißer Bürzel, kontrastiert zu dunklen Flügeln. Ruft klar, laut „klüiet-wit-wit".
VORKOMMEN In lichten Baumbeständen am Rande von Mooren und Gewässern und in feuchten Bruchwäldern. In Deutschland vor allem im Nordosten. Außerhalb der Brutzeit an Gewässerufern, regelmäßig auch an Gräben und Tümpeln.

Bruchwasserläufer
Tringa glareola — Schnepfen | April–Okt

im Flug helle Flügelunterseite

Der Gesang, meist in hohem Singflug vorgetragen, besteht aus abfallenden, etwas an Heidelerche erinnernden Strophen: „de triede triede…" Das Nest befindet sich meist am Boden, selten in einem Drosselnest.

MERKMALE 18,5–21 cm. Im Vergleich zum Rotschenkel deutlich kleiner, Beine gelblich grün, deutlicher, heller Überaugenstreif. Im Prachtkleid oberseits grob hell-dunkel gefleckt. Im Schlichtkleid grauer, Brust fein gestrichelt, Beine eher gelblich.
VORKOMMEN In großen Mooren mit einzelnen Bäumen und in lichten, versumpften Wäldern, auch in der Strauchtundra. Außerhalb der Brutzeit meist im Binnenland an schlammigen Gewässerrändern.
BEOBACHTUNGSTIPP Achten Sie auf das durchdringende helle „jiffjiffjiff" beim Auffliegen und im Flug.

Oberseite fein weiß gesprenkelt

Beine kurz, graugrün

Der Waldwasserläufer fällt im Flug durch seinen schneeweißen Bürzel auf.

Oberseite grob gefleckt

Beine gelblich grün

Der Bruchwasserläufer balzt in hohem Singflug mit jodelndem Gesang.

Watvögel

Flussuferläufer
Actitis hypoleucos — Schnepfen

April –Okt

Jungvogel (oben) oberseits helle Federränder

Flussuferläufer fliegen abwechselnd mit Serien hastig zuckender, flacher Flügelschläge und kurzer Gleitstrecken mit steif nach unten gehaltenen Flügeln niedrig über dem Wasser. Am Ufer stehend warnen sie oft mit hohem, durchdringendem „Hiied". Die meist im Flug vorgetragenen Gesangsstrophen ähneln den Rufen.

MERKMALE 18–20,5 cm. Kleiner und kurzbeiniger Wasserläufer mit kräftigem Schnabel. Weiß der Unterseite zieht vor dem Flügelbug keilförmig nach oben. Im Flug weißer Flügelstreif auffallend. Ruft im Flug hoch und scharf „hie-di-di-hie-di-di…".
VORKOMMEN An bewaldeten Ufern und auf Inseln von naturnahen Flüssen, oft im Bergland. Außerhalb der Brutzeit an den Ufern von ganz unterschiedlichen Gewässertypen, hauptsächlich aber an Kies- und Felsufern von Binnengewässern.

Terekwasserläufer
Xenus cinereus — Schnepfen

April –Sept

Prachtkleid zwei schwarze Längsstreifen im Schulterbereich

Die wenigen Brutpaare Finnlands brüten in brackigen Küstengebieten des Bottnischen Meerbusens. Trotz ihres plumpen Aussehens sind Terekwasserläufer bei der Nahrungssuche agiler als die sonst ähnlichen Flussuferläufer. Oft sieht man sie auf Treibholz stehen. Der trillernde Flugruf, ein 3–5 silbiges „Lülülülü…", erinnert etwas an den Regenbrachvogel.

MERKMALE 22–25 cm. Erinnert in Gestalt und Haltung an den etwas kleineren Flussuferläufer, jedoch mit sehr langem, deutlich aufgeworfenem Schnabel und steiler Stirn. Beine kurz, gelblich oder orangefarben. Oberseite hell braungrau.
VORKOMMEN An sandigen, schlammigen und moorigen Flussufern und auf kleinen Flussinseln, in der Taiga Nordosteuropas. Außerhalb der Brutzeit an fließenden und stehenden Gewässern.

weißer Keil vor dem Flügel

kurze Beine

Der Flussuferläufer ist zur Zugzeit häufig an Fluss- und Seeufern anzutreffen.

Schnabel deutlich aufgeworfen

Beine kurz, gelblich

Der Terekwasserläufer erinnert bis auf den Schnabel an den Flussuferläufer.

Watvögel

Knutt
Calidris canutus — Schnepfen

April–Okt

Schlichtkleid (vorn) unauffällig hellgrau und weiß
Jungvogel (oben) oberseits markant geschuppt

Im Watt bleiben nahrungssuchende Trupps von Knutts viel dichter beisammen als Alpenstrandläufer. Sie bewegen sich dabei langsam, aber beständig vorwärts. Dicht fliegende Schwärme sehen aus wie Wolken. In Bodennähe haben sie meist eine gestreckte Form, in der Höhe dagegen erscheinen die Schwärme eher oval.

MERKMALE 23–26 cm Großer, gedrungener Strandläufer mit geradem, kurzem Schnabel und kurzen grünlichen Beinen. Nahrungssuche bedächtiger als beim Alpenstrandläufer. Männchen im Prachtkleid unterseits leuchtend rostbraun. Ruft im Flug weich und gedämpft: „knut-knut".

VORKOMMEN In der steinigen Tundra, meist in Gewässernähe. In Deutschland häufiger Durchzügler im Wattenmeer, vor allem an der Nordsee.

Sanderling
Calidris alba — Schnepfen

ganzjährig

Prachtkleid (unten) Brust und Oberseite überwiegend rostbraun

Häufig sieht man Sanderlinge mit sehr schnellen Trippelschritten eilig unmittelbar an der Wasserlinie entlanglaufen. Vor den anlandenden Wellen weichen die an aufgezogenes Spielzeug erinnernden Vögel geschickt aus. Das kleine Nest steht meist auf einer Erhöhung zwischen Flechten und Kriechweiden.

MERKMALE 18–21 cm. Etwas größer und gedrungener als Alpenstrandläufer, aber mit relativ kurzem geradem Schnabel. Jungvögel oberseits kräftig schwarz-weiß gefleckt. Im Flug breiter weißer Flügelstreif. Ruft im Flug scharf „klit".

VORKOMMEN In der offenen, steinigen Moos- und Flechtentundra der Arktis. Außerhalb der Brutzeit an fast allen Küsten weltweit; regelmäßig in den Wattengebieten der Nordsee – vorwiegend als Durchzügler im Mai und von Juli bis Oktober.

Schnabel kurz, schwarz

Beine kurz, grünlich

Der Knutt bildet im Watt oft große, dichte Schwärme, die an Wolken erinnern.

Schnabel und Beine schwarz

Der Sanderling ist im Schlichtkleid sehr hell, er bevorzugt Sandstrände.

297

Watvögel

 Alpenstrandläufer
Calidris alpina — Schnepfen

ganzjährig

Jungvogel weiße V-Zeichnung auf Schultern und Mantel

Größere fliegende Trupps erinnern an Wolken, die steigen und fallen und immer wieder ihre Form ändern. Am Brutplatz hört man von den singfliegenden Männchen schnurrende und trillernde Reihen. Das flache Nest ist im Bodenbewuchs gut versteckt.

MERKMALE 17–21 cm. Zur Zugzeit einer der häufigsten Watvögel, dient als „Standard-Strandläufer" für die Bestimmung der übrigen *Calidris*-Arten. Schnabel recht lang, an der Spitze etwas abwärtsgebogen. Im Prachtkleid mit großem, schwarzem Bauchfleck. Ruft trillerndsurrend „trrrü".

VORKOMMEN Brütet keineswegs in den Alpen, sondern in der Tundra, auf Mooren sowie auf Strand- und Salzwiesen. Außerhalb der Brutzeit vorwiegend im Wattenmeer; erscheint zur Zugzeit in kleinen Trupps auch auf binnenländischen Schlammflächen.

 Sichelstrandläufer
Calidris ferruginea — Schnepfen

April
–Okt

Jungvogel (oben) recht einheitliches Schuppenmuster auf der Oberseite, Prachtkleid im Flug (links) Bürzel mit schwärzlicher Querbänderung

Sichelstrandläufer suchen im Vergleich zum Alpenstrandläufer oft in tieferem Wasser Nahrung. Sie bilden nie so riesige Scharen. Trotzdem sind sie gesellig und suchen bei der Nahrungssuche oft den losen Anschluss zu ähnlich großen Watvögeln.

MERKMALE 19–21,5 cm. Hochbeiniger und mit längerem, deutlicher abwärts gebogenem Schnabel als Alpenstrandläufer. Im Prachtkleid Kopf und Unterseite ziegelrot. Im Flug ungeteilter weißer Bürzelbereich (siehe Alpenstrandläufer). Ruft wohlklingend, rollend „küritt" oder „tirrip".

VORKOMMEN In der feuchten, seggenbestandenen Tundra, oft in der Nähe eines Tümpels. Als Durchzügler regelmäßig auf Schlammflächen in allen europäischen Ländern. In Deutschland vor allem im August und September, seltener im Mai.

Schnabelspitze etwas gebogen

schwarzer Bauchfleck

Der Alpenstrandläufer bildet außerhalb der Brutzeit im Wattenmeer große Schwärme.

Schnabel abwärtsgebogen

Beine recht lang

Der Sichelstrandläufer ist weniger gesellig als der Alpenstrandläufer.

Watvögel

Meerstrandläufer
Calidris maritima — Schnepfen

Aug–Mai

Prachtkleid rostbraun auf Oberseite und Scheitel

In ihrer dunklen Tarntracht wirken Meerstrandläufer wie „lebendig gewordene" Steine. In Deutschland sind sie regelmäßige, aber nicht häufige Durchzügler und Wintergäste an der Nordseeküste, seltener an der Ostsee. Während des Singfluges äußert das Männchen schwirrende, flötende und zwitschernde Tonfolgen.

MERKMALE 19–22 cm. Wenig größer, aber kurzbeiniger und gedrungener als Alpenstrandläufer. Im Prachtkleid Oberseitenfedern schwarz, rostbraun und weiß gemustert, Beine und Schnabelbasis gelblich. Jungvögel mit hellen Flügelfedersäumen. Ruft im Flug „kütt" oder „küt-tit".

VORKOMMEN Brütet auf kargen, steinigen Hochflächen und in der steinigen Küstentundra. Sonst truppweise an felsigen und steinigen Küsten, zur Nahrungssuche gerne in der Spritzwasserzone.

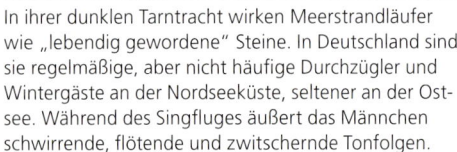

Sumpfläufer
Limicola falcinellus — Schnepfen

Mai–Sept

Jungvogel (oben) oberseits ähnliche V-Zeichnung wie junge Alpenstrandläufer

Sumpfläufer treten außerhalb der Brutzeit einzeln oder in kleinen Trupps auf. Sie suchen nicht selten die Gesellschaft von Alpenstrandläufern, bei denen sie durch ihre deutlich langsameren Bewegungen auffallen.

MERKMALE 15–18 cm. Kleiner und kurzbeiniger als Alpenstrandläufer. Schnabel recht lang, im Basalteil gerade, an der Spitze abgeplattet und deutlich abwärtsgeknickt. Streifiges Kopfmuster, das an Bekassine erinnert, auch im Schlichtkleid. Ruft im Flug trocken trillernd „trriiet".

VORKOMMEN Brütet vor allem in nassen, oft seggenbestandenen, weiten Niederungsmooren, in Sibirien in der feuchten Tundra. Erscheint auf dem Zug vorwiegend im östlichen Teil Mitteleuropas.

SCHON GEWUSST? Am Brutplatz unternehmen die Männchen Singflüge mit sirrenden Gesangsstrophen.

Schnabelbasis gelblich

Beine kurz, gelblich

Der Meerstrandläufer wirkt gedrungen, er ist an steinigen Küsten anzutreffen.

Schnabel an der Spitze gebogen

streifiges Kopfmuster

Sumpfläufer brüten in weiten, nassen Niederungsmooren.

301

Watvögel

Zwergstrandläufer
Calidris minuta — Schnepfen

Mai –Okt

Schlichtkleid oberseits grau

Meist sieht man Zwergstrandläufer in geduckter Haltung emsig im Schlamm picken. Aufgrund ihrer geringen Körpergröße sind ihre Bewegungen rascher und wirken energischer als die des Alpenstrandläufers, mit dem sie im Herbst gemeinsam zu sehen sind.

MERKMALE 14–15,5 cm. Kleinster Strandläufer Europas, elegant und wohlproportioniert, mit kurzem, geradem Schnabel und schwarzen Beinen. Jungvögel im Herbst oberseits mit auffälliger weißer V-Zeichnung. Fliegt noch rasanter und wendiger als Alpenstrandläufer. Ruft im Flug hoch und scharf „kip" oder „titt", deutlich heller als Sanderling.
VORKOMMEN Brütet in der Küstentundra und auf kleinen Inseln, häufig in Gewässernähe. Auf dem Zug in Trupps an der Meeresküste, meist im Watt, aber auch auf Schlammflächen des Binnenlandes.

Temminckstrandläufer
Calidris temminckii — Schnepfen

April –Okt

Jungvogel oberseits helles Schuppenmuster

Im Gegensatz zum Zwergstrandläufer halten sich Temminckstrandläufer eher auf bewachsenen Schlammflächen auf. Bei Störung fliegen sie unter häufigen Trillerrufen himmelwärts, während Zwergstrandläufer knapp über dem Wasser davonfliegen. Am Brutplatz balzen die singfliegenden Männchen mit rhythmisch an- und abschwellenden Trillerfolgen „sirrrrrrr…".

MERKMALE 13,5–15 cm. Etwa so groß wie Zwergstrandläufer, aber deutlich lang gestreckter und kurzbeiniger. Kopf, Brust und Oberseite meist graubraun; Beine grünlich gelb bis bräunlich, aber nicht schwarz. Im Schlichtkleid Oberseite einfarbig braungrau. Ruft im Flug kurz trillernd und schwirrend, oft mehrfach „tirr".
VORKOMMEN Brütet in der Tundra, in Skandinavien vor allem in der Birken- und Weidenzone des Fjälls. Auf dem Zug an deckungsreichen Ufern.

Schnabel kurz, schwarz

Beine schwarz

Der Zwergstrandläufer brütet vor allem in der Küstentundra.

Oberseite schwärzlich gefleckt

Beine kurz, bräunlich

Der Temminckstrandläufer erinnert von Weitem an einen kleinen Flussuferläufer.

303

Watvögel

Steinwälzer
Arenaria interpres — Schnepfen | ganz-jährig

Jungvogel Oberseite mit hellrostbraunen Federrändern

Steinwälzer laufen bei der Nahrungssuche oft in kleinen Trupps bedächtig und etwas wackelnd auf Fels- oder Sandboden. Dabei untersuchen sie das Seegras oder Zwischenräume im Geröll. Mit ihrem kurzen, kräftigen Schnabel können sie Steine und Tang umdrehen und sogar Seepocken und Schnecken aufmeißeln.

MERKMALE 21–24 cm. Gedrungener Watvogel mit kurzen, gelblich roten Beinen. Im Prachtkleid recht bunt und auffällig. Im Schlichtkleid ohne orange- bis rostbraune Gefiederpartien. Im Flug auffällige Oberseitenmusterung oft sichtbar. Ruft nasal stotternd „tük-tük-e-tük-tük", bei Gefahr gereiht.

VORKOMMEN Brütet an steinigen Küsten, häufig in einer Möwen- oder Seeschwalbenkolonie. Außerhalb der Brutzeit in kleinen Trupps an steinigen und felsigen Küsten, nicht selten an Hafenmolen.

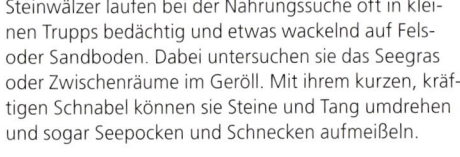

Kampfläufer
Philomachus pugnax — Schnepfen | März –Okt

Jungvogel Oberseite mit markantem Schuppenmuster

Kampfläufer balzen im Frühjahr in Gruppen auf traditionellen Plätzen. Die stummen Rituale finden meist auf Mooren oder kurzgrasigen Flächen statt. Hier flattern sie mit den Flügeln, machen Luftsprünge und ducken sich mit gespreiztem Kragen und hängenden Flügeln. Wie bei anderen Vögeln mit Gruppenbalz üblich, obliegt das Brutgeschäft allein dem Weibchen.

MERKMALE 22–32 cm. Mittelgroßer Watvogel mit kleinem Kopf und mittellangem, leicht nach unten gebogenem Schnabel, Beine gelblich bis rötlich. Männchen deutlich größer und im (sehr variablen) Prachtkleid viel farbenfroher als Weibchen. Im Schlichtkleid oberseits braungrau gefleckt.

VORKOMMEN In weiten Mooren, auf Feuchtwiesen und auf Heideflächen mit Nassstellen sowie Salzwiesen mit Gräben und Tümpeln an der Küste.

schwarzer Brustlatz

Beine kurz, orangefarben

Der im Prachtkleid auffällige Steinwälzer verdankt seinen Namen seiner Nahrungssuche.

variabler Federkragen

Beine rötlich bis gelblich

Der Kampfläufer trägt variablen, stets eindrucksvollen Federschmuck auf Kopf und Hals.

Watvögel

Falkenraubmöwe
Stercorarius longicaudus — Raubmöwen

| Aug
|–Sept

Im Frühjahr erscheinen Falkenraubmöwen im Brutgebiet. Dann liegt oft noch viel Schnee, erst im Juni beginnen sie mit der Brut. Der Bruterfolg hängt vom Vorkommen des Hauptbeutetieres, des Berglemmings, ab. Am Brutplatz hört man laute, ratternde Serien „krrr-krrr-krrr-kri-kri-kri" und ein scharfes „Kriek-kriek".

Jungvogel schlanker und grauer als junge Schmarotzerraubmöwe, deutliche Bänderung am Unterschwanz

MERKMALE 35–41 cm. Die kleinste Raubmöwe, etwa lachmöwengroß, wirkt im Flug äußerst leicht, elegant und graziös; lange Schwanzspieße, die sich im Flug locker und wellenförmig bewegen. Recht schmale Flügel.
VORKOMMEN Nur zur Brutzeit an Land, sonst auf der Hochsee, meidet auf dem Zug Küsten. Brütet in der trockenen Tundra sowie in der Bergtundra der skandinavischen Fjällkette. Sehr selten als Durchzügler an der Nord- und Ostseeküste.

Schmarotzerraubmöwe
Stercorarius parasiticus — Raubmöwen

| April
|–Okt

Schmarotzerraubmöwen jagen anderen Seevögeln die Nahrung ab. Die rasante Flugweise erinnert mit ihren schnellen Wendungen bei der Verfolgung von kleineren Seevögeln an Falken. Am Brutplatz sind Schmarotzerraubmöwen sehr aggressiv, stürzen sich vehement auf Eindringlinge, auch Menschen, und äußern dabei nasal miauende Rufe „i-i-i-i-ähr".

Jungvögel mittlere Steuerfedern etwas verlängert, spitz, helle und dunkle Variante

MERKMALE 37–44 cm. Größe wie Sturmmöwe, aber kompakter gebaut. Schwanzspieße zugespitzt. Im Prachtkleid Varianten mit heller und dunkler Gefiederfärbung sowie Zwischenformen.
VORKOMMEN Brütet in feuchter Tundra und auf Moorflächen in Küstennähe sowie auf unbewachsenen Schären in Skandinavien. Außerhalb der Brutzeit meist auf dem Meer. Vor allem im September an der deutschen Nordseeküste.

Schnabel recht kurz und hoch

lange Schwanzspieße

Die Falkenraubmöwe wirkt im Flug leicht, graziös und sehr elegant.

Schnabel recht kurz und schlank

kurze, spitze Schwanzspieße

Die Schmarotzerraubmöwe zeigt bei der Verfolgungsjagd rasante Flugmanöver.

Watvögel

Spatelraubmöwe
Stercorarius pomarinus — Raubmöwen

April–Okt

Gelegentlich segeln Spatelraubmöwen wie Falken. Sie jagen seltener anderen Vögeln die Beute ab, wie es Schmarotzerraubmöwen häufig tun, dafür töten sie aber mehr Seevögel. Am Brutplatz hört man lange Serien hoher, nasaler, durchdringender Laute: „gíwär gíwär gíwär…", sie warnen tief und rau „käk".

Jungvogel Flügelunterseite mit zwei hellen Feldern

MERKMALE 42–50 cm. Etwas größer und viel gedrungener als Schmarotzerraubmöwe, ebenfalls mit deutlichem weißem Handflügelfeld. Schwanzspieße im Prachtkleid löffelförmig verbreitert und verdreht. Zwei Farbvarianten: eine helle mit dunkler Kappe und eine dunkle, bis auf die weißen Flügelabzeichen einheitlich schwarzbraun gefärbte Variante.
VORKOMMEN Brütet in der küstennahen Tundra Nordrusslands. Als Durchzügler regelmäßig an der deutschen Nordseeküste, vor allem im Oktober.

Skua
Stercorarius skua — Raubmöwen

Aug–Okt

Skuas erlangen – wie andere Raubmöwen auch – einen großen Teil ihrer Nahrung, indem sie andere Seevögel so lange im Flug bedrängen, bis diese ihre gerade erbeutete Nahrung fallen lassen oder auch auswürgen.

Jungvogel (oben) dunkler braun, besonders unterseits rotbraun getönt, hintere Unterseite ungebändert

MERKMALE 50–58 cm. Silbermöwengroß, aber viel gedrungener. Altvögel bräunlich mit meist heller Fleckung. Im Flug stets großes weißes Flügelfeld ober- und unterseits bei Alt- und Jungvögeln.
VORKOMMEN Brütet auf Inseln nahe der Küste oder in küstennahen Moorgebieten, meist in der Nähe einer Seevogelkolonie. Außerhalb der Brutzeit auf der Hochsee, nach Stürmen gelegentlich an der Nordseeküste.
BEOBACHTUNGSTIPP Skuas segeln häufiger als die anderen Raubmöwen und können daher bei schlechter Sicht mit Greifvögeln verwechselt werden.

Schnabel kräftig, helle Basis

Schwanzspieße spatelförmig

Die Spatelraubmöwe fliegt ruhig, sie wirkt im Flug groß mit kräftiger Brustpartie.

keine Schwanzspieße

Die Skua erkennt man im Flug an ihrer Größe und den großen, weißen Flügelfeldern.

Watvögel

Zwergmöwe
Hydrocoloeus minutus — Möwen
 | ganzjährig

Jungvogel (oben) schwärzliches Flügelband, dunkler Fleck hinter dem Auge

Zwergmöwen erinnern in ihrer eleganten, wendigen Flugweise an Sumpfseeschwalben *(Chlidonias)*: Sie stoßen ständig zur Wasseroberfläche hinab, um kleine Wassertiere aufzupicken, oder stehen auf Pfosten im Wasser. Nicht selten kommt es zu Brutansiedelungen fernab des normalen Verbreitungsgebiets der Art.

MERKMALE 24–28 cm. Kleinste Möwe Europas. Im Prachtkleid mit schwarzer Kapuze bis zum Hinterhals, im Schlichtkleid nur noch schwärzlicher Ohrfleck übrig. Im Flug dunkle Flügelunterseite mit schmalem hellem Hinterrand, bei Jungvögeln oberseits dunkles Diagonalband auffällig. Ruft seeschwalbenähnlich „keck" oder „kikik", im Flug balzend „gjäk-ki-gja-ki-gjä-ki…".
VORKOMMEN An nährstoffreichen, flachen Seen, brütet in kleinen Kolonien, meist im Anschluss an nistende Möwen oder Seeschwalben.

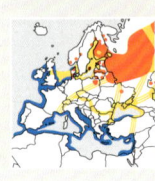

Dreizehenmöwe
Rissa tridactyla — Möwen
 | ganzjährig

Jungvogel oberseits dunkles Zickzackband und breites, dunkles Nackenband

Dreizehenmöwen fliegen leicht und elegant, bei ruhigem Wetter mit schnellen Flügelschlägen. Bei Sturm gleiten sie in großen Kurven mit etwas nach unten gebogenen Flügeln und erinnern daher an Sturmtaucher. Das laute Geschrei an den Vogelfelsen stammt vor allem von ihnen: ein nasales „Kiti-wääik".

MERKMALE 37–42 cm. Stämmig gebaute, mittelgroße Möwe; Schnabel gelb, leicht abwärtsgebogen, Füße recht kurz, schwarz; Flügelspitzen tiefschwarz. Im Schlichtkleid mit grauer Nackenfärbung und großem, verwaschenem Ohrfleck.
VORKOMMEN Brütet auf den nordischen Vogelfelsen, gebietsweise wie in Norwegen auf Fenstersimsen nah am Wasser; in Mitteleuropa nur auf Helgoland. Außerhalb der Brutzeit meist auf der Hochsee, erscheint gelegentlich an der Nordsee.

Schnabel schlank, dunkel

schwarze Kapuze

Die kleine Zwergmöwe erinnert mit ihrer Flugweise an die Sumpfseeschwalben.

Schnabel gelb

Flügelspitzen tiefschwarz

Die Dreizehenmöwe fällt durch ihre leichte und elegante Flugweise auf.

Watvögel

Lachmöwe
Larus ridibundus — Möwen

ganzjährig

In den Brutkolonien der Lachmöwen herrscht oft ein ohrenbetäubendes Geschrei. Häufig rufen sie durchdringend und hoch „chärrr", „chriiiär" oder auch kurz „kik" und scharf „kekek".

Jungvogel (oben) oberseits viel Braun, dunkle Schwanzbinde

MERKMALE 35–39 cm. Die häufigste Möwe im Binnenland. In allen Kleidern weißes, keilförmiges Flügelabzeichen. Im Prachtkleid braune Kapuze, wirkt von Weitem schwarz; Schnabel und Beine dunkelrot.
VORKOMMEN In Europa weitverbreitet und meist häufig. Zur Brutzeit in Feuchtgebieten im Binnenland und an der Küste, nicht selten große Brutkolonien in Verlandungszonen. Außerhalb der Brutzeit oft große Scharen an Seen und Parkteichen.
SCHON GEWUSST? Das Weibchen wählt den Nistplatz aus, gerne auf einer kleinen Insel oder Bülte.

Schwarzkopfmöwe
Larus melanocephalus — Möwen

April –Sept

In Mitteleuropa beginnen Schwarzkopfmöwen ihre Bruten meist in der zweiten Maihälfte, also etwas später als Lachmöwen. Die Nester ähneln denen der Sturmmöwe. Beide Altvögel bebrüten die meist drei Eier und füttern die Jungen rund drei Wochen lang im Nest. Die Rufe klingen tief, nasal und klagend „geäää".

Jungvogel graues Armflügelfeld, schwarze Schwanzendbinde

MERKMALE 37–40 cm. Im Vergleich zur Lachmöwe etwas größer, mit längeren, dunkleren Beinen und kräftigerem Schnabel. Flügelspitzen bei Altvögeln weiß. Im Prachtkleid ausgedehnte schwarze Kapuze und weiße „Augenklammern", Schnabel und Beine kräftig rot. Im Schlichtkleid insgesamt sehr hell, aber mit dunkler Strichelzeichnung auf Oberkopf und Ohrdecken.
VORKOMMEN Ursprünglich vor allem am Schwarzen Meer, heute bis Mitteleuropa vorgedrungen. Brütet in manchen Lachmöwenkolonien.

braune Kapuze

Schnabel dunkelrot

Die Lachmöwe erkennt man im Flug an dem weißen Keil auf dem Außenflügel.

schwarze Kapuze

Flügelspitzen reinweiß

Die Schwarzkopfmöwe hat nicht so spitze Flügel wie die Lachmöwe.

Watvögel

Silbermöwe
Larus argentatus — Möwen

ganzjährig

Jungvogel (einjährig) hellgraues Flügelfeld Schnabel rosa mit schwarzer Spitze

Im Winterhalbjahr besuchen Silbermöwen zur Nahrungssuche oft Häfen und Müllplätze. Häufig hört man von ihnen tiefe, laute und durchdringende Folgen: „kiiejä- kiiejä- kiiejä-kiä-kjau-kjau-kjau".

MERKMALE 54–60 cm. Die häufigste „Seemöwe". Oberseite hellgrau, kontrastiert mit dem Schwarz der Handschwingen, Beine stets rosafarben. Im Prachtkleid weißer Kopf, im Schlichtkleid kräftige Kopfstrichelung.
VORKOMMEN Vorwiegend an der Küste, als Brutvogel aber immer weiter im mitteleuropäischen Binnenland. Brütet meist auf Strandwiesen und in Dünengelände, oft auf kleinen Inseln und Klippen.
BEOBACHTUNGSTIPP Silbermöwen gehören zu den Möwenarten, die häufig Schiffen folgen. Dabei kann man beobachten, mit welcher Perfektion sie den Segelflug beherrschen.

Mittelmeermöwe
Larus michahellis — Möwen

ganzjährig

Jungvogel (oben) Kopf und Unterseite recht hell Prachtkleid (unten)

Früher führte man Mittelmeer- und Steppenmöwe als Unterarten der „Weißkopfmöwe", die ihrerseits lange als Unterart der Silbermöwe galt. Heute räumt man allen drei Formen Artrang ein, denn sie unterscheiden sich deutlich voneinander und kommen gebietsweise auch gemeinsam vor, ohne sich zu vermischen.

MERKMALE 52–58 cm. Im Vergleich zur Silbermöwe stets gelbe Beine, längere Flügel mit größerem Schwarzanteil, im Schlichtkleid kaum gestrichelter Kopf. Die *Steppenmöwe* hat ebenfalls gelbe Beine, ist jedoch hochbeiniger und insgesamt schlanker und hat einen schlankeren Schnabel. Ruft recht tief, nasal.
VORKOMMEN An der Küste und an Binnengewässern, breitet sich nach Norden aus. Brütet regelmäßig in Süddeutschland an den großen Seen.

Mantel hellgrau

Beine rosafraben

Die Silbermöwe ist die häufigste „Seemöwe", sie begleitet oft Schiffe.

lange Flügelspitzen mit viel Schwarz

Beine gelb

Die Mittelmeermöwe wirkt wegen ihrer langen Flügel eleganter als die Silbermöwe.

Watvögel

Mantelmöwe
Larus marinus — Möwen

ganzjährig

Nach der Nahrungssuche im Watt ruhen die Mantelmöwen auf Sandbänken. Grünland, auch direkt an der Küste, wird gemieden. Die Nester stehen oft etwas exponiert auf kleinen Erhebungen, auf Inseln möglichst an der höchsten Stelle. Der oft umfangreiche Bau besteht aus Gras, Heidekraut, Tang und Federn.

Jungvogel
1. Winter (oben)
3. Winter (Mitte)
Prachtkleid (unten)

MERKMALE 61–74 cm. Die größte und kräftigste Möwe. Großer, langer Kopf mit hohem, sehr kräftigem Schnabel; Beine rosafarben. Im Flug langsame, bedächtige, wuchtig wirkende Flügelschläge. Im Schlichtkleid nur schwache Kopfstrichelung. Ruft tiefer und rauer als andere Großmöwen, heiser „krau-krau-krau".

VORKOMMEN Brütet vor allem auf kleinen Inseln an der Felsküste. Sonst ganzjährig an der Nord- und Ostsee; in Deutschland seit Mitte der 1980er Jahre regelmäßiger Brutvogel in wenigen Paaren.

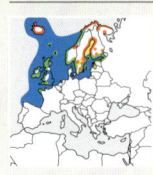

Heringsmöwe
Larus fuscus — Möwen

ganzjährig

Heringsmöwen sind gesellig. Man trifft sie oft zusammen mit anderen Möwenarten. Sie besuchen relativ selten Müllplätze, jagen dort aber häufig anderen Möwen das gefundene Futter ab. Im Winter halten sie sich meist im Küstenbereich und auf offener See auf.

Jungvogel
Oberseite dunkel
deutliches Schuppenmuster

MERKMALE 48–56 cm. Ähnlich kleiner Mantelmöwe, aber mit gelben Beinen und deutlich schwächerem Schnabel; wirkt im Flug schlanker und weniger wuchtig. Unterart *fuscus* (Baltikum) oberseits so dunkel wie Mantelmöwe. Ruft ähnlich Silbermöwe, aber tiefer und rauer.

VORKOMMEN Heringsmöwen brüten nicht selten in gemischten Kolonien zusammen mit Silbermöwen, meist in Dünengelände oder auf Inseln in Küstennähe.

SCHON GEWUSST? Manche Populationen der Heringsmöwe ziehen im Herbst bis nach Ost- und Südafrika.

Schnabel sehr kräftig

Beine rosa

Die Mantelmöwe ist die größte Möwe, sie fliegt mit wuchtigen Flügelschlägen.

Schnabel recht schlank

Beine gelb

Die Heringsmöwe zeigt nur wenig Weiß in der Spitze der langen Flügel.

Watvögel

Eismöwe
Larus hyperboreus — Möwen

Okt –April

Jungvogel
Schnabel rosa mit schwarzer Spitze
Gefieder beige- bis sandbraun

Nicht selten fangen Eismöwen Krabbentaucher in der Luft und verschlucken sie sofort. Mitunter zwingen sie die Alken durch Angriffe zu ständigem Tauchen bis zur Erschöpfung. Gelegentlich töten Eismöwen auch neugeborene Robben oder jagen Eiderenten die Nahrung ab. Sie verzehren aber hauptsächlich Fische.

MERKMALE 63–68 cm. In der Größe zwischen Silber- und Mantelmöwe, im Alterskleid reinweiße Flügelspitzen. Mantel oberseits hellgrau. Im Schlichtkleid starke Strichelung von Kopf, Hals und Brust. Ruft ähnlich Silbermöwe, aber rauer.

VORKOMMEN Brütet oft hoch auf Klippen und Felswänden kleiner Inseln, gerne an steilen, mit Gras bewachsenen Südhängen der Küste und im Binnenland. In Mitteleuropa recht selten, aber alljährlich in geringer Zahl an der Nordseeküste.

Sturmmöwe
Larus canus — Möwen

ganzjährig

Jungvogel
rundlicher Kopf

Während die Paare im Binnenland oft einzeln brüten und höhere Verluste durch Nesträuber erleiden, bilden Sturmmöwen an den Küsten häufig kleine Kolonien von rund zehn Paaren. Das Nest steht meist in kurzem Gras, auf sandigem, moorigem oder felsigem Untergrund.

MERKMALE 40–46 cm. Mittelgroße, wohlproportionierte Möwe mit weißlichem, rundem Kopf und dunklen Augen. Schnabel schlank, grüngelb, Beine gelblich grün. Im Schlichtkleid mit dunkler Strichelung an Kopf und Hals. Ruft meist höher als Silbermöwe, häufig lachend „kliii-ä-kliii-ä".

VORKOMMEN Brütet hauptsächlich auf Strand- und Moorwiesen, in Dünengelände, auf felsigen Klippen sowie auf kleinen, küstennahen Inseln; lokal auch im Binnenland. Sonst ganzjährig an der Küste, an Binnenseen und auf Kulturflächen.

Beine rosa

Flügelspitzen reinweiß

Die Eismöwe ist größer als die Silbermöwe und wirkt stets sehr hell.

Augen dunkel

Schnabel schlank, gelb

Die Sturmmöwe ist deutlich kleiner, schlanker und rundköpfiger als die Silbermöwe.

Watvögel

Raubseeschwalbe
Hydroprogne caspia — Seeschwalben

April–Okt

Jungvogel
Kappe mit weißer
Strichelung, reicht
an den Kopfseiten
weiter nach unten
Beine heller

Die Flugweise der Raubseeschwalbe wirkt möwenartig und geschmeidig, beim Stoßtauchen jedoch sehr rasant. Zur Zugzeit sieht man Raubseeschwalben gelegentlich an Seen oder Fischteichen Mitteleuropas.

MERKMALE 48–55 cm. Größte Seeschwalbe, mit sehr kräftigem, rotem Schnabel, Beine und Füße schwarz. Flügel sehr lang, unterseits dunkle Handschwingen; Flügelschläge langsam und tief. Im Schlichtkleid Kopfkappe weiß gesprenkelt. Ruft im Flug reiherartig tief, rau und barsch „kräa-är".
VORKOMMEN Brütet auf unzugänglichen Halbinseln direkt am Meer sowie auf kleinen Inseln an der Küste oder seltener in großen Binnenseen.
SCHON GEWUSST? In Deutschland gab es früher große Kolonien, so auf Sylt mit über 500 Brutpaaren.

Zwergseeschwalbe
Sternula albifrons — Seeschwalben

April–Sept

Jungvogel
oberseits dunkelbraunes Wellenmuster
Schnabel dunkel
mit gelblicher Basis

Die Zwergseeschwalbe bevorzugt für ihre Brut genau die Strandabschnitte, die auch für Menschen am attraktivsten sind. Diese Vorliebe hat zusammen mit hoher Störanfälligkeit vielerorts zum Verschwinden der Art geführt. Ihr Rüttel- und Tauchverhalten erinnert an das der Küstenseeschwalbe.

MERKMALE 21–25 cm. Die kleinste Seeschwalbe Europas. Kurzer, stark gegabelter Schwanz und schlanke, spitze Flügel. Stets mit weißem Stirnfleck, im Prachtkleid scharf begrenzt. Die Flügelschläge wirken hastig und etwas ruckartig. Ruft scharf, „krit-krit", „kirri-ik" oder „kirri-kit kirri-kit…".
VORKOMMEN Brütet auf Sand- und Kiesstränden der Küste, von küstennahen Inseln sowie an ruhigen Stränden von Seen und großen Flüssen.

kräftiger, roter Schnabel

Handschwingen dunkel

Die Raubseeschwalbe fliegt mit langsamen, möwenartig tiefen Flügelschlägen.

weiße Stirn

gelber Schnabel

Die Zwergseeschwalbe fliegt mit hastigen, etwas ruckartigen Flügelschlägen.

Watvögel

Flussseeschwalbe
Sterna hirundo — Seeschwalben

April –Sept

Jungvogel
Oberseite gebändert anfangs gelbbraun

In Deutschland sind die Binnenlandvorkommen der Flussseeschwalbe bis auf kleine bedrohte Restbestände erloschen. Die meisten Jungen von Binnenlandbrütern werden heute auf künstlichen Nistinseln geboren, denn geeignete natürliche Brutplätze an Flüssen und Seen fehlen inzwischen.

MERKMALE 34–37 cm. Sehr ähnlich der Küstenseeschwalbe, aber Kopf und Schnabel sowie Beine länger. Altvögel mit orangerotem Schnabel meist mit dunkler Spitze. Im Schlichtkleid mit heller Stirn. Ruft am Brutplatz schnell „kirikirikiri…", kurz „kit" oder „chriiärr".
VORKOMMEN Brütet meist auf flachen Inseln in Küstennähe und auf ungestörten Stränden und Sandbänken; im Binnenland auf Kiesinseln und an Kiesstränden von Flüssen sowie an geschützten, ungestörten Ufern von Seen und Teichen.

Küstenseeschwalbe
Sterna paradisaea — Seeschwalben

April –Okt

Jungvogel
oberseits mit nur wenig Gelbbraun

Die Küstenseeschwalbe ist mit bis zu 30 000 km jährlicher Flugstrecke Rekordhalter in Sachen Vogelzug. Ihre Winterquartiere liegen vorwiegend am Packeisrand südlich von Afrika. Die seltene *Rosenseeschwalbe* brütet an wenigen Küsten Nordwesteuropas. Sie erscheint mitunter an der Nordseeküste.

MERKMALE 33–39 cm. Wirkt am Boden kleiner, schlanker und zierlicher als die Flussseeschwalbe, Schnabel kürzer und Kopf rundlicher, Beine sehr kurz, wirkt beinlos. Altvögel mit einheitlich rotem Schnabel. Jungvögel oberseits mit nur wenig Gelbbraun. Ruft höher und weniger rau als Flussseeschwalbe.
VORKOMMEN Brütet meist auf kleinen, spärlich bewachsenen Inseln, direkt auf der Sand-, Fels- oder Kiesküste oder an einsamen, nährstoffarmen Binnengewässern im hohen Norden Europas.

schwarze Schnabelspitze

kurze rote Beine

Die Flussseeschwalbe wirkt im Flug sehr hell, schlank und elegant.

Schnabel dunkelrot

Beine rot, sehr kurz

Die Küstenseeschwalbe ist noch langschwänziger als die Flussseeschwalbe.

Watvögel

Brandseeschwalbe
Sterna sandvicensis — Seeschwalben

| März –Okt

Jungvogel oberseits kräftig dunkel gewellt

Brandseeschwalben fliegen bei der Fischjagd höher über dem Wasser als Fluss- und Küstenseeschwalben und sie zeigen noch vehementeres Stoßtauchen. Trupps kündigen sich häufig zuerst akustisch an – meist mit lauten, rauen, kratzigen, rebhuhnähnlichen „kirräk"-Rufen.

MERKMALE 37–43 cm. Recht große, oft sehr hell wirkende Seeschwalbe mit struppigem Schopf am Hinterkopf. Langer, schlanker Schnabel mit gelber Spitze. Im Schlichtkleid mit weißer Stirn. Die ähnliche *Lachseeschwalbe* mit kurzem, etwas möwenartigem, schwarzem Schnabel ist in Mitteleuropa äußerst selten.
VORKOMMEN Brütet auf störungsfreien Sandflächen oder flachen, höchstens spärlich bewachsenen Inseln in Küstennähe. In Deutschland an der Nordseeküste mehrere große Kolonien.

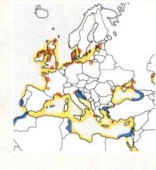

Trauerseeschwalbe
Chlidonias niger — Seeschwalben

| April –Sept

Schlichtkleid (ab Juni) dunkler Brustseitenfleck

Im Vergleich zu den weißen Seeschwalben fangen Trauerseeschwalben ihre Beutetiere nicht stoßtauchend, sondern sie erbeuten Insekten, die sie in der Luft fangen, meist aber vom Wasser aufpicken.

MERKMALE 22–26 cm. Kleine, auffallend dunkle Seeschwalbe; Flügel recht kurz und relativ breit, Schwanz nur leicht gekerbt. Im Prachtkleid Kopf, Hals und Unterseite schwarz, Flügel, Rücken und Schwanz aschgrau. Ruft meist nasal, scharf „kik", „kik-kik".
VORKOMMEN Brütet in Kolonien an vegetationsreichen Seen, Fischteichen, Altwässern und langsam fließenden Flüssen. Durchzügler in Mitteleuropa meist im Mai.
BEOBACHTUNGSTIPP Die geselligen Trauerseeschwalben sieht man oft truppweise wie Schwalben in wendigem, unstetem Flug über dem Wasser fliegen.

langer, schwarzer Schnabel mit gelber Spitze

Beine schwarz

Die Brandseeschwalbe wirkt groß und fliegt bei der Nahrungssuche recht hoch.

Kopf schwarz

Schnabel schwarz

Die Trauerseeschwalbe wirkt sehr dunkel, sie fliegt oft niedrig über dem Wasser.

325

Watvögel

 Weißflügel-Seeschwalbe | Mai
Chlidonias leucopterus — Seeschwalben | –Sept

Schlichtkleid
recht helle Oberseite
nur zart gestrichelte
Kappe

Häufig nutzen Weißflügel-Seeschwalben für die Nestanlage Überschwemmungen wie bei den in Nordostdeutschland festgestellten Bruten in den 1990er Jahren. Beide Partner bauen ein recht umfangreiches und stabiles Nest aus grünen Blättern und Stängeln auf einer Erhebung im dichten Schwimmpflanzenteppich.

MERKMALE 20–24 cm. In Größe und Gestalt weitgehend wie Trauerseeschwalbe, aber mit rundlicherem Kopf, kleinerem Schnabel und etwas breiteren Flügeln. Im Prachtkleid kontrastreich schwarz-weiß. Im Jugendkleid oberseits recht dunkel. Ruft laut und rau „krek" oder auch „kwek".
VORKOMMEN Brütet an üppig bewachsenen Seen mit ausgedehnten Schwimmblattbereichen und seichter Verlandungszone. Zur Zugzeit auch an offeneren, seichten Gewässern und an Lagunen.

 Weißbart-Seeschwalbe | April
Chlidonias hybrida — Seeschwalben | –Sept

Schlichtkleid
Hinterscheitel dicht
schwarz gestrichelt,
geht in dunklen
Ohrfleck über

Außerhalb der Brutzeit trifft man Weißbart-Seeschwalben auch an offenen Seen und Stauseen sowie an der Küste an. Als Durchzügler treten sie im Binnenland Mitteleuropas vor allem im Mai auf. Im westlichen Mitteleuropa ist die Art nur ausnahmsweise Brutvogel. Ruft rau schnarrend „krrrt".

MERKMALE 24–28 cm. Im Vergleich zu anderen Sumpfseeschwalben größer und weniger zierlich. Erinnert im Flug eher an die weißen Seeschwalben, Gefieder jedoch dunkler. Im Prachtkleid mit blutrotem Schnabel, schwarzer Kappe und weißen Wangen. Jungvögel oberseits markant gemustert.
VORKOMMEN An Seen und in Süßwassersümpfen des Tieflandes, aber auch an Fischteichen mit Schwimmblatt-Teppichen und üppig bewachsenen Ufern wie in den ungarischen Teichgebieten.

Mantel schwärzlich

Flügel hell

Die Weißflügel-Seeschwalbe zeigt im Flug schwarze Unterflügeldecken.

Wangen weiß

Bauch recht dunkel

Die Weißbartseeschwalbe ist nicht so zierlich wie die übrigen Sumpfseeschwalben.

Watvögel

Trottellumme
Uria aalge — Alken

| ganzjährig

Schlichtkleid Unterseite, vorderer Hals und von dunklem Strich geteilte Wangen weiß

In Deutschland brütet die Trottellumme nur auf Helgoland. Außerhalb der Brutzeit halten sich die Lummen meist auf der Hochsee auf, in den Gewässern um Helgoland jedoch ganzjährig. Die ähnliche *Dickschnabellumme*, Brutvogel im hohen Norden, wird nur selten im Bereich der Nordsee gesichtet. Ruft kehlig „arrr".

MERKMALE 38–46 cm. Schwarz-weißer, etwa entengroßer Küstenvogel mit bräunlicher Oberseite und weißer Unterseite. Im Schlichtkleid Unterseite, vorderer Hals und die von einem dunklen Strich geteilten Wangen weiß.
VORKOMMEN Brütet meist auf hohen, oft senkrechten Klippen mit schmalen Felsbändern oder Absätzen – an der Küste oder auf vorgelagerten Inseln.
BEOBACHTUNGSTIPP Es gibt eine Variante mit schmalem, weißem Augenring und „Lidstrich" (Ringellumme).

Tordalk
Alca torda — Alken

| ganzjährig

Schlichtkleid Kopfseiten weiß ohne weißen Zügelstreif, recht langer, spitzer Schwanz

Tordalken brüten häufig zusammen mit Trottellummen in gemischten Kolonien. Sie wählen lieber weniger ausgesetzte Nistplätze als die Lummen und ziehen ihren Nachwuchs gerne unter Felsvorsprüngen, großen Steinen oder sogar in kleinen Höhlen groß. In Deutschland brüten wenige Paare auf Helgoland.

MERKMALE 38–43 cm. Hoher, schmaler, stumpf endender Schnabel, mit weißer Binde vor der Spitze. Im Prachtkleid mit weißem Zügelstreif. Im Vergleich zur Trottellumme vorne viel gedrungener mit kürzerem, dickerem Hals, größerem Kopf, kantigerem Hinterkopf und spitzerem Hinterende. Ruft am Brutplatz tief knarrend „goärrr".
VORKOMMEN Zur Brutzeit in Kolonien auf Felsklippen, sonst auf dem Meer. In Mitteleuropa regelmäßig in den Gewässern um Helgoland.

Schnabel lang, spitz

Kopf und Hals schwärzlich braun

Die Trottellumme wirkt im Flug rundrückig, die Füße überragen den Schwanz.

hoher, stumpfer Schnabel

spitzer Schwanz

Der Tordalk wirkt im Flug weniger rundrückig als die ähnliche Trottellumme.

Watvögel

Grylllteiste
Cepphus grylle — Alken

ganz-
jährig

Schlichtkleid
großenteils weiß,
Flügelabzeichen
bleibt erhalten

Als einzige der Alken Europas legen Grylllteisten in der Regel zwei Eier. Diese liegen in einer flach ausgekratzten Mulde mit etwas Nistmaterial. Als Brutplatz dient meist eine Höhle oder Halbhöhle, die häufig zwischen Felsblöcken am Fuß der Steilfelsen liegt.

MERKMALE 32–38 cm. Schnabel dunkel, gerade, schlank und spitz. Im Prachtkleid mit samtschwarzem Gefieder, großen, weißen Flügelabzeichen und kräftig roten Füßen. Bei Jungvögeln Flügelabzeichen dunkel gebändert. Ruft merkwürdig hoch und fein pfeifend-zirpend „ssiiirrp".

VORKOMMEN Brütet an felsigen Küsten und auf kleinen Inseln. Im Winter vielfach in Kolonienähe auf dem Meer.

BEOBACHTUNGSTIPP Grylllteisten erinnern knapp über dem Wasser fliegend an Samtenten-Männchen, zeigen jedoch schwirrende Flügelschläge.

Papageitaucher
Fratercula arctica — Alken

ganz-
jährig

Jungvogel
Schnabel kleiner,
Kopfseiten düster
grau

Papageitaucher brüten in großen und oft dichten Kolonien. Beide Partner graben mit Schnabel und Füßen eine Erdhöhle oder sie übernehmen die fertige Röhre eines Sturmtauchers, Kaninchens oder auch eines Artgenossen. Der nur starengroße *Krabbentaucher* brütet in oft riesigen Kolonien an hochnordischen Klippen; er erscheint mitunter in der Deutschen Bucht.

MERKMALE 28–34 cm. Hoher, überaus bunter Schnabel, nur aus der Nähe auffällig, Schnabel im Schlichtkleid kleiner und vorwiegend gelblich. Im Flug geschlossenes, schwarzes Halsband und dunkle Unterflügel kennzeichnend. Ruft am Brutplatz knurrend „arr".

VORKOMMEN Zur Brutzeit an steilen Grashängen über der Felsküste, danach auf der Hochsee. In Deutschland nur selten auf der Nordsee. Noch im 19. Jahrhundert war der Papageientaucher Brutvogel auf Helgoland.

Schnabel schlank, spitz

großes, weißes Flügelfeld

Die Grylltaiste fliegt mit schwirrenden Flügelschlägen, dabei fällt das ovale Flügelfeld auf.

Schnabel markant, dreieckig, bunt

Der Papageitaucher zeigt im Flug ein geschlossenes schwarzes Halsband.

331

Taucher

Sterntaucher
Gavia stellata — Seetaucher

Sept–Mai

Jungvogel (oben) Kopf und Hals überwiegend grau
Schlichtkleid (unten)

Der Sterntaucher kann auch an kleinen Seen brüten, denn er benötigt zum Start von der Wasseroberfläche deutlich weniger Anlaufstrecke als der größere Seetaucher. Der von Männchen und Weibchen im Duett vorgetragene Gesang am Brutplatz klingt etwas schaurig „orro-u" oder mehr jammernd „aaaaau".

MERKMALE 55–67 cm. Kleinster und schlankster Seetaucher. Kopf meist schräg nach oben gehalten, Schnabel leicht aufgeworfen. Wirkt recht hell, roter Halsfleck erscheint nicht selten nur dunkel. Ruft im Flug gänseartig „gwah-gwah-gwah…".

VORKOMMEN Brütet meist an kleinen und oft flachen Seen in Moorgebieten und in der Tundra. Alljährlicher Durchzügler und Wintergast an der deutschen Nord- und Ostseeküste sowie, seltener auf Binnenseen.

Prachttaucher
Gavia arctica — Seetaucher

Aug–Mai

Jungvogel (oben) oberseits mehr bräunlich, deutlicher geschuppt
Schlichtkleid (unten)

Nicht selten treffen sich Prachttaucher von mehreren Seen, um im Trupp zu fischen. Bei ihren „Schwimmspielen" tänzeln sie mit hochgerecktem Kopf umeinander, bis sie, wie auf Kommando, alle gleichzeitig wegtauchen. Die Lautäußerungen des Prachttauchers am Brutplatz (Reviergesang) sind sehr stimmungsvoll, man hört oft laute, klagende „Kluui-klo-kluui-klo…"-Serien.

MERKMALE 63–75 cm. Meist waagrecht gehaltener Kopf, gerader Schnabel.

VORKOMMEN Brütet an oft tiefen und fischreichen Seen; außerhalb der Brutzeit meist in Küstengewässern, im Winter auch regelmäßig auf Binnenseen Mitteleuropas zu finden.

BEOBACHTUNGSTIPP Im Prachtkleid sieht der Prachttaucher auffallend adrett aus mit schwarzem Fleck auf Kinn und Kehle.

Schnabel leicht aufgeworfen

roter Halsfleck

Der Sterntaucher wirkt recht schlank, er hält den Kopf oft schräg nach oben.

gerader schwarzer Schnabel

schwarzer Halsfleck

Der Prachttaucher hält beim Schwimmen Kopf und Schnabel meist gerade.

Taucher

 Eistaucher
Gavia immer — Seetaucher

Aug–Mai

Die lauten, heulend-klagenden bis gelächterartigen Gesangsdarbietungen der Eistaucher klingen ausgesprochen schaurig. Lautäußerungen dieser Art dienen der Filmindustrie häufig als „Hintergrundmusik".

Jungvogel
Gefieder bräunlich oberseits deutliches Schuppenmuster

MERKMALE 73–88 cm. Im Vergleich zum meist deutlich kleineren Prachttaucher dickere Halspartie, größerer Kopf und steilere, etwas eckig wirkende Stirn. Im Prachtkleid (Zeichnung) dunkelgrün glänzender, schwarzer Hals. Im Schlichtkleid halber Halsring und weißlicher Augenring.

VORKOMMEN Vor allem Nordamerika. Außerhalb der Brutzeit meist auf küstennahen Gewässern, gelegentlich bei Helgoland, selten auf Inlandseen.

SCHON GEWUSST? Der ähnliche *Gelbschnabeltaucher*, Brutvogel im äußersten Nordosten Europas, ist regelmäßiger, seltener Wintergast an der Norwegischen Küste.

 Zwergtaucher
Tachybaptus ruficollis — Lappentaucher

ganzjährig

Der Reviergesang des Zwergtauchers wird von Männchen und Weibchen im Duett vorgetragen: Vorwiegend zur Balz und Brutzeit hört man laute, aber weiche, etwas vibrierende Trillerreihen. Die Kontaktrufe klingen wie „bie-ib", Alarmruf ist ein scharfes „wit-wit". Das Nest ist eine schwimmende Plattform aus Pflanzenteilen.

Schlichtkleid
wenig Kontraste
heller Fleck im Schnabelwinkel

MERKMALE 23–29 cm. Der kleinste Lappentaucher Europas, kompakt und kurzschnäblig, erinnert an ein Entenküken, besonders wenn das „Heck"-Gefieder bei Kälte stark gesträubt ist. Im Prachtkleid Kopfseiten und Vorderhals kastanienbraun.

VORKOMMEN Brütet auf Tümpeln, Teichen und kleineren Seen, aber auch an dicht bewachsenen Ufern von größeren Seen und langsam fließenden Flüssen. Im Winterhalbjahr in Ufernähe auf Seen, Stauseen und Kanälen, auch in Großstädten.

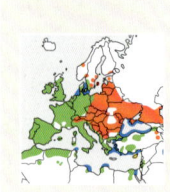

Stirn eckig

gestreiftes Halsseitenband

Der Eistaucher fällt durch seinen großen Kopf mit Dolchschnabel auf.

Kopf- und Halsseiten kastanienbraun

Schnabel kurz

Der Zwergtaucher erinnert wegen seiner geringen Größe oft an ein Entenküken.

Taucher

Haubentaucher
Podiceps cristatus — Lappentaucher | ganzjährig

Schlichtkleid
dunkle Kopfplatte
helle Wangen

Haubentaucher vollführen zur Brutzeit eindrucksvolle Balzspiele, oft mit Nistmaterial im Schnabel. Dabei schwimmen die Partner mit gesträubtem Kopf- und Halsschmuck Brust an Brust, richten sich hoch auf und schütteln ihren Kopf (Pinguintanz). Männchen und Weibchen bauen ein flaches, schwimmendes Nest.

MERKMALE 59–73 cm. Europas größter Lappentaucher, schlanke Gestalt mit dünnem Hals und langem Schnabel. Im Prachtkleid unverkennbar durch auffälligen Kopf- und Halsschmuck. Im Jugendkleid mit gestreiften Kopfseiten. Ruft bellend „wreck-wreck-wreck", laut „korr" und trompetend „ää-ää".
VORKOMMEN Brütet an verschilften Ufern größerer Seen und Teiche, mitunter auch auf einem Stausee mit dürftigem Uferbewuchs. Im Winterhalbjahr oft truppweise auf Seen, Stauseen und Flüssen.

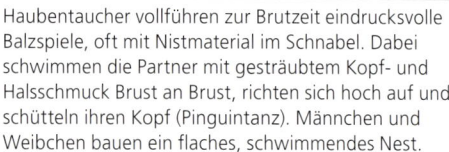

Rothalstaucher
Podiceps grisegena — Lappentaucher | ganzjährig

Schlichtkleid
grauer Hals, heller
abgesetzte Wangen,
gelbe Schnabelbasis

Rothalstaucher verraten sich zur Brutzeit durch ihre kräftigen und abwechslungsreichen Lautäußerungen, die Balz und Revierverteidigung begleiten. Man hört oft schweineähnlich quiekende oder auch wiehernde Laute, die etwas an die Wasserralle erinnern, manche Rufe klingen unheimlich. Der Rothalstaucher lebt zur Brutzeit recht versteckt, jedoch hört man ihn häufig.

MERKMALE 40–46 cm. Kleiner und gedrungener als Haubentaucher, Schnabel dunkel mit gelber Basis. Im Prachtkleid rotbrauner Hals und weiße Wangen. Jungvögel mit gestreiften Kopfseiten.
VORKOMMEN Brütet meist an kleinen, oft flachen und nährstoffreichen Gewässern mit üppigem Bewuchs aus Unterwasserpflanzen und einem Schilfgürtel. Im Winterhalbjahr auf größeren Seen Mitteleuropas und auf dem küstennahen Meer.

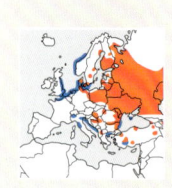

Haube

Vorderhals hell

Der Haubentaucher wirkt im Flug sehr langgestreckt und auffallend dünn.

weiße Wangen

gelbe Schnabelbasis

Der Rothalstaucher wirkt von Weitem deutlich kompakter als der Haubentaucher.

Taucher

Schwarzhalstaucher
Podiceps nigricollis — Lappentaucher

ganzjährig

Schlichtkleid, steile Stirn, Kopfkappe reicht bis unter das Auge

Oft brüten mehrere Schwarzhalstaucher-Paare gemeinsam, mitunter schließen sich sogar über einhundert Paare zu einer Kolonie zusammen, nicht selten im Schutz der Nester von Lachmöwen.

MERKMALE 28–34 cm. Wirkt durch leicht aufgeworfenen Schnabel und steile Stirn „stupsnasig". Im Prachtkleid herabhängende, kräftig gelbe Ohrbüschel und schwarzer Hals typisch. Ruft am Brutplatz ansteigend „krüü-it".

VORKOMMEN Brütet auf Seen mit dicht bewachsenen Ufern und Schwimmblattbeständen. Im Winterhalbjahr auf größeren Seen oder an der Küste.

BEOBACHTUNGSTIPP Auf dem Brutgewässer sieht man Schwarzhalstaucher im Vergleich zu Zwergtauchern häufiger auf der freien Wasserfläche, obwohl sie fleißig tauchen und mehr Zeit unter als über Wasser verbringen.

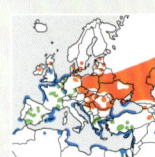

Ohrentaucher
Podiceps auritus — Lappentaucher

Sept–Mai

Schlichtkleid (oben) flacher Scheitel dunkle Kappe

Wie bei vielen Lappentauchern werden beim Ohrentaucher die Jungen anfangs häufig im Rückengefieder transportiert, wo sie bequem gefüttert werden können und vor Feinden wie großen Hechten sicher sind. Ohrentaucher nisten wie Schwarzhalstaucher gerne im Schutz von Lachmöwen. Ruft häufig klagend „djiär".

MERKMALE 31–38 cm. Wirkt wie ein kleiner, kurzschnäbliger Haubentaucher. Im Prachtkleid goldgelbe, aufgerichtete Ohrbüschel. Am Brutplatz auf- und absteigende Trillerreihen, die in ein nasales Jammern übergehen.

VORKOMMEN Brütet auf flachen Seen mit üppiger Vegetation und oft nur kleiner Freiwasserzone, seltener in geschützten Meeresbuchten, in Lappland auch auf vegetationsarmen Bergseen. In Deutschland regelmäßiger, aber seltener Wintergast an der Küste, in geringer Zahl auch auf den größeren Binnenseen.

Schnabel etwas aufgeworfen

gelbe Ohrbüschel

Der Schwarzhalstaucher zeichnet sich durch spitzen Scheitel und steile Stirn aus.

Ohrbüschel goldgelb, aufgerichtet

Schnabel gerade

Der Ohrentaucher fällt schon von Weitem durch seinen flachen Scheitel auf.

Enten

Höckerschwan
Cygnus olor — Entenverwandte

ganzjährig

Jungvogel
Gefieder braungrau
Schnabel bleigrau, ohne Höcker

Männliche Höckerschwäne versuchen, sehr große Reviere zu verteidigen, damit sich die künftige Familie ausreichend mit Nahrung versorgen kann. Häufig gelingt das bei den großen Beständen nicht mehr.

MERKMALE 140–160 cm. Oft elegant S-förmig gebogener Hals. Schnabel rotorangefarben mit schwarzem Höcker (bei Weibchen kleiner); relativ langer, spitzer Schwanz, vor allem beim Gründeln auffallend. Wenig lautfreudig, selten schnarchende, zischende und fauchende Laute, jedoch lautes, singend-wummerndes Fluggeräusch.
VORKOMMEN Oft zahlreich auf Seen und Teichen, vielfach auf Parkteichen mitten in der Großstadt.
SCHON GEWUSST? Die Höckerschwäne unserer Gewässer stammen fast ausschließlich von entkommenen oder ausgesetzten Vögeln ab.

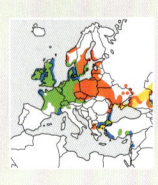

Singschwan
Cygnus cygnus — Entenverwandte

Okt –April

Jungvogel (oben)
Gefieder grau
Schnabel rosa mit schwarzer Spitze

Die Rufe des Singschwans sind tiefer und klingen kräftiger trompetend als beim Zwergschwan. Oft hört man von fliegenden Vögeln hupende Folgen von 3 bis 4 Silben. Viele junge Singschwäne schließen sich bereits mit zwei Jahren zu Paaren zusammen. Sie brüten aber kaum vor dem vierten Lebensjahr.

MERKMALE 140–160 cm. Hält den Hals meist aufrecht. Gelb-schwarzer Schnabel ohne Höcker. Durch eisenhaltiges Wasser häufig Kopf und Hals mit schmutzig-rostfarbenem Anflug.
VORKOMMEN Brütet an Seen in Mooren und in der Tundra. Seit ein paar Jahren einige Brutpaare in Brandenburg. Als Wintergast an der Nord- und Ostseeküste, auf küstennahen Gewässern und Feldern; gelegentlich auch an großen Seen in Süddeutschland.

schwarzer Höcker

Schnabel
rot

Der Höckerschwan schwimmt oft mit elegant S-förmig gebogenem Hals.

Schnabel schwarz
mit viel Gelb

kurzer Schwanz

Der Singschwan hält seinen langen Hals beim Schwimmen meist aufrecht.

Enten

Zwergschwan
Cygnus bewickii — Entenverwandte

Okt –April

Jungvogel (oben)
recht kurzer Hals
heller Schnabelfleck
vorne eher rundlich

Zwergschwäne sind noch stimmfreudiger als Singschwäne. Ihre Rufe sind etwas höher und klingen weich bellend, auch werden sie meist schneller gereiht. Häufig hört man von fliegenden Vögeln einzelne kräftige, gänseähnliche „onk"-Rufe. Wandernde Zwergschwäne fliegen meist in Keilformation oder in schräger Reihe.

MERKMALE 115–127 cm. Insgesamt kompakter gebaut als die beiden größeren Schwäne, erinnert vor allem im Flug an Gänse. Gelber Bereich des Schnabels überdeckt vorwiegend die Schnabelbasis und zieht nicht keilförmig nach vorne wie beim Singschwan.

VORKOMMEN Brütet auf kleinen Gewässern in der Tundra Nordrusslands. Überwintert auch in Norddeutschland. Nahrungssuche auf küstennahen, feuchten Wiesen, Weiden und auf Feldern mit Wintergetreide. Nur selten im Binnenland Mitteleuropas.

Graugans
Anser anser — Entenverwandte

ganzjährig

Östliche Unterart
rubrirostris
Schnabel rosa

Die Graugans ist die Stammform unserer weißen Hausgans. Durch die Verhaltensstudien von Nobelpreisträger Konrad Lorenz wurde die Gans weltbekannt. Die Graugans gilt auch als diejenige Vogelart, auf deren Rücken der kleine Nils Holgersson in Selma Lagerlöfs Erzählung durch ganz Schweden gereist ist.

MERKMALE 74–84 cm. Die größte und kräftigste „graue Gans". Massiver, keilförmiger Schnabel, bei der westlichen Unterart *anser* blass orangefarben, in Mitteleuropa jedoch häufig Mischformen. Im Flug oberseits leuchtend hellgraues Flügelfeld und zweifarbige Unterflügel auffallend. Ruft im Flug durchdringend und tief „aahng-ahng-ang". Männchen rufen höher als Weibchen.

VORKOMMEN In Feuchtgebieten, brütet häufig an schilfbestandenen Seen. Brutbestände sind in Mitteleuropa vielerorts durch verwilderte Ziervögel entstanden.

Hals relativ kurz

gelber Schnabelfleck vorne eher rundlich

Der Zwergschwan wirkt im Flug weniger langhalsig und erinnert eher an eine Gans.

kräftiger, keilförmiger Schnabel

Beine rosa

Die Graugans fällt im Flug durch das leuchtend hellgraue Flügelfeld auf.

Enten

Saatgans
Anser fabalis — Entenverwandte | Sept –März

Unterart *rossicus* Schnabel und Hals kürzer, orangefarbene Schnabelbinde schmaler

Saatgänse sind wenig ruffreudig. Beide Unterarten unterscheiden sich auch stimmlich recht deutlich voneinander: Weibliche Waldsaatgänse rufen tief, meist zweisilbig, nasal „gang-gang", die Rufe der Männchen sind etwas höher „kajak". Tundrasaatgänse rufen meist dreisilbig und noch etwas höher „kajajak".

MERKMALE 69–88 cm. Recht dunkle, braune Gans mit orangefarbenen Beinen. Zwei Unterarten: Waldsaatgans *(fabalis)* und Tundrasaatgans *(rossicus),* diese recht ähnlich der Kurzschnabelgans.
VORKOMMEN Brütet in ausgedehnten Moorgebieten mit kleinen Seen in der Taigazone (Waldsaatgans) oder in der feuchten Tundra (Tundrasaatgans). Beide Formen als Wintergäste in Deutschland, Waldsaatgans sehr viel seltener; meist auf ungestörten Wiesen und Feldern, in der Nähe von Gewässern (sichere Übernachtung).

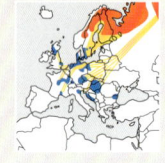

Kurzschnabelgans
Anser brachyrhynchus — Entenverwandte | Okt. –Mai

kurzer Schnabel wirkt dreieckig
rosafarbene Schnabelbinde

Kurzschnabelgänse sind stark an ihre Brutplätze gebunden. Mitunter werden die Nester über Jahrzehnte Jahr für Jahr benutzt. Das Weibchen baut ein kleines Nest aus Gräsern und anderen Tundrapflanzen, das Männchen bewacht den Brutplatz. Beide führen die Jungen, wie bei vielen anderen Gänsearten üblich.

MERKMALE 64–76 cm. Im Vergleich zur sehr ähnlichen Tundrasaatgans etwas kleiner und kurzhalsiger, Beine rosafarben. Im Flug Oberseite von Flügeln (hell blaugrau) und Schwanz recht hell. Viel ruffreudiger als Saatgänse, ihre Stimmen klingen recht ähnlich, sind aber höher.
VORKOMMEN Brütet in der Tundra und im schluchtenreichen Bergland, nicht selten in lockeren Kolonien. Überwintert an der Nordsee, meist auf Salzwiesen und Feldern; kaum im Binnenland.

Schnabel lang mit viel Orange (Waldsaatgans)

Beine orangefarben

Die Saatgans ist recht groß und wirkt dunkel, besonders an Kopf und Hals.

kurzer, dreieckiger Schnabel

Hals recht kurz

Die Kurzschnabelgans zeigt ähnlich der Graugans auf der Flügeloberseite viel Weiß.

Enten

Blässgans
Anser albifrons — Entenverwandte | Okt –April

Jungvogel
weiße Blässe fehlt
Schnabel rosafarben
mit dunkler Spitze

Die bei uns auftretenden Blässgänse gehören der nordsibirischen Unterart *albifrons* an, die in Mittel- und Westeuropa sowie in Südosteuropa überwintert. Grönländische Brutvögel (Unterart *flavirostris*) ziehen dagegen zu den Britischen Inseln, oft nach Irland oder Schottland.

MERKMALE 64–78 cm. Weiße Stirn; im Stehen auffallend kräftige, dunkle Bauchbänderung. Vögel der Unterart *flavirostris* etwas größer, oberseits dunkler und mit längerem, orange- statt rosafarbenem Schnabel. Ruft höher, melodischer und weniger rau als Saatgans „kiu-ju".

VORKOMMEN Brütet an Seen und Flüssen in der Tundra und an steinigen Küsten. Im Winterquartier auf offenem Agrarland und in Steppengebieten, auch auf Salzwiesen an der Küste. Regelmäßiger Durchzügler und Wintergast in Norddeutschland.

Zwerggans
Anser erythropus — Entenverwandte | Okt –April

Jungvogel
gelber Lidring, kein
Weiß auf der Stirn

Die Bestände der in Nordskandinavien brütenden Zwerggänse haben bedenklich abgenommen – vor allem, da die Vögel auf ihren Wanderungen nach Südosteuropa stark bejagt werden. Um die Art in Europa vor dem Aussterben zu bewahren, versucht man, Jungvögel mit Hilfe von Weißwangengänsen als Zieheltern auf neue Überwinterungsgebiete in Mitteleuropa zu prägen.

MERKMALE 56–66 cm. Kleiner und kompakter als Blässgans, kaum größer als Stockente, wirkt etwas kindlich. Weiß der Blässe reicht bis zum Vorderscheitel, markanter gelber Lidring. Ruft meist noch deutlich höher als Blässgans, etwas quiekend „kjü-jü" oder „kjü-jü-jü".

VORKOMMEN Brütet in feuchten Fjällgebieten der Birken- und Weidenzone. Im Winter oft in eher trockenen Steppengebieten, kaum an der Küste.

weiße Stirn

kräftige Bauchbänderung

Die Blässgans ist im Flug auch an ihren hohen, melodischen Rufen erkennbar.

gelber Lidring

weiße Blässe

Die Zwerggans ist kaum größer als eine Stockente, ihre Flugrufe sind quiekend.

Enten

Kanadagans
Branta canadensis — Entenverwandte | ganzjährig

schwarzer Hals kontrastreich abgesetztes helles Kopffeld

Bereits Mitte des 17. Jahrhunderts wurden die ersten Kanadagänse von Nordamerika nach Europa gebracht und ausgesetzt. Seither hat sich die Art nach weiteren Aussetzungsaktionen über viele europäische Länder ausgebreitet und frei brütende Populationen etabliert.

MERKMALE 90–100 cm. Eine große, langhalsige Gans mit heller Brust und bräunlicher Körperfärbung. Ruft häufig laut und durchdringend, besonders im Flug melodisch trompetend „ah-honk", die zweite Silbe deutlich höher.
VORKOMMEN In Mitteleuropa vorwiegend Parkvogel, brütet aber auch an anderen Gewässern, verteidigt oft große Reviere. Skandinavische Brutvögel ziehen im Herbst nach Süden, um im Ostseebereich zu überwintern.
SCHON GEWUSST? Mischlinge zwischen Kanada- und Graugans kommen immer wieder vor.

Weißwangengans
Branta leucopsis — Entenverwandte | Okt –Mai

auffallend weißes Gesicht, schwarzer Hals kontrastreich abgesetzt

Wegen des starken Raubtierdrucks, besonders vom Eisfuchs, nisten Weißwangengänse oft auf kleinen Inseln oder auf steilen, unzugänglichen Klippen oder ausgesetzten Felsvorsprüngen. Auf Gotland brüten die Gänse auf kleinen Inseln mit Gras- und Kräuterbewuchs.

MERKMALE 58–70 cm. Mittelgroße Gans mit recht kurzem, dickem Hals. Wirkt aus der Ferne oben schwarz, unten hell. Im Flug starker Kontrast zwischen schwarzer Brust und hellem Bauch sowie heller Flügeloberseite.
VORKOMMEN Brütet in der arktischen Tundra, häufig im Bereich von Flusstälern oder Fjorden, seit rund 30 Jahren auch im Ostseeraum, vor allem in Südschweden, seit einigen Jahren auch in Schleswig-Holstein.
BEOBACHTUNGSTIPP Weißwangengänse sind im Trupp sehr stimmfreudig, rufen heiser „gäk" oder „kak". Im Herbst oft große Schwärme an der Küste.

weißes Kopffeld

langer schwarzer Hals

Die Kanadagans fällt durch ihre Größe und die laut trompetenden Rufe auf.

Kopf überwiegend weiß

kurzer schwarzer Schnabel

Die Weißwangengans erscheint zur Zugzeit in großen Scharen an der Küste.

Enten

Ringelgans
Branta bernicla — Entenverwandte | Sept–Mai

dunkelbäuchige Unterart *bernicla*

Oft sieht man Ringelgänse in dichten Scharen auf dem Meer vor der Küste nach Entenart gründeln. Ihre Nahrung suchen sie gerne auf Salzmarschen und im Seichtwasser. Bei Beunruhigung und im Flug rufen Ringelgänse tief und kehlig-rollend „rott", weshalb sie an unserer Küste „Rottgans" genannt werden.

MERKMALE 55–62 cm. Kleine dunkle Gans mit kurzem, schwarzem Schnabel, weißem Halsring und weißem „Heck". Dunkelbäuchige Unterart *bernicla*, wirkt insgesamt auffallend dunkel.

VORKOMMEN Brütet fast weltweit an den flachen arktischen Küsten mit Tundravegetation. Unterart *bernicla* aus Nordrussland überwintert meist im deutsch-niederländischen Wattenmeer und in Südengland. Unterart *hrota* aus Grönland überwintert in Dänemark und auf den Britischen Inseln.

Nilgans
Alopochen aegyptiaca — Entenverwandte | ganzjährig

dunkler Augenfleck
lange, rosafarbene Beine

Nilgänse stammen aus Afrika und sind seit dem 17. Jahrhundert in Europa eingebürgert – zunächst in England, wo sie heute alltägliche Wasservögel an Seen und in vielen Parkanlagen sind. Inzwischen brüten verwilderte Parkvögel auch in Deutschland.

MERKMALE Gefieder graubraun bis zimtbraun. Im Flug ähnliches Flügelmuster wie Rostgans, jedoch breitere, mehr abgerundete Flügel. Im Weibchen- und Schlichtkleid ohne Halsring und mit mehr Weiß im Gesicht. Ruft häufig „onk häh häh häh", daneben zischende Laute.

VORKOMMEN Brütet an ganz unterschiedlichen Gewässern, meist an Seen und Parkteichen, aber auch an größeren Flüssen und in Erlenbrüchen.

BEOBACHTUNGSTIPP Anders als andere Gänse fliegen Nilgänse auf Bäume und stehen dort auf Ästen.

Schnabel kurz, schwarz — **weißer Halsring**

Die Ringelgans der hellbäuchigen Unterart *(hrota)* wirkt schwarz-weiß.

dunkler Augenbereich

Die Nilgans erinnert im Flug an die Rostgans, hat jedoch weniger spitze Flügel.

Enten

Brandgans
Tadorna tadorna — Entenverwandte

ganzjährig

Jungvogel oberseits überwiegend braungrau, Schnabel graurosa

Brandgänse benützen ganz unterschiedliche Höhlungen für die Nestanlage, häufig Kaninchen- oder Fuchsbaue, Erdlöcher in Dämmen und Böschungen und sogar alte Tonnen, Fässer oder Milchkannen. Die Rufe der Männchen sind dünn pfeifend-zwitschernd „tju-tju-tju…", die der Weibchen, oft im Flug geäußert, viel tiefer und härter „gäg-äg-äg-äg" oder „ak-ak-ak-ak".

MERKMALE 55–65 cm. Auffällig bunter, aus der Ferne schwarz-weiß wirkender Entenvogel der Küstenregionen. Kopf und Hals grünschwarz, Schnabel leuchtend rot, breites, kastanienbraunes Brustband. Männchen mit kräftigem Schnabelhöcker. Im Schlichtkleid deutlich matter gefärbt.

VORKOMMEN Häufiger Brutvogel an der Nord- und Ostseeküste. An den Mauserplätzen im deutschen Wattenmeer alljährlich in großen Scharen.

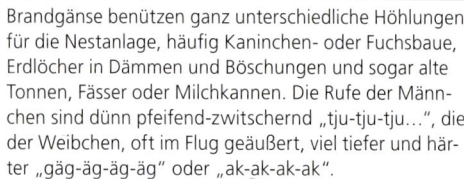

Rostgans
Tadorna ferruginea — Entenverwandte

ganzjährig

Weibchen und im Schlichtkleid ohne schwarzen Halsring

Rostgänse sind in ihrem Brutverhalten sehr anpassungsfähig. Sie nisten in unterschiedlichen Höhlungen und Nischen, manchmal von Gebäuden oder auch in Fuchsbauen oder Baumhöhlen. Nicht selten brüten sie auch hoch in Felswänden auf schmalen Simsen, die sie nur durch geschickte Flugmanöver ansteuern können.

MERKMALE 58–70 cm. Eine Halbgans mit brandgansähnlicher Gestalt und überwiegend rostfarbenem Gefieder. Im Flug schwarze Schwungfedern und kontrastierend weiße Flügeldecken auffallend. Ruft rollend „tschorr" oder nasal hupend.

VORKOMMEN Brütet in offener Landschaft, vor allem an Brack- oder Salzwasserseen in Steppengebieten, aber auch in Tälern und sogar auf Hochebenen des Berglandes. In Deutschland bereits fest etablierter Bestand von entflogenen Vögeln.

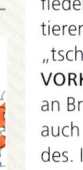

Schnabel rot

braunes Brustband

Die Brandgans wirkt im Flug auffällig schwarz-weiß, die Flügel sind lang und spitz.

Kopf hell

Schnabel schwarz

Die Rostgans zeigt im Flug starke Kontraste zwischen Schwungfedern und Flügeldecken.

Enten

Schwarzkopf-Ruderente
Oxyura jamaicensis — Entenverwandte

ganzjährig

Weibchen
Wangen beige mit breitem, dunklem Längsstreif

In England brütete 1960 das erste Schwarzkopf-Ruderentenpaar der aus Amerika stammenden Ente. Seither hat sich die Art über weite Teile Großbritanniens ausgebreitet. Die aggressive Ente brütet auch in Südspanien und verdrängt die dortige Weißkopf-Ruderente.

MERKMALE 31–36 cm. Langer Schwanz mit weißen Unterschwanzdecken. Bei Männchen im Prachtkleid Gesicht weiß, Oberkopf, Nacken und Hinterhals schwarz; im Schlichtkleid dem Weibchen sehr ähnlich, aber mit weißen Wangen.
VORKOMMEN Brütet an offenen Gewässern mit dicht bewachsenen Ufern. In Europa vorwiegend im Nordwesten, erste Bruten in Mitteleuropa.
BEOBACHTUNGSTIPP Bei der Balz trommelt das Männchen mit seinem Schnabel rhythmisch auf die geschwollene Brust und äußert ratternde Laute.

Mandarinente
Aix galericulata — Entenverwandte

ganzjährig

Weibchen
unscheinbar graubraun mit gefleckten Flanken

Junge Mandarinenten kommen meist in einer mit Dunen gepolsterten, bis zu 15 Meter hohen Baumhöhle zur Welt. Nach dem Schlüpfen müssen sie zu Boden springen, um von der Mutter ans Wasser geführt zu werden. Bei der Gemeinschaftsbalz, die an die der Gründelenten erinnert, stellen die Männchen ihr prächtiges Gefieder zur Schau.

MERKMALE 41–49 cm. Farbenprächtige Männchen mit dem orangefarbenen „Segel" unverkennbar. Weibchen unscheinbar graubraun mit gefleckten Flanken. Die nah verwandte *Brautente* aus Amerika, ebenfalls als Ziervogel gehalten, hat schon in Deutschland gebrütet.
VORKOMMEN Ursprünglich an Flüssen und Bergbächen in unberührtem Waldland Ostasiens. In Europa beliebter Park- und Ziervogel, brütet vor allem in England, Holland und Deutschland.

Kopf- und Halsseiten weiß

Schnabel blau

Die Schwarzkopf-Ruderente ist an ihrem oft aufgestellten Schwanz erkennbar.

orangefarbenes Segel

roter Schnabel

Die Mandarinente erkennt man von Weitem am großen Kopf und am langen Schwanz.

Enten

Schnatterente
Anas strepera — Entenverwandte

ganzjährig

Weibchen orangefarbener Schnabel, weißer Spiegel

Erst seit Anfang 20. Jahrhundert hat die Schnatterente Mitteleuropa erobert und sich nach Westen ausgebreitet. Teilweise profitierte sie vom steigenden Nährstoffgehalt im Wasser, der üppiges Pflanzenwachstum unter Wasser fördert. Schnatterenten wählen als Brutnachbarn gerne die wachsamen Lachmöwen.

MERKMALE 46–56 cm. Etwas kleiner und zierlicher als Stockente. Männchen recht farblos, jedoch apart grau melierte Gefiederteile, kontrastieren stark mit dem schwarzen „Heck". Weißer Spiegel, der vor allem im Flug zu sehen ist. Männchen recht schweigsam, rufen aber während der Balz tief „träb" oder „ärp", daneben hoch pfeifend „fiep".
VORKOMMEN An flachen Binnengewässern und schilfreichen Gebieten an der Küste, auch mit Brackwasser. Überwintert auch in Deutschland.

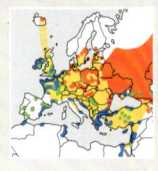

Pfeifente
Anas penelope — Entenverwandte

Aug –April

Weibchen (links)
um das Auge dunkel
steile Stirn
kurzer Schnabel
rotbraune Flanken

Außerhalb der Brutzeit sind Pfeifenten sehr gesellig. Sie erinnern stark an Gänse, wenn sie in oft dicht gedrängten Scharen in der Gezeitenzone auf Schlammflächen oder auf Grünland in Küstennähe weiden.

MERKMALE 42–50 cm. Männchen im Prachtkleid auffallend bunt, im Flug großes, weißes Feld auf dem Oberflügel und weißer Bauch. Ruft durchdringend pfeifend „wu-wiiu" oder „wiiu" (Männchen) oder laut knurrend „krrr-krrr-krrr" (Weibchen).
VORKOMMEN Brütet vorwiegend in der Taigazone, dort häufig an kleinen und mittelgroßen Waldseen. In Mitteleuropa sehr seltener Brutvogel im Küstenbereich, jedoch zahlreicher Wintergast und Durchzügler an der Küste.
SCHON GEWUSST? Wie bei vielen Enten üblich, halten die Paare nur für eine Saison zusammen.

weißer Spiegel | schwarzes Heck

Die Schnatterente erkennt man im Flug am weißen Spiegel und hellen Bauch.

Stirn gelblich | Kopf rundlich

Die Pfeifente wirkt gänseartig, da sie in oft großen Scharen an Land grast.

Enten

Stockente
Anas platyrhynchos — Entenverwandte

ganzjährig

Weibchen
Gefieder tarnfarben
Schnabelfirst dunkel

In der Wahl ihres Neststandortes ist die Stockente außerordentlich vielseitig. Das gut getarnte Nest wird meist im dicht bewachsenen Uferbereich angelegt, manchmal reicht auch ein Balkonkasten als Nistplatz.

MERKMALE 50–60 cm. Große, stämmige Ente. Männchen unverkennbar bunt, im Schlichtkleid weibchenähnlich, aber mit einheitlich grünlich gelbem Schnabel. Ruft weich gedämpft „räb" (Männchen) oder abfallend „wääk-wäk-wäk-wäk-wäk-wäk" (Weibchen).
VORKOMMEN Brütet an den unterschiedlichsten Gewässern – von deckungsreichen Fluss- und Seeufern einsamer Wälder über Sümpfe bis zu kleinen Parkteichen mitten in der Großstadt.
SCHON GEWUSST? Die allbekannte und vielerorts sehr häufige Stockente ist die Stammform der Hausente.

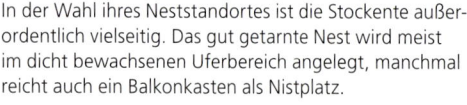

Löffelente
Anas clypeata — Entenverwandte

ganzjährig

Weibchen riesiger
Schnabel, leicht
eingezogener Hals

Die Löffelente tritt als Zugvogel regelmäßig in Trupps oder einzelnen Paaren auf. Als Folge milderer Witterung harren zunehmend Einzelvögel oder kleinere Gruppen im mitteleuropäischen Winter aus. Weitaus die meisten Löffelenten ziehen aber nach wie vor in den Mittelmeerraum oder bis ins tropische Afrika.

MERKMALE 44–52 cm. Im Flug dunkler Bauch und hellblaues Flügelfeld. Ruft merkwürdig heiser „tuk-tuk" (Männchen). Quakfolge aus fünf Silben (Weibchen).
VORKOMMEN Flache, nicht zu große Seen, an den Rändern möglichst mit Binsen, Seggen oder Schilf bewachsen. In Deutschland nicht häufig.
BEOBACHTUNGSTIPP Löffelenten haben wie keine andere Entenart einen auffallend langen und breiten Schnabel. Durch ihn wirken sie schwimmend und fliegend etwas vorderlastig.

Schnabel gelb **Kopf flaschengrün**

Die Stockente wirkt im Flug recht massig, oft hört man ein pfeifendes Schwingengeräusch.

sehr breiter Schnabel **grüner Kopf**

Die Löffelente wirkt im Flug vorderlastig, der Bauch ist stets dunkel.

Enten

Knäkente
Anas querquedula — Entenverwandte

| März –Sept

Weibchen Kopfzeichnung streifig, Schnabel recht lang, grau, heller Zügelfleck

Im Vergleich zur Krickente gründeln Knäkenten seltener. Beim Durchseihen der Wasseroberfläche tauchen sie höchstens den Kopf ein. Sie sind die einzigen Weitstreckenzieher unter den mitteleuropäischen Enten. Ihre Winterquartiere liegen in Afrika südlich der Sahara Die Enten erscheinen bereits verpaart am Brutplatz.

MERKMALE 37–41 cm. Etwas größer als Krickente, wirkt durch längeren Schnabel und längeren Schwanz lang gestreckter, liegt beim Schwimmen vorne tiefer im Wasser. Männchen im Prachtkleid mit breitem, weißem Kopfseitenstreif. Männchen ruft etwas hölzern „knärrk".

VORKOMMEN Brütet an nahrungsreichen, nährstoffreichen Gewässern. Im Winterhalbjahr regelmäßig auf flachen Seen, Überschwemmungswiesen und sogar auf kleinen Moorseen.

Krickente
Anas crecca — Entenverwandte

| ganzjährig

Weibchen metallisch grüner Flügelspiegel, Schnabelbasis gelborange

Eine flache Vertiefung, vom Krickenten-Weibchen meist im Schutz einer Grasbülte nah am Wasser angelegt, dient als Unterlage für das aus 8–11 Eiern bestehende Gelege. Beim Verlassen des Nestes deckt das Weibchen die Eier mit Dunen ab.

MERKMALE 34–38 cm. Männchen farbenprächtig, aber erst aus der Nähe erkennbar; wirkt sonst bis auf das cremegelbe Heckabzeichen ziemlich grau. Ruft melodisch und hell, in langsamer Folge „krrick" oder „krrück" (Männchen); hoch und rau quakend, im Flug oft hart „kräkäkäk" (Weibchen).

VORKOMMEN Brütet an flachen Gewässern mit Deckungsmöglichkeiten, wie See- und Flussufern, nicht selten auch an kleinen Waldseen, Moor- und Heidetümpeln. Im Winterhalbjahr oft truppweise an schlammigen Ufern und im Küstenbereich.

langer Schnabel

weißer, sichelförmiger
Überaugenstreif

Die Knäkente ist ebenfalls klein, wirkt aber lang gestreckter als die Krickente.

grünes
Kopf-
seitenband

gelbe
Steißseiten

Die Krickente fällt im Flug durch geringe Größe und rasante Flugweise auf.

Enten

Spießente
Anas acuta — Entenverwandte

Aug–Mai

Weibchen
spitzer Schwanz
einfarbiger Kopf
grauer Schnabel

Das Verbreitungsgebiet der Spießente umfasst den Norden Eurasiens und Nordamerikas und liegt damit weiter nördlich als das anderer Gründelentenarten. Die Enten erwerben einen Großteil ihrer Nahrung gründelnd, häufig tun sie dies bei Nacht. Sie ernähren sich ähnlich Stockenten pflanzlich und tierisch.

MERKMALE 51–62 cm (ohne Schwanzspieß). Deutlich schlanker und graziler als Stockente, besonders der Hals wirkt lang und dünn. Männchen mit Schwanzspieß aus verlängerten Steuerfedern. Männchen ruft während der Balz kurz und durchdringend „rük" oder „rük-rük".
VORKOMMEN Brütet gerne an großen, flachen und vegetationsreichen Seen oder in weiten, offenen Moorlandschaften. Zur Zugzeit an Binnengewässern, in geringerer Zahl auch an der Küste.

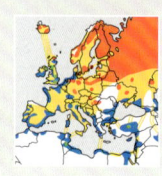

Kolbenente
Netta rufina — Entenverwandte

ganzjährig

Weibchen
helle Kopfseiten
rosa Schnabelbinde

Früher überwinterten die mitteleuropäischen Kolbenenten fast ausschließlich im westlichen Mittelmeerraum, heute sieht man bei uns immer häufiger Einzelvögel sowie kleine und große Trupps auch in den Wintermonaten. Die Weibchen bauen ihre Nester gut versteckt im dichten Pflanzenwuchs nah am Wasser.

MERKMALE 53–57 cm. Stattliche Tauchente mit auffallend großem, rundlichem Kopf, vor allem bei den Männchen. Im Flug breiter und langer, weißer Flügelstreif. Männchen rufen während der Balz laut, kurz „bäht" sowie unterdrückt niesend „gicks".
VORKOMMEN Brütet an recht großen Seen mit schilfigen Ufern und üppiger Vegetation.
BEOBACHTUNGSTIPP Der rote Schnabel des männlichen Prachtkleides bleibt erhalten.

kleiner Kopf

langer Schwanzspieß

Die Spießente wirkt im Flug durch ihre langen schmalen Flügel schlank und elegant.

Schnabel rot

Unterseite überwiegend schwarz

Die Kolbenente erkennt man an ihrem großen Kopf, im Flug am breiten Flügelstreif.

Enten

Tafelente
Aythya ferina — Entenverwandte

ganzjährig

Weibchen im Winter helle Schnabelbinde

Tafelenten nisten in direkter Wassernähe, das Nest ist in dichtem Bewuchs platziert, nicht selten auch auf einer Seggenbülte oder einer kleinen Insel. Oft verlässt das Weibchen die Jungenschar, bevor diese flugfähig ist, um einen traditionellen Mauserplatz aufzusuchen.

MERKMALE 42–49 cm. Markantes Kopfprofil mit langem Schnabel und flach ansteigender Stirn. Männchen im Prachtkleid mit kastanienbraunem Kopf und überwiegend grauem Körper. Männchen rufen während der Balz wiehernd „pih-u", Weibchen vor allem im Flug schnarrend „karr karr…".

VORKOMMEN Brütet an nicht zu flachen, vegetationsreichen Seen und Teichen mit dichten Beständen von Schilf und Rohrkolben. Außerhalb der Brutzeit oft in großen Trupps auf Seen und Stauseen sowie langsam fließenden Flüssen.

Moorente
Aythya nyroca — Entenverwandte

ganzjährig

Weibchen braune Iris

Die Moorente gehört zu den global bedrohten Vogelarten. Die Bestände sind in den letzten Jahrzehnten weltweit dramatisch zurückgegangen. Moorenten tauchen im Vergleich zu Tafelenten noch weniger und verzehren anteilmäßig noch mehr Pflanzen.

MERKMALE 38–42 cm. Im Vergleich zur Reiherente kleiner, ohne Schopf und mit anderer Kopfform sowie längerem Schnabel. Leuchtend weißer Unterschwanz. Im Flug breiter weißer Flügelstreif. Weibchen rufen im Flug trocken schnarrend „kerrr kerrr kerrr…".

VORKOMMEN Brütet an oft kleinen Gewässern wie flachen Seen, Fischteichen und Altwässern mit dichtem Bewuchs. In Deutschland ausgestorben.

BEOBACHTUNGSTIPP Die männlichen Moorenten sind kräftig mahagonibraun mit weißer Iris.

Kopf kastanienbraun

blaugraues Schnabelfeld

Die Tafelente erkennt man an ihrem markanten Kopfprofil mit flacher Stirn.

weiße Iris

weißer Unterschwanz

Die Moorente hat einen langen Schnabel und im Vergleich zur Tafelente eine steilere Stirn.

Enten

 Reiherente
Aythya fuligula — Entenverwandte

ganzjährig

Weibchen einförmig dunkelbraun, hellere Flanken, kurzer Schopf

Im Vergleich zu Tafelenten tauchen Reiherenten tiefer und länger und können daher auch in tieferen Gewässern und an der Küste erfolgreich Nahrung suchen. Die geselligen Reiherenten nisten manchmal in lockeren Kolonien, gerne in Brutnachbarschaft mit Lachmöwen, von deren Wachsamkeit sie profitieren.

MERKMALE 40–47 cm. Klein, gedrungen und großköpfig. Schnabel hellblaugrau mit breiter, schwarzer Endbinde. Männchen im Prachtkleid mit lang herabhängendem Federschopf am Hinterkopf. Im Flug weißer Flügelstreif auffallend. Männchen rufen während der Balz vibrierend „bib-bipp-piuh". Weibchen rufen tief und rau „kärr kärr kärr", tiefer als die Tafelente.
VORKOMMEN Brütet an nicht zu flachen Seen und Stauseen und an geschützten Meeresbuchten. Außerhalb der Brutzeit auf Gewässern aller Art.

 Bergente
Aythya marila — Entenverwandte

Sept –April

Weibchen Kopf rundlich, kein Schopf, Weiß am Schnabelgrund

Im Vergleich zu anderen Tauchenten der Gattung ernähren sich Bergenten am ausgeprägtesten tierisch. Im Winter fressen sie vor allem Muscheln und Krebstiere. In Mitteleuropa ist die Bergente Wintergast und Durchzügler, vor allem an der Ostseeküste; deutlich seltener an den großen Binnenseen bis ins Alpenvorland.

MERKMALE 42–51 cm. Kopf größer und rundlicher als bei der Reiherente, ohne Schopf, Rücken meliert. Männchen im Prachtkleid schwarz-weiß mit silbergrauer Oberseite. Männchen balzen mit weich murmelnden und pfeifenden Lauten: „pi-uu". Weibchen rufen im Flug kratzig „karr karr karr".
VORKOMMEN Brütet in nordischem Bergland, in der Tundra und an Küsten; in Nordeuropa vorwiegend an klaren Bergseen in der Birken- und Weidenregion, in geringer Zahl auch an der Küste.

breite schwarze Schnabelbinde

langer Federschopf

Die Reiherente fällt im Flug durch ihren weißen Flügelstreif auf.

kein Schopf **Kopf gerundet**

Bergenten-Männchen wirken im Prachtkleid von Weitem nur schwarz-weiß.

Enten

Eiderente
Somateria molissima — Entenverwandte | ganzjährig

Weibchen
Gefieder braun, dicht dunkel gebändert, Schnabelspitze hell

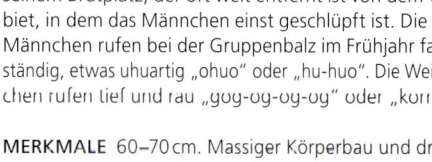

Das Männchen der Eiderente folgt dem Weibchen zu seinem Brutplatz, der oft weit entfernt ist von dem Gebiet, in dem das Männchen einst geschlüpft ist. Die Männchen rufen bei der Gruppenbalz im Frühjahr fast ständig, etwas uhuartig „ohuo" oder „hu-huo". Die Weibchen rufen tief und rau „gog-og-og-og" oder „korr".

MERKMALE 60–70 cm. Massiger Körperbau und dreieckiger Kopf, langer Schnabel bildet eine gerade Linie mit der Stirn, Männchen kontrastreich schwarz-weiß mit schwarzer Kappe und grünem Nackenfleck, wirkt im Schlichtkleid gescheckt.
VORKOMMEN An vielen europäischen Küsten die häufigste und bekannteste Entenart. Brütet gerne auf kleinen, der Küste vorgelagerten Inseln. Seit Kurzem fast schon regelmäßig auch im Binnenland, sogar in Trupps auf Seen des Alpenvorlands.

Prachteiderente
Somateria spectabilis — Entenverwandte | Okt –April

Weibchen (unten)
Schnabel eher kurz, kaum dreieckig

Die Prachteiderente ersetzt die Eiderente im Norden. Bis auf einzelne Bruten an der norwegischen Küste ist die Art in Europa nur in Nordrussland Brutvogel. Die bedeutend kleinere *Scheckente* ist ebenfalls eine arktische Brutvogelart. Sie ist das ganze Jahr über in dichten Trupps vor der Küste Nordnorwegens anzutreffen, mitunter auch viel weiter südlich.

MERKMALE 55–63 cm. Männchen im Prachtkleid mit kleinen „Segeln" auf den Schultern und orangefarbenem Schnabelhöcker. Im Schlichtkleid dunkel, Schnabelhöcker kleiner. Weibchen ähnlich Eiderenten-Weibchen, aber mit kürzerem, weniger dreieckigem Schnabel. Die Balzrufe der Männchen erinnern an Birkhähne.
VORKOMMEN Brütet in der arktischen Tundra. Im Winter auf dem offenen Meer, auch in Fjorden. Einzelvögel fliegen in Eiderententrupps mit.

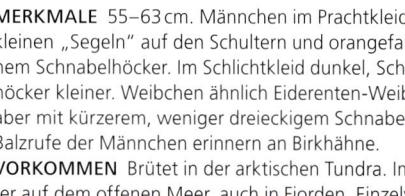

schwarze Kappe

dreieckiger Kopf

Die Eiderente ist groß und massig, ihr großer Kopf trägt einen langen Schnabel.

orangefarbener Schnabelhöcker

Schultersegel

Das Prachteiderenten-Männchen im Prachtkleid ist sehr farbenfroh.

Enten

Trauerente
Melanitta nigra — Entenverwandte

ganzjährig

Weibchen überwiegend dunkel rußbraun, Hals- und Kopfseiten weißlich

Trauerenten tauchen auf der Suche nach Muscheln meist in flachen Küstengewässern. Sie überwintern fast ausschließlich auf dem Meer, daher sind sie im Binnenland deutlich seltener als Samtenten.

MERKMALE 44–54 cm. Gedrungen und kurzhalsig, dunkle, einfarbige Flügel. Männchen einheitlich tiefschwarz, Schnabel mit schwarzem Höcker und gelbem First. Männchen rufen während der Balz gedämpft und hoch pfeifend „pjü…pjü…pjü". Weibchen rufen tief knarrend.
VORKOMMEN Brütet an Seen und Tümpel des Fjälls, oft in Brutnachbarschaft mit Eis- und Bergente; in der nördlichen Taiga auch an Waldseen.
BEOBACHTUNGSTIPP Auf dem Zug fliegen Trauerenten niedrig und in langen, beweglichen Ketten mit einem dichten „Klumpen" an der Spitze.

Samtente
Melanitta fusca — Entenverwandte

Sept –Mai

Weibchen Kopf mit zwei hellen Flecken

Samtenten tauchen mit halb geöffneten Flügeln ohne Tauchsprung. Im Frühjahr unternimmt das Paar morgens ausgedehnte Flüge über dem Revier, dabei ruft das Weibchen rau „kraa-ha". Das Nest liegt meist nah am Wasser und ist von dichter Vegetation geschützt.

MERKMALE 51–58 cm. Gefieder schwarz mit auffallend weißem Flügelfeld – beim Schwimmen nicht immer sichtbar, im Flug, beim Flügelschlagen und vor dem Abtauchen jedoch auffallend. Männchen mit kleinem weißem Fleck unter dem Auge und viel Gelb auf den Schnabelseiten.
VORKOMMEN Brütet an klaren Seen des Fjälls, vor allem in der Birkenzone, daneben an der Ostseeküste. Außerhalb der Brutzeit auf der Nord- und Ostsee in Küstennähe; im Winter selten, aber regelmäßig auch auf Seen im mitteleuropäischen Binnenland.

schwarzer Schnabelhöcker

langer Schwanz

Die Trauerente taucht mit angelegten Flügeln und einem kleinen Sprung.

weißer Halbmond unter dem Auge

weißes Flügelfeld

Die Samtente zeigt vor dem Abtauchen stets ihr weißes Armflügelfeld.

Enten

Eisente
Clangula hyemalis — Entenverwandte | Okt –April

Weibchen Prachtkleid
weiße Kopfseiten
dunkler Halsfleck
dunkler Oberkopf

Eisenten sind meist sehr gesellig, außerhalb der Brutzeit bilden die Vögel auf dem Meer oft riesige Scharen, die in dicht gedrängten Trupps schwimmen und oft auffliegen. Die Stimmen der balzenden Eiserpel sind melodisch und weit hörbar „aua-auli", sie verschmelzen zu einem melancholisch anmutenden Chor.

MERKMALE 39–47 cm. Die kleinste europäische Tauchente, je nach Geschlecht und Jahreszeit recht unterschiedlich gefärbt: Männchen stets mit auffällig langen Schwanzspießen. Im Prachtkleid (Winter) überwiegend hell; im Schlichtkleid (Sommer, Flugbild) viel dunkler, vor allem an Kopf und Rücken.
VORKOMMEN Brütet vorwiegend in der Tundra, in Skandinavien meist an kleinen Fjällseen. In Mitteleuropa häufiger Wintergast auf der Ostsee, viel seltener auf der Nordsee oder im Binnenland.

Kragenente
Histrionicus histrionicus — Entenverwandte | ganzjährig

Weibchen drei weiße Kopfabzeichen

Von balzenden Kragenenten-Männchen hört man dünne, nasale, etwas mäuseähnliche Pfeiflaute „wi-äh wi-äh". Weibchen rufen rau schnarrend „ek-ek-ek", im Flug ächzend „hä". Im Brutgebiet verzehren Kragenenten vorwiegend Wasserinsekten, wobei den Larven einer bestimmten Kriebelmücke besondere Bedeutung zukommt. Auf dem Meer tauchen die Enten nach Muscheln und kleinen Krebstieren.

MERKMALE 38–45 cm. Kleine, gedrungene Meeresente mit kleinem Schnabel, langem spitzem Schwanz und markantem weißem Kopfmuster. Männchen im Prachtkleid überaus farbenfroh.
VORKOMMEN Nur auf Island und dem angrenzenden Meer, oft im Bereich der Brandung. Sonst in Europa nur entwichene Gefangenschaftsvögel. Sie sind selten in Gesellschaft anderer Enten anzutreffen.

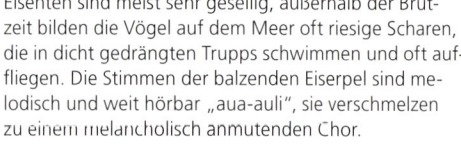

kurzer Schnabel

langer Schwanzspieß

Eisenten sind auf dem Wasser sehr lebhaft, fliegen häufig auf und jagen einander.

kleiner Schnabel

langer spitzer Schwanz

Kragenenten tauchen in reißenden Bächen, andere Enten meiden sie.

Enten

 Schellente
Bucephala clangula — Entenverwandte | ganzjährig

Weibchen überwiegend grau mit braunem Kopf

Schellenten sind Höhlenbrüter, meist benutzen die Weibchen für die Brut alte Spechthöhlen oder Nistkästen. Die frisch geschlüpften Jungen müssen aus der oft viele Meter hoch liegenden Bruthöhle springen, bevor sie zu einem Gewässer geführt werden.

MERKMALE 40–48 cm. Gedrungene, kleine Ente mit dickem, dreieckigem Kopf, Altvögel mit gelber Iris. Männchen im Prachtkleid schwarz-weiß mit weißem Zügelfleck. Weibchen überwiegend grau mit braunem Kopf. Auffälliges pfeifendes Flügelgeräusch. Das Männchen der nur auf Island vorkommenden *Spatelente* hat einen weißen Halbmondfleck.

VORKOMMEN Häufiger Brutvogel in der Taigazone an klaren Seen und langsam fließenden Flüssen. Brütet lokal auch in Deutschland. Im Winterhalbjahr Trupps auf Seen und Flüssen Mitteleuropas.

 **Zwergsäger**
Mergellus albellus — Entenverwandte | Nov –März

Weibchen kastanienbrauner Oberkopf, scharf abgesetzte weiße Wangen

Oft sieht man die Wintergäste in kleinen Trupps dicht am Schilfgürtel nach Nahrung tauchen. Einzelne Zwergsäger schließen sich gerne Schellenten an. Ähnlich der Schellente brüten sie in Baumhöhlen, vor allem vom Schwarzspecht, und ebenfalls in Nistkästen.

MERKMALE 38–44 cm. Kleinster Säger, Weibchen nur krickentengroß; Schnabel kurz. Männchen im Prachtkleid leuchtend weiß mit aparter schwarzer Zeichnung. Männchen balzen mit klickendem „gig-gig-gigarar". Weibchen rufen knurrend „krrr".

VORKOMMEN Brütet im Norden des Taigagürtels an klaren Gewässern, gerne mit üppigem Uferbewuchs aus Weidengebüsch. Überwintert vor allem in der Ostsee und der südlichen Nordsee, in geringer Zahl bis ins mitteleuropäische Binnenland. Das Weibchen polstert die Nisthöhle üppig mit Dunen aus.

Augen gelb

weißer Zügelfleck

Die Schellente erkennt man im Flug an ihrem pfeifenden Flügelgeräusch.

kurzer Schnabel   **schwarze Augenmaske**

Der Zwergsäger ist klein, er fällt im Flug durch sein weißes Armflügelfeld auf.

Enten

Mittelsäger
Mergus serrator — Entenverwandte

ganzjährig

Weibchen
dünne Schnabelbasis
Hals ohne scharfe Farbgrenze

Das Mittelsäger-Weibchen baut im Gegensatz zu den beiden anderen europäischen Sägern sein Nest im dichten, niedrigen Bewuchs nah am Wasser und gut gegen Sicht nach oben geschützt. Pflanzenteile aus der Umgebung und Dunen vom Weibchen bilden die Unterlage für die 8 bis 11 Eier des Volleleges.

MERKMALE 52–58 cm. Deutlich kleiner als Gänsesäger, schlankere Gestalt, Schopf erinnert eher an eine Bürste. Männchen im Prachtkleid mit brauner Brust und grauen Flanken. Männchen balzen gedämpft „girigi-ra". Weibchen rufen „prahprah…".

VORKOMMEN Brütet hauptsächlich in der Taiga, in der Tundra und im Bergland, dort meist an großen und tiefen Seen, aber auch an steinigen, flachen Küstenabschnitten; in Mitteleuropa vorwiegend an der Ostsee. Sonst auf dem küstennahen Meer.

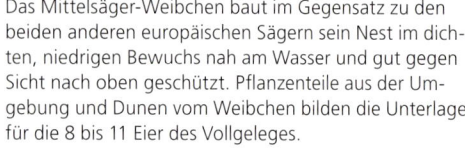

Gänsesäger
Mergus merganser — Entenverwandte

ganzjährig

Weibchen
Hals mit scharfer Farbgrenze
kontrastreich weiß abgesetztes Kehlfeld

Gänsesäger erspähen ihre Fischbeute wie andere Säger oder Seetaucher häufig durch „Wasserlugen", das heißt, sie schwimmen mit eingetauchtem Kopf. Ursprüngliche Nistplätze sind Baumhöhlen und Felsnischen, viele Weibchen brüten heute in Nistkästen und Gebäudenischen, manchmal auch hoch in Kirchtürmen.

MERKMALE 58–68 cm. Männchen im Prachtkleid überwiegend weiß, Unterseite mit zartem, lachsrosa Anflug, Kopf schwarz, im Sonnenlicht grün glänzend.

VORKOMMEN Brütet an klaren, fischreichen Binnengewässern, im Alpenraum zunehmend an Parkgewässern. Im Winter auf Flüssen, Seen und auf dem Meer.

BEOBACHTUNGSTIPP Gänsesäger-Männchen balzen mit unterdrückten „dorr-dorr"-Lauten sowie gedämpftem „Drü-dro". Weibchen rufen hart, kratzig „krah-krah".

bürsten-artiger Schopf

Brust braun

Der Mittelsäger wirkt schlank, besonders an Hals und Schnabelbasis.

langer Hakenschnabel

Brust weiß

Der Gänsesäger ist groß und lang gestreckt mit einem langen Hakenschnabel.

Sturmvögel und andere

Eissturmvogel
Fulmarus glacialis — Sturmvögel

| ganzjährig

Flügelspitzen hell

Erst im Alter von 6–10 Jahren brüten Eissturmvögel das erste Mal. Ihr einziges Ei platzieren die Weibchen meist auf einem unzugänglichen Felsband, gerne auf den höchsten Stockwerken. Ruft am Brutplatz heiser gackernd und quakend.

MERKMALE 43–52 cm. Erinnert an eine plumpe Möwe; Schnabel kurz und dicker mit röhrenartigen Nasenöffnungen. Lang anhaltender, „schwereloser" Gleitflug auf steif gehaltenen Flügeln.
VORKOMMEN Brütet in Kolonien an Felsküsten und auf Inseln des Nordatlantik. Außerhalb der Brutzeit meist auf der Hochsee. Erscheint in geringer Zahl, aber regelmäßig, an der deutschen Nordseeküste.
BEOBACHTUNGSTIPP Eissturmvögel sind geschickte Gleitflieger, die häufig Schiffen folgen.

Atlantiksturmtaucher
Puffinus puffinus — Sturmvögel

| April –Sept

Unterseite weiß, schwarz eingerahmt Oberseite schwärzlich

Für die Brut graben Männchen und Weibchen des Atlantiksturmtauchers eine ein bis zwei Meter lange Erdröhre. Die Nestkammer legen sie mit Pflanzenmaterial und Federn aus. Beide Partner bebrüten das einzige Ei rund sieben Wochen lang im Wechsel, wobei eine „Schicht" bis zu einer Woche dauern kann.

MERKMALE 30–35 cm. Häufigster Sturmtaucher im Nordseegebiet. Etwas kleiner als Lachmöwe, mit lang gestrecktem Körper und langen, spitzen Flügeln. Oberseite schwärzlich, dunkle Augenregion, kontrastreich abgesetzte weiße Unterseite. Am Brutplatz ausgesprochen lärmend, heiser gackernde und jaulende Laute.
VORKOMMEN Brütet auf Inseln und an mit Gras bewachsenen Steilhängen der Festlandsküste, vor allem im Bereich der Britischen Inseln. Außerhalb der Brutzeit mitunter an der deutschen Nordsee.

dicker Schnabel

großer Kopf

Der Eissturmvogel brütet seit 1972 auf Helgoland.

dunkle Augenregion

Der Atlantiksturmtaucher zeigt im Flug abwechselnd die Ober- und die Unterseite.

Sturmvögel und andere

Sturmschwalbe
Hydrobates pelagicus — Sturmschwalben | Okt –April

breites, weißes Unterflügelband

Die nahrungssuchende Sturmschwalbe flattert ähnlich einer Fledermaus knapp über der Meeresoberfläche. Dabei unterbricht sie den Flug immer wieder durch kurze Stopps und Rütteln, um ein kleines Meerestier von der Wasseroberfläche aufzupicken. Die Vögel brüten gesellig in Felsspalten auf entlegenen Inseln, oft auch in Höhlen von Sturmtauchern oder Kaninchen.

MERKMALE 15–16 cm. Kleinster europäischer Hochseevogel. Unterflügel mit breitem, weißem Band, ununterbrochenes, breites, weißes Oberschwanzfeld; erinnert in Größe und Oberseitenfärbung an Mehlschwalbe. Ruft am Brutplatz nachts merkwürdig surrend, daneben schluckaufähnliche Laute.
VORKOMMEN Echter Hochseevogel, der nur selten an der Küste erscheint; nach kräftigen Herbststürmen mitunter in der südlichen Nordsee.

Wellenläufer
Oceanodroma leucorhoa — Sturmschwalben | Okt –Nov

Schwanz deutlich gegabelt

Die Flugweise des Wellenläufers erinnert etwas an Seeschwalben: Er fliegt mit elastischen Flügelschlägen und eingeschobenen Gleitstrecken. Häufig ändert er Richtung und Geschwindigkeit. Schiffen folgt er kaum. Die Brutplätze liegen auf kleineren Felsinseln, auf den Vogelbergen bezieht der Wellenläufer gerne die höheren Stockwerke, wo er nicht selten an die Röhre eines Papageitauchers seitlich „anbaut".

MERKMALE Ähnlich Sturmschwalbe, aber größer und langflügeliger, gegabelter Schwanz, weißes Oberschwanzfeld schmaler und angedeutet längs geteilt; Flügel oberseits dunkelbraun mit hellgrauem Armflügelband.
VORKOMMEN Brütet an nordatlantischen Küsten, gelangt als seltener, aber regelmäßiger Gast nach Herbststürmen an die deutsche Nordseeküste.

Schwanzende gerade

breites weißes Oberschwanzfeld

Die Sturmschwalbe flattert ähnlich einer Schwalbe knapp über dem Wasser.

hellgraues Armflügelband

schmales weißes Oberschwanzfeld

Der Wellenläufer hat lange, spitze Flügel und ein hellgraues Armflügelband.

Sturmvögel und andere

Krähenscharbe
Phalacrocorax aristotelis — Kormorane | ganzjährig

Jungvogel
Unterseite braun
Flügeldecken etwas
heller, Kehle hell

Krähenscharben tauchen im Vergleich zu Kormoranen mit ausgeprägterem Sprung unter. Auf den nordatlantischen Vogelfelsen beziehen sie meist die untersten Stockwerke, wo sie ihre Nester zwischen Felsblöcken, in Spalten oder auf Felsbändern anlegen.

MERKMALE 68–78 cm. Kleiner als Kormoran, Kopf, Schnabel und Hals dünner, steilere Stirn. Gefieder einheitlich schwarz, schillert grün. Am Anfang der Brutzeit (bis etwa April) aufrichtbare Federtolle auf der Stirn.
VORKOMMEN Brütet in lockeren Kolonien an Steilküsten. Streift außerhalb der Brutzeit in Küstengewässern umher, selten in den Gewässern um Helgoland.
BEOBACHTUNGSTIPP Die Krähenscharbe fliegt oft niedrig über dem Meer, im Vergleich zum Kormoran mit schnelleren, geschmeidigeren Flügelschlägen, gleitet nicht.

Kormoran
Phalacrocorax carbo — Kormorane | ganzjährig

Jungvogel Oberseite
mehr braun, Bauch
meist heller, Kopf mit
weniger Weiß

Zur Fischjagd tauchen Kormorane meist mit einem kleinen Sprung aus der normalen Schwimmhaltung weg. Unter Wasser bewegen sie sich mit kräftigen Ruderbewegungen der Füße vorwärts (Fußtaucher). Häufig sieht man sie in aufrechter Haltung mit ganz oder halb ausgebreiteten Flügeln auf Pfählen oder kleinen Inseln stehen.

MERKMALE 77–94 cm. Großer, schwarzer Wasservogel mit langem Hals. Im Prachtkleid weißer Schenkelfleck. Liegt beim Schwimmen tief im Wasser, Schnabel schräg aufwärtsgerichtet. Erinnert im Flug stark an Gänse, jedoch längerer Schwanz und häufig kurze Gleitphasen.
VORKOMMEN Brütet an der Felsküste (Unterart *carbo*) oder auf Bäumen im Binnenland (Unterart *sinensis*). Im Winterhalbjahr auf vielen Seen und größeren Flüssen Mitteleuropas zu beobachten.

langer gelber Schnabelspalt

Federtolle

Die Krähenscharbe erscheint so gut wie nie im Binnenland.

kräftiger Hakenschnabel

weißes Schenkelabzeichen

Der Kormoran ruht häufig in „Bundesadlerstellung" mit ausgebreiteten Flügeln.

Sturmvögel und andere

Zwergscharbe
Phalacrocorax pygmeus — Kormorane | ganzjährig

Jungvogel Gefieder mattbraun, kleiner Kopf, kurzer Schnabel

Männchen und Weibchen bauen ein Nest aus Zweigen und kleinen Ästen in halbhohen Bäumen oder Büschen und brüten nicht selten in gemischten Kolonien zusammen mit Reihern, Löfflern oder Sichlern. Zwergscharben überwintern im weiteren Umkreis ihrer Brutgebiete oder ziehen im Herbst südwärts.

MERKMALE 45–55 cm. Kleiner Kormoran mit kurzem Schnabel, aber langem Schwanz; wirkt eher „kindlich". Hals beim Schwimmen oft hochgereckt, erscheint dann sehr lang. Gefieder schwarz mit grünlichem und bräunlichem Glanz. Im Prachtkleid an Kopf und Unterseite feine, helle Strichel.
VORKOMMEN Brütet an Seen, Altwässern und langsam fließenden Flüssen mit üppigem Uferbewuchs, gerne in Auwäldern. In Mitteleuropa sehr selten, nur in Ungarn und der Slowakei Brutvogel.

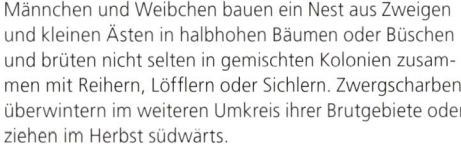

Basstölpel
Sula bassana — Tölpel | ganzjährig

Jungvogel Gefieder anfangs graubraun mit feiner Sprenkelung

Basstölpel jagen spektakulär: Sie stoßen aus bis zu 50 Metern Höhe mit abgewinkelten Flügeln wie Torpedos schräg ins Wasser; dabei können sie bis zu drei Meter tief tauchen. Basstölpel sind typische Brutvögel der Vogelberge; dort besetzen sie oft grasbewachsene Plateaus über den Klippen.

MERKMALE 85–97 cm. Sehr großer, überwiegend weißer Meeresvogel mit langen, schmalen, schwarzspitzigen Flügeln und zigarrenförmigem Körper. Weißanteil im Gefieder der Jungvögel wird in den folgenden vier Jahren immer größer.
VORKOMMEN Brütet in oft riesigen Kolonien an Felsküsten und auf Inseln des Nordatlantik, vor allem im europäischen Teil. In Mitteleuropa nur auf Helgoland Brutvogel mit wenigen Dutzend Paaren. In der Deutschen Bucht ganzjährig zu beobachten.

kurzer Schnabel

dicker Hals

Die Zwergscharbe ist nur blässhuhngroß, im Flug fällt meist der lange Schwanz auf.

Schnabel dolchförmig

langer Schwanz

Basstölpel stoßen aus größerer Höhe wie Torpedos schräg ins Wasser.

Welches Ei ist das?

Eier in Originalgröße

Welches Ei ist das?

Service

NÜTZLICHE ADRESSEN

Naturschutzbund Deutschland (NABU) e. V.
NABU-Bundesgeschäftsstelle
Charitéstraße 3, D-10117 Berlin
www.NABU.de

LBV – Landesbund für Vogelschutz in Bayern e. V.
Eisvogelweg 1, D-91161 Hilpoltstein
www.lbv.de

BirdLife Österreich – Gesellschaft für Vogelkunde
Museumsplatz 1/10/8, A-1070 Wien, Österreich
www.birdlife.at

Schweizer Vogelschutz SVS/BirdLife Schweiz
Wiedingstraße 78, CH-8036 Zürich
www.birdlife.ch

VIVARA Naturschutzprodukte
Postfach 2520,
D-41312 Nettetal-Kaldenkirchen
www.vivara.de

SCHWEGLER Vogel- und Naturschutzprodukte GmbH
Heinkelstraße 35,
D-73614 Schorndorf
www.schwegler-natur.de

ZUM WEITERLESEN

- Barthel, P. H. & P. Dougalis: Was fliegt denn da? Der Klassiker. Alle Vogelarten Europas. 192 Seiten. KOSMOS 2008
- Barthel, P.H. & P. Dougalis: Was fliegt denn da? Das Original. Alle Vogelarten Europas. 200 Seiten. KOSMOS 2016
- Bergmann, H.-H. & W. Engländer: Die große Kosmos-Vogelstimmen-DVD. 220 Vögel, Filme und Stimmen. DVD und Belgeitbuch. KOSMOS 2012
- Berthold, P. & G. Mohr: Vögel füttern, aber richtig. Das ganze Jahr füttern, schützen und sicher bestimmen. 112 Seiten. KOSMOS 2012
- Haag, H. & S. Walentowitz: Mein erstes Was fliegt denn da? Unsere 50 wichtigsten Vögel kennen lernen. 64 Seiten, ab 8 Jahren. KOSMOS 2006
- Jonsson, L.: Die Vögel Europas und des Mittelmeerraumes. 560 Seiten. KOSMOS 2010
- Richarz, K.: Ein Heim für Gartenvögel. Vögel beobachten, Nistkästen und Futterhäuser bauen. 80 Seiten. KOSMOS 2010
- Schmid, U.: Welcher Gartenvogel ist das? 100 Arten beobachten und erkennen. Mit TING-Funktion. 192 Seiten. Kosmos 2010
- Singer, D.: Welcher Vogel ist das? Alle Vögel Europas. 432 Seiten. KOSMOS 2008
- Singer, D.: Vögel rund ums Futterhaus. Beobachten, bestimmen und richtig füttern. 128 Seite. KOSMOS 2011
- Singer, D. & J.C. Roché: Alle Vögel sind schon da. Vogelbuch, Stimmen-CD, Faltplan. 128 Seiten. KOSMOS 2010
- Svensson, L., Mullarney, K. & D. Zetterström: Der Kosmos-Vogelführer. Alle Arten Europas, Afrikas und Vorderasiens. 400 Seiten. KOSMOS 2015
- Wagner, C. & C. Moning: Vögel beobachten in Süddeutschland/Ostdeutschland/Norddeutschland. 3 Ein-zelbände, je ca. 400 Seiten. KOSMOS 2012/2013/2015

ZUM DOWNLOAD

Unter www.kosmos.de/natur finden Sie eine Artenliste der Vögel Europas, die Sie sich kostenlos downloaden können. Sie bietet viele Möglichkeiten für persönliche Einträge der eigenen Beobachtungen.

REGISTER

Accipiter gentilis 230
– nisus 230
Acrocephalus arundinaceus 78
– melanopogon 74
– palustris 76
– schoenobaenus 74
– scirpaceus 76
Actitis hypoleucos 294
Adler 220 ff.
Adlerbussard 234
Aegithalos caudatus 110
Aegolius funereus 202
Aegypius monachus 220
Aix galericulata 354
Alauda arvensis 44
Alca torda 328
Alcedo atthis 182
Alectoris graeca 242
– rufa 242
Alken 328 ff.
Alopochen aegyptiaca 350
Alpenbraunelle 62
Alpendohle 132
Alpenkrähe 132
Alpenschneehuhn 236
Alpensegler 180
Alpenstrandläufer 298
Ammern 160 ff.
Amsel 64
Anas acuta 362
– clypeata 358
– crecca 360
– penelope 256
– platyrhynchos 258
– querquedula 360
– strepera 356
Anser albifrons 346
– anser 342
– brachyrhynchus 344
– erythropus 346
– fabalis 344
Anthus campestris 52
– cervinus 50
– petrosus 52
– pratensis 48
– spinoletta 50
– trivialis 48

Apus apus 180
– melba 180
Aquila chrysaetos 222
– clanga 224
– heliaca 222
– pennata 226
– pomarina 224
Ardea cinerea 250
– purpurea 250
Ardeola ralloides 252
Arenaria interpres 304
Asio flammeus 196
– otus 196
Athene noctua 204
Atlantiksturmtaucher 378
Auerhuhn 238
Austernfischer 270
Aythya ferina 364
– fuligula 366
– marila 366
– nyroca 364

Bachstelze 54
Bartgeier 218
Bartkauz 202
Bartmeise 110
Basstölpel 384
Baumfalke 210
Baumläufer 120
Baumpieper 48
Bekassine 284
Bergente 366
Bergfink 158
Berghänfling 156
Berglaubsänger 90
Bergpieper 50
Beutelmeise 112
Bienenfresser 182
Bindenkreuzschnabel 142
Birkenzeisig 154
Birkhuhn 238
Blässgans 346
Blässhuhn 260
Blassspötter 78
Blaukehlchen 100
Blaumeise 114
Blaumerle 108
Blauracke 178
Blauschwanz 100
Bluthänfling 156

Blutspecht 190
Bombycilla garrulus 58
Botaurus stellaris 246
Brachpieper 52
Brachschwalbe, Rotflügel- 266
Brandgans 352
Brandseeschwalbe 324
Branta bernicla 350
– canadensis 348
– leucopsis 348
Braunkehlchen 106
Brautente 354
Bruchwasserläufer 292
Bubo bubo 198
– scandiacus 198
Bucephala clangula 374
Buchfink 158
Buntspecht 190
Burhinus oedicnemus 266
Buschrohrsänger 76
Bussarde 232 f.
Buteo buteo 232
– lagopus 234
– rufinus 234

Calcarius lapponicus 160
– nivalis 160
Calidris alba 296
– alpina 298
– canutus 296
– ferruginea 298
– maritima 300
– minuta 302
– temminckii 302
Caprimulgus europaeus 178
Carduelis cannabina 156
– carduelis 154
– chloris 150
– citrinella 152
– flammea 154
– flavirostris 156
– spinus 152
Carpodacus erythrinus 146
Casmerodius albus 248
Cepphus grylle 330

Certhia brachydactyla 120
– *familiaris* 120
Charadrius alexandrinus 276
– *dubius* 274
– *hiaticula* 274
– *morinellus* 276
Chileflamingo 254
Chlidonias hybrida 326
– *leucopterus* 326
– *niger* 324
Chukarhuhn 242
Ciconia ciconia 256
– *nigra* 256
Cinclus cinclus 60
Circaetus gallicus 214
Circus aeruginosus 226
– *cyaneus* 228
– *pygargus* 228
Cisticola juncidis 70
Clangula hyemalis 372
Coccothraustes coccothraustes 148
Coloeus monedula 132
Columba livia 174
– *oenas* 172
– *palumbus* 172
Coracias garrulus 178
Corvus corax 136
– *cornix* 134
– *corone* 134
– *frugilegus* 136
Coturnix coturnix 240
Crex crex 264
Cuculus canorus 176
Cygnus bewickii 342
– *cygnus* 340
– *olor* 340

Delichon urbicum* 40
Dendrocopos leucotos 188
– *major* 190
– *medius* 192
– *syriacus* 190
Dickschnabellumme 328
Distelfink > s. Stieglitz 154
Dohle 132
Dompfaff > s. Gimpel 148

Doppelschnepfe 284
Dorngrasmücke 84
Dreizehenmöwe 310
Dreizehenspecht 188
Drosseln 64 ff.
Drosselrohrsänger 78
Dryobates minor 192
Dryocopus martius 184
Dunkler Wasserläufer 288

Egretta garzetta* 248
Eichelhäher 128
Eiderente 368
Eisente 372
Eismöwe 318
Eissturmvogel 378
Eistaucher 334
Eisvogel 182
Elster 130
Emberiza calandra 162
– *cia* 164
– *cirlus* 164
– *citrinella* 162
– *hortulana* 166
– *pusilla* 168
– *rustica* 168
– *schoeniclus* 166
Eremophila alpestris 46
Erithacus rubecula 100
Erlenzeisig 152
Eulen 194 ff.

Falco cherrug* 206
– *columbarius* 212
– *peregrinus* 208
– *rusticolus* 208
– *subbuteo* 210
– *tinnunculus* 212
– *vespertinus* 210
Falken 206 ff.
Falkenraubmöwe 306
Fasan 244
Feldlerche 44
Feldschwirl 70
Feldsperling 140
Felsenschwalbe 42
Felsentaube 174
Ficedula albicollis 98
– *hypoleuca* 98
– *parva* 96

Fichtenkreuzschnabel 144
Fischadler 214
Fitis 88
Flamingo 254
Flussregenpfeifer 274
Flussseeschwalbe 322
Flussuferläufer 294
Fratercula arctica 330
Fringilla coelebs 158
– *montifringilla* 158
Fulica atra 260
Fulmarus glacialis 378

Gänse 342 ff.
Gänsegeier 218
Gänsesäger 376
Galerida cristata 46
Gallinago gallinago 284
– *media* 284
Gallinula chloropus 260
Garrulus glandarius 128
Gartenbaumläufer 120
Gartengrasmücke 82
Gartenrotschwanz 104
Gavia arctica 332
– *immer* 334
– *stellata* 332
Gebirgsstelze 54
Geier 218 f.
Gelbkopf-Schafstelze 56
Gelbschnabeltaucher 334
Gelbspötter 80
Gerfalke 208
Gimpel 148
Girlitz 150
Glareola pratincola 266
Glaucidium passerinum 204
Goldammer 162
Goldhähnchen 94
Goldregenpfeifer 272
Grasmücken 82 ff.
Grauammer 162
Graugans 342
Graureiher 250
Grauschnäpper 96
Grauspecht 186

Großer Brachvogel 280
Großtrappe 258
Grünfink 150
Grünlaubsänger 92
Grünling 150
Grünschenkel 290
Grünspecht 186
Grus grus 258
Gryllteiste 330
Gypaetus barbatus 218
Gyps fulvus 218

Habicht 230
Habichtskauz 200
Haematopus ostralegus 270
Hänfling 156
Hakengimpel 146
Haliaeetus albicilla 220
Halsbandschnäpper 98
Halsbandsittich 174
Haselhuhn 240
Haubenlerche 46
Haubenmeise 112
Haubentaucher 336
Hausrotschwanz 104
Haussperling 140
Heckenbraunelle 62
Heidelerche 44
Heringsmöwe 316
Himantopus himantopus 268
Hippolais icterina 80
– polyglotta 80
Hirundo rustica 40
Histrionicus histrionicus 372
Höckerschwan 340
Hohltaube 172
Hühner 236 ff.
Hydrobates pelagicus 380
Hydrocoloeus minutus 310
Hydroprogne caspia 320

Iduna pallida 78
Italiensperling 140
Ixobrychus minutus 246

Jagdfasan 244
Jynx torquilla 184

Käuze 200 ff.
Kaiseradler 222
Kampfläufer 304
Kanadagans 348
Karmingimpel 146
Kernbeißer 148
Kiebitz 270
Kiebitzregenpfeifer 272
Kiefernkreuzschnabel 144
Klappergrasmücke 84
Kleiber 122
Kleines Sumpfhuhn 264
Kleinspecht 192
Knäkente 360
Knutt 296
Kohlmeise 114
Kolbenente 362
Kolkrabe 136
Kormoran 382
Kornweihe 228
Krabbentaucher 330
Krähen 134 f.
Krähenscharbe 382
Kragenente 372
Kranich 258
Kreuzschnäbel 144
Krickente 360
Kuckuck 176
Kurzschnabelgans 344
Küstenseeschwalbe 322

Lachmöwe 312
Lachseeschwalbe 324
Lagopus lagopus 236
– muta 236
Lanius collurio 124
– excubitor 126
– minor 126
– senator 124
Lapplandmeise 118
Larus argentatus 314
– canus 318
– fuscus 316
– hyperboreus 318
– marinus 316
– melanocephalus 312
– michahellis 314

– ridibundus 312
Lasurmeise 114
Laubsänger 88 ff.
Lerchen 44 f.
Limicola falcinellus 300
Limosa lapponica 282
– limosa 282
Locustella fluviatilis 72
– luscinioides 72
– naevia 70
Löffelente 358
Löffler 254
Loxia bifasciata 142
– curvirostra 144
– pytyopsittacus 144
Lullula arborea 44
Lummen 328
Luscinia luscinia 102
– megarhynchos 102
– svecica 100
Lymnocryptes minimus 286

Mäusebussard 232
Mandarinente 354
Mantelmöwe 316
Mariskenrohrsänger 74
Mauerläufer 122
Mauersegler 180
Meerstrandläufer 300
Mehlschwalbe 40
Meisen 110 ff.
Melanitta fusca 370
– nigra 370
Mergellus albellus 374
Mergus merganser 376
– serrator 376
Merlin 212
Merops apiaster 182
Milvus migrans 216
– milvus 216
Misteldrossel 66
Mittelmeermöwe 314
Mittelspecht 192
Mittelsäger 376
Mönchsgeier 220
Mönchsgrasmücke 82
Möwen 310 ff.
Monticola saxatilis 108
Montifringilla nivalis 142

393

Moorente 364
Moorschneehuhn 236
Mornellregenpfeifer 276
Motacilla alba 54
– *cinerea* 54
– *citreola* 58
– *flava* 56
– *thunbergi* 56
Muscicapa striata 96

Nachtigall 102
Nachtreiher 252
Nebelkrähe 134
Netta rufina 362
Neuntöter 124
Nilgans 350
Nucifraga caryocatactes 130
Numenius arquata 280
– *phaeopus* 280
Nycticorax nycticorax 252

Oceanodroma leucorhoa 380
Odinshühnchen 278
Oenanthe oenanthe 108
Ohrenlerche 46
Ohrentaucher 338
Oriolus oriolus 138
Orpheusgrasmücke 84
Orpheusspötter 80
Ortolan 166
Otis tarda 258
Otus scops 194
Oxyura jamaicensis 354

Pandion haliaetus 214
Panurus biarmicus 110
Papageitaucher 330
Parus ater 118
– *caeruleus* 114
– *cinctus* 118
– *cristatus* 112
– *major* 114
– *montanus* 116
– *palustris* 116
Passer domesticus 140
– *montanus* 140
Perdix perdix 244
Perisoreus infaustus 128

Pernis apivorus 232
Pfeifente 356
Pfuhlschnepfe 282
Phalacrocorax aristotelis 382
– *carbo* 382
– *pygmeus* 384
Phalaropus fulicarius 278
– *lobatus* 278
Phasianus colchicus 244
Philomachus pugnax 304
Phoenicopterus roseus 254
Phoenicurus ochruros 104
– *phoenicurus* 104
Phylloscopus bonelli 90
– *borealis* 92
– *collybita* 88
– *sibilatrix* 90
– *trochiloides* 92
– *trochilus* 88
Pica pica 130
Picoides tridactylus 188
Picus canus 186
– *viridis* 186
Pinicola enucleator 146
Pirol 138
Platalea leucorodia 254
Pluvialis apricaria 272
– *squatarola* 272
Podiceps auritus 338
– *cristatus* 336
– *grisegena* 336
– *nigricollis* 338
Polarbirkenzeisig 154
Porzana parva 264
– *porzana* 262
Prachteiderente 368
Prachttaucher 332
Provencegrasmücke 86
Prunella collaris 62
– *modularis* 62
Psittacula krameri 174
Ptyonoprogne rupestris 42
Puffinus puffinus 378
Purpurreiher 250
Pyrrhocorax graculus 132

Pyrrhula pyrrhula 148

Rabe 136
Rabenkrähe 134
Rallenreiher 252
Rallus aquaticus 262
Raubmöwen 306 ff.
Raubseeschwalbe 320
Raubwürger 126
Rauchschwalbe 40
Raufußbussard 234
Raufußkauz 202
Rebhuhn 244
Recurvirostra avosetta 268
Regenbrachvogel 280
Regenpfeifer 270 ff.
Regulus ignicapillus 94
– *regulus* 94
Reiher 246 ff.
Reiherente 366
Remiz pendulinus 112
Ringdrossel 64
Ringelgans 350
Ringeltaube 172
Riparia riparia 42
Rissa tridactyla 310
Rohrammer 166
Rohrdommel 246
Rohrschwirl 72
Rohrsänger 74 ff.
Rohrweihe 226
Rosaflamingo 254
Rosenseeschwalbe 322
Rostgans 352
Rotdrossel 68
Rotflügel-Brachschwalbe 266
Rotfußfalke 210
Rothalstaucher 336
Rothuhn 242
Rotkehlchen 100
Rotkehlpieper 50
Rotkopfwürger 124
Rotmilan 216
Rotschenkel 288
Rotschwänze 104
Ruderente, Schwarzkopf- 354
Ruderente, Weißkopf- 354

Saatgans 344
Saatkrähe 136
Säbelschnäbler 268
Säger 374f.
Samtente 370
Sanderling 296
Sandregenpfeifer 274
Saxicola rubetra 106
– rubicola 106
Schafstelze, Gelbkopf- 56
Schafstelze, Thunberg- 56
Scheckente 368
Schelladler 224
Schellente 374
Schilfrohrsänger 74
Schlagschwirl 72
Schlangenadler 214
Schleiereule 194
Schmarotzerraubmöwe 306
Schmutzgeier 220
Schnatterente 356
Schneeammer 160
Schneeeule 198
Schneesperling 142
Schreiadler 224
Schwäne 340f.
Schwalben 40f.
Schwanzmeise 110
Schwarzdrossel > s. Amsel 64
Schwarzhalstaucher 338
Schwarzkehlchen 106
Schwarzkopfmöwe 312
Schwarzkopf-Ruderente 354
Schwarzmilan 216
Schwarzspecht 184
Schwarzstirnwürger 126
Schwarzstorch 256
Scolopax rusticola 286
Seeadler 220
Seeregenpfeifer 276
Seeschwalbe, Weißflügel- 326
– Weißbart- 326
Seeschwalben 320ff.
Seggenrohrsänger 74
Seidenreiher 248

Seidensänger 70
Seidenschwanz 58
Serinus serinus 150
Sichelstrandläufer 298
Silbermöwe 314
Silberreiher 248
Singdrossel 66
Singschwan 340
Sitta europaea 122
Skua 308
Somateria molissima 368
– spectabilis 368
Sommergoldhähnchen 94
Spatelente 374
Spatelraubmöwe 308
Spechte 184ff.
Sperber 230
Sperbereule 206
Sperbergrasmücke 86
Sperlinge 140f.
Sperlingskauz 204
Spießente 362
Spornammer 160
Sprosser 102
Star 138
Steinadler 222
Steinhuhn 242
Steinkauz 204
Steinrötel 108
Steinschmätzer 108
Steinwälzer 304
Stelzen 54f.
Stelzenläufer 268
Steppenmöwe 314
Steppenweihe 228
Stercorarius longicaudus 306
– parasiticus 306
– pomarinus 308
– skua 308
Sterna hirundo 322
– paradisaea 322
– sandvicensis 324
Sterntaucher 332
Sternula albifrons 320
Stieglitz 154
Stockente 358
Storch 256
Strandpieper 52

Straßentaube 174
Streptopelia decaocto 170
– turtur 170
Strix aluco 200
– nebulosa 202
– uralensis 200
Sturmmöwe 318
Sturmschwalbe 380
Sturnus vulgaris 138
Sula bassana 384
Sumpfhuhn, Kleines 264
Sumpfläufer 300
Sumpfmeise 116
Sumpfohreule 196
Sumpfrohrsänger 76
Surnia ulula 206
Sylvia atricapilla 82
– borin 82
– communis 84
– curruca 84
– nisoria 86
– undata 86

Tachybaptus ruficollis 334
Tadorna ferruginea 352
– tadorna 352
Tafelente 364
Tannenhäher 130
Tannenmeise 118
Tauben 170ff.
Taucher 332ff.
Teichhuhn 260
Teichrohrsänger 76
Teichwasserläufer 290
Temminckstrandläufer 302
Terekwasserläufer 294
Tetrao tetrix 238
– urogallus 238
Tetrastes bonasia 240
Thorshühnchen 278
Thunberg-Schafstelze 56
Tichodroma muraria 122
Tölpel 384
Tordalk 328
Trauerbachstelze 54
Trauerente 370

Trauerschnäpper 98
Trauerseeschwalbe 324
Triel 266
Tringa erythropus 288
 – *glareola 292*
 – *nebularia 290*
 – *ochropus 292*
 – *stagnatilis 290*
 – *totanus 288*
Troglodytes troglodytes 60
Trottellumme 328
Tüpfelsumpfhuhn 262
Türkentaube 170
Turdus iliacus 68
 – *merula 64*
 – *philomelos 66*
 – *pilaris 68*
 – *torquatus 64*
 – *viscivorus 66*
Turmfalke 212
Turteltaube 170
Tyto alba 194

Uferschnepfe 282
Uferschwalbe 42
Uhu 198
Unglückshäher 128
Upupa epops 176
Uria aalge 328

Vanellus vanellus 270

Wacholderdrossel 68
Wachtel 240
Wachtelkönig 264
Waldammer 168
Waldbaumläufer 120
Waldkauz 200
Waldlaubsänger 90
Waldohreule 196
Waldschnepfe 286
Waldwasserläufer 292
Wanderfalke 212
Wanderlaubsänger 92
Wasseramsel 60
Wasserläufer, Dunkler 288
Wasserralle 262
Weidenammer 168
Weidenmeise 116
Weißbart-Seeschwalbe 326
Weißflügel-Seeschwalbe 326
Weißkopf-Ruderente 354
Weißrückenspecht 188
Weißstorch 256
Weißwangengans 348
Wellenläufer 380
Wendehals 184
Wespenbussard 232
Wiedehopf 176
Wiesenpieper 48

Wiesenschafstelze 56
Wiesenweihe 228
Wintergoldhähnchen 94
Würgfalke 206

Xenus cinereus 294

Zaunammer 164
Zaunkönig 60
Zeisige 152 f.
Ziegenmelker 178
Zilpzalp 88
Zippammer 164
Zistensänger 70
Zitronenstelze 58
Zitronenzeisig 152
Zwergadler 226
Zwergammer 168
Zwergdommel 246
Zwerggans 346
Zwergmöwe 310
Zwergohreule 194
Zwergsäger 374
Zwergscharbe 384
Zwergschnäpper 96
Zwergschnepfe 286
Zwergschwan 342
Zwergseeschwalbe 320
Zwergstrandläufer 302
Zwergsumpfhuhn 264
Zwergtaucher 334

BILDNACHWEIS

Adam 139/Ho, 151/Ho, 325/Hu, **Angermeyer** 85/Ho, 153/Hu, **Bernsmo** 111/Fo **Bethge** 169/Hu, **Danegger** 131/Hu, 195/Ho, 217/Hu, **Diedrich** 237/Ho, **Diemer** 239/Fu, **Estormiz/Wickimedia** 117/Fu, **Fichtler** 381/Fu, **Franzke** 355/Fo **Fürst** 113/Hu, **Grimm**, 309/Fo, 369/Fo, **Groß** HK/S1/o, 49/Hu, **Grüner** VK/S1/2vo/u, S2/2vo, S3/2vo, S6/o, 12, 13/K, 14/K; 22, 24, 29/or, 41/Ho, 41/Hu, 47/Ho, 47/Hu, 57/Ho, 63/Ho, 69/Hu, 71/Ho, 73/Ho, 77/Ho, 79/Ho, 91/Ho, 91/Hu, 95/Ho, 95/Hu, 101/Ho, 101/Hu, 111/Ho, 117/Hu, 121/Ho, 125/Hu, 125/Fu, 137/Ho, 141/Ho, 143/Ho, 145/Ho, 171/Ho, 187/Hu, 189/Ho, 189/Hu, 191/Ho, 197/Hu, 197/Ho, 199/Fo, 201/Ho, 201/Hu, 209/Ho, 211/Ho, 211/Hu, 213/Ho, 213/Fo, 219/Fo, 225/Ho, 225/Hu, 231/Hu, 233/Fu, 241/Fu, 245/Fu, 247/Fo, 249/Fo, 267/Fo, 271/Fo, 281/Ho, 281/Hu, 287/Hu, 291/Hu, 297/Ho, 297/Hu, 297/Fu, 301/Ho, 315/Fu, 323/Hu, 335/Hu, 337/Hu, 339/Hu, 347/Hu, 349/Ho, 353/Hu, 355/Ho, 355/Hu, 357/Hu, 361/Hu, 365/Ho, 371/Ho, 371/Hu, 375/Fo, 381/Hu, HK, **Haag** 11, **Halberg** 63/Fu **Halley** 51/Ho, 279/Hu, 309/Ho, HK/S2/o, **Hecker** VK/S4/2vo, 16, 17/or, 17/K, 21/ol, 28, 34/o, 34/K, 35/u, 36, 45/Hu, 65/Ho, 69/Ho, 71/Hu, 81/Hu, 89/Hu, 115/Ho, 117/Ho, 129/Ho, 131/Hu, 135/Hu, 141/Hu, 149/Ho, 149/Hu, 173/Ho, 205/Ho, 217/Ho 221/Hu, 231/Fu, 233/Hu, 253/Hu, 271/Fu, 275/Hu, 279/Ho, 305/Ho, 307/Hu, 309/Fu, 311/Hu, 313/Hu, 315/Hu, 319/Hu, 321/Hu, 323/Ho, 329/Hu, 331/Hu, 337/Hu, 359/Ho, 369/Ho, 383/Fu (3), HK/S3/u, **Hecker/blick-winkel/Carrasco** HK/S2/2vu, **Heintzenberg** 217/Fo, **Heiß** 379/Fu, **Hinze/Nill** 18/o, 21/or, 38/39, 113/Fo, Höfer VK/S2/2vu, S3/u, S4/2vu, S5/2vo/2vu, S6/2vo/2vu, 17ol,

27/or, 37/or, 29/K, 31/u, 36/o, 45/Ho, 49/Ho, 53/Hu, 57/Hu, 67/Hu, 99/Ho, 105/Hu, 107/Hu, 109/Ho, 111/Hu, 111/Hi, 113/Ho, 115/Hu, 119/Ho, 121/Hu, 123/Hu, 125/Ho, 125/Fo, 150/Fu, 153/Ho, 155/Ho, 155/Hu, 157/Ho, 159/Ho, 159/Hu, 163/Ho, 163/Hu, 183/Ho, 187/Fo, 193/Ho, 221/Fo, 221/Fo, 227/Fu, 229/Fu, 235/Ho, 235/Fo, 245/Ho, 251/Fo, 251/Hu, 253/Ho, 255/Ho, 255/Fo, 255/Hu, 255/Fu, 257/Fo, 257/Ho, 261/Fo, 275/Ho, 277/Ho, 283/Fo, 283/Hu, 285/Ho, 295/Ho, 311/Fu, 315/Ho, 317/Ho, 317/Fu, 319/Ho, 325/Fo (3), 343/Fu (3), 345/Ho, 345/Hu, 347/Ho, 347/Fo, 359/Ho, 359/Hu, 361/Ho, 363/Hu, 379/Ho, 383/Hu, HK/S2/u, **Hopf** 197/Fo, **Jachmann** 53/Ho, **Juvonen**/Birdphoto.fi 4, 23/or, 27/K, 55/Fo, 57/Fo, 59/Fu, 61/Fo, 73/Fo, 75/Fo, 85/Fu, 89/Fo, 105/Fu, 141/Fu, 145/Fu, 155/Fu, 187/Fu, 213/Hu, 265/Fo, 295/Fo, 377/Fo, HK/S3/2vu, Khil 323/Fu, 359/Fu, 361/Fo, 365/Hu, 365/Fu, **König** 117/Fo, 149/Fo, **Kuppel** 377/Fu, **Kuster** 115/Fo, 119/Fu, 353/Fo, 355/Fu, 361/Fu, Lenz 65/Fu **Leo**/ fokus-natur.de 99/Fu, 151/Hu, 157/Fo, 163/Fu, 193/Fu, **Limbrunner** VK/S1/o, S2/o, S3/o, S5/o, 32, 41/Fo, 43/Ho, 43/Fo, 43/Hu, 45/Fo, 55/Hu, 61/Ho, 61/Hu, 63/Hu, 75/Ho, 75/Hu, 105/Ho, 127/Fo, 127/Ho, 133/Fo, 135/Fo, 137/Fo, 139/Hu, 145/Hu, 149/Ho, 153/Ho, 167/Hu, 171/Fu, 173/Fo, 173/Hu, 175/Hu, 175/Fo, 177/Fo, 181/Hu, 181/Hi, 185/Ho, 197/Ho, 203/Hu, 211/Fu, 223/Hu, 227/Ho, 227/Fu, 229/Fo, 231/Hu, 233/Ho, 233/Fu, 235/Fu, 241/Hu, 243/Ho, 243/Fu, 243/Hu, 249/Fu, 263/Hu, 265/Hu, 267/Fu, 269/Fu, 269/Hu, 271/Hu, 279/Fu, 281/Fu, 283/Fo, 299/Fu, 305/Fo, 305/Fu, 307/Fu, 317/Hu, 321/Ho, 321/Fu (3), 323/Fo, 325/Ho, 325/Fu, 335/Fu, 349/Fu, 353/Ho, 363/Ho, 365/Fo, 369/Hu, 373/Ho, 373/Hu, 379/Hu, 385/Fu, HK, **Martin** 49/Fo; 53/Fu, 67/Fo, 105/Fo, 155/Fo, 157/Fo, 339/Fu, 349/Fo, 383/Fo, **Mestel/Hecker** 123/Fu, 151/Fe, 191/Fo, 239/Hu, 291/Ho, HK/S1/2vu, S3/2vo, **Moning** 123/Fo (3), 157/Hu, 321/Fo, 327/Fo, 327/Fu, 385/Fo, **Moosrainer** 165/Hu, 273/Hu, **Muukkonen**/Birdphoto.fi 21/u, 29/ol, 33/or, 47/Fo; 51/Fu, 57/Fu, 59/Fo, 93/Ho, 93/Fo, 97/Fo, 107/Fu, 109/Fu, 113/Fu, 121/Fo, 123/Fo, 147/Fu, 161/Fo, 161/Hu, 167/Ho, 167/Fo, 175/Fu, 191/Fu, 193/Fo, 229/Fu, 237/Fo, 265/Fu, 267/Fo, 273/Fo, 273/Fu, 275/Fo, 283/Fu (2), 287/Fu, 289/Fu, 291/Fo, 291/Fu, 293/Fo, 297/Fo, 299/Fo, 301/Fu, 333/Hu, 333/Fu, 335/Fu, 337/Fo, 339/Fo, 345/Fu, 351/Fo, 357/Fo, 367/Fo, 367/Fu, HK, **Nill** 227/Hu, **Peltomäki**/Birdphoto.fi 20, 26, 107/Ho, 107/Fo, 167/Fo, 169/Ho, 199/Fu, 239/Fo, 261/Fo, 277/Fu, 295/Ho, 295/Fu, 299/Fu, 319/Ho, 333/Fo, 339/Fu, 341/Fo, 343/Fu, 345/Fu, 347/Fu, 353/Fo, 385/Ho, HK/S2/2vo, **Pforr** 247/Fu, **Pfützke** 159/Fo, 173/Fu, 337/Fu, 357/Fu, 375/Fo, 379/Fo, 381/Ho, 381/Fo, **Pröhl**/ fokus-natur.de 101/Fu (3), 147/Hu, 165/Ho, 183/Fo (3), 191/Hu, 195/Hu, 195/Fu, 201/Fo (3), 201/Hu, 203/Fo, 203/Hu, 205/Ho, 205/Fu (3), 207/Ho, 207/Hu, 217/Fu (3), 219/Hu, 219/Hu, 253/Fu, 281/Fo (3), 315/Fo (3), 351/Hu, 351/Fu, **Putze** 67/Fu, 79/Fo, 141/Fo, 163/Fo, 259/Fu, Ruegger 91/Fu **Schmidt** VK/S2/o/u, 73/Ho, 81/Ho, 83/Hu, 87/Hu, 99/Hu, 103/Ho, 109/Hu, 171/Ho, 171/Hu, 185/Hu, 187/Ho, 193/Hu, 199/Ho, 207/Hu, 257/Hu, 259/Hu, 265/Hu, 269/Hu, 293/Hu, 327/Ho, 327/Hu, **Synatzschke** 179/Fu, 289/Ho, **Varesvuo**/Birdphoto.fi 2/3, 15, 23/K, 25/or, 30/K, 37/K, 45/Fu, 47/Fu, 51/Fu, 53/Fo, 60/Fu, 69/Fo, 83/Fo, 87/Fo (3), 89/Fu, 91/Fo, 93/Fo, 93/Fu, 95/Fo, 97/Fo, 97/Fu, 109/Fu, 119/Fo, 129/Fu, 139/Fo, 143/Hu, 145/Hu, 147/Ho, 147/Fo, 185/Fu, 209/Fo, 209/Hu, 215/Fu, 221/Fu, 231/Fo (2), 241/Hu, 241/Fo, 245/Fo, 263/Fo, 279/Fu, 285/Hu, 285/Fo, 287/Fu, 289/Fu, 303/Fo, 309/Ho, 329/Fo, 335/Hu, 341/Fo, 351/Ho, 363/Fo, 367/Ho, 369/Fu, 369/Hu, 371/Fo, 371/Fu, 373/Fu, HK/S1/2vu, **Weiß** 55/Fu, 59/Ho, 69/Fu, **Wernicke** 225/Fo, 225/Fu, 273/Ho, 299/Hu, **Willner/Tuschl** 65/Hu, **Wothe** VK/S1/2vu, S2/2vu, S3/2vu, S4/o/u, S5/u, 10, 18/ul,18/ur, 18/K, 30/o, 41/Fu, 43/Fu, 49/Fu, 55/Hu, 59/Hu, 65/Fo, 67/Ho,79/Hu, 83/Ho, 85/Hu, 95/Fu, 97/Ho, 119/Ho, 129/Ho, 129/Hu, 131/Fo, 131/Fu, 133/Ho, 133/Hu, 133/Fu, 135/Fu, 137/Hu, 137/Fu, 143/Fo, 159/Fu, 161/Hu, 175/Hu, 177/Hu, 177/Fu, 179/Ho, 179/Fo, 179/Hu, 181/Fu, 181/Hu, 183/Hu, 183/Hu, 189/Fo, 195/Hu, 199/Hu, 203/Ho, 205/Hu, 207/Fu, 209/Fu, 211/Fo, 213/Hu, 215/Ho, 215/Hu, 219/Ho, 223/Ho, 223/Hu, 223/Fu, 229/Ho, 235/Hu, 237/Fu, 237/Hu, 239/Ho, 245/Hu, 247/Hu, 247/Fu, 249/Ho, 249/Hu, 251/Fo, 251/Fu, 253/Fo, 257/Fo, 259/Fo, 259/Fo, 261/Ho, 261/Fu, 263/Ho, 267/Hu, 269/Fu, 271/Fo, 275/Fu, 276/Hu, 277/Fo, 277/Hi, 285/Fo, 289/Ho, 289/Fo, 293/Ho, 293/Hu, 301/Hu, 301/Fo, 303/Ho, 303/Hu, 303/Fu, 305/Hu, 307/Ho, 307/Hu, 311/Fo, 311/Hu, 313/Ho, 313/Ho, 313/Fu, 317/Fo, 319/Fo, 329/Hu, 329/Fu, 331/Hu, 331/Fo, 331/Fu, 333/Ho, 341/Fo, 341/Hu, 343/Ho, 343/Hu, 349/Hu, 357/Ho, 363/Ho, 367/Ho, 373/Fo, 375/Hu, 377/Ho, 377/Hu, 383/Ho, HK/S3/o, **Zeininger** VK/S2/2vo, 25/ol, 51/Hu; 77/Hu, 87/Ho, 103/Hu, 127/Ho, 127/Hu, 177/Ho, 215/Hu.

Hauptbild = H, Flugbild / Einklinker = F, oben = o, unten = u, (3) = 3 Bilder in einer Sequenz, Tippkasten = K, Vorderklappe = VK, Hinterklappe = HK, Spalte = S, 2. Bild von oben = 2vo, 2. Bild von unten = 2vu

Service

UNSER AUTOR DETLEF SINGER
Im Alter von 12 Jahren bekam er einen Wellensittich, der schon bald die Stimmen der Gartenvögel imitierte. Er weckte so Singers Interesse an unseren heimischen Vögeln. Detlef Singer studierte in München Biologie und untersuchte in seiner Diplomarbeit bei Prof. Jürgen Nicolai den Gesang der Heidelerche. Während des Studiums arbeitete er als Mitarbeiter von Tierfilmer Heinz Sielmann. Später produzierte er im Team kurze Tierfilme für die ZDF Kinderserie „Pusteblume" und „Löwenzahn". Mehrere Studienreisen sowie Foto- und Filmarbeiten führten ihn nach Skandinavien, Kanada, Polen, Russland und in die Türkei. Detlef Singer lebt als Fachautor und Übersetzer von Vogel- und Naturbüchern seit einigen Jahren mit seiner Familie in Südschweden.

DANKSAGUNG
Für vielfältige Unterstützung und engagierte Mitarbeit möchte ich meiner Frau Ingrid von Brandt herzlich danken. *Detlef Singer*

IMPRESSUM
Umschlaggestaltung von Peter Schmidt Group GmbH, Hamburg, unter Verwendung einer Aufnahme von Rosl Rösner (Habenmeise) sowie einer Zeichnung von Pascalis Dougalis/Kosmos (Haubenmeise im Flug).
Mit 766 Farbfotos (siehe Bildnachweis auf Seite 396 ff.), 397 Farbillustrationen von Paschalis Dougalis/Kosmos sowie 346 Verbreitungskarten und 29 farbigen Symbolen von Wolfgang Lang.
Die 344 Aufnahmen der Vogelstimmen, die für den TING-Stift hinterlegt sind, stammen von Jean C. Roché.

Unser gesamtes Programm finden Sie unter **kosmos.de**.
Über Neuigkeiten informieren Sie regelmäßig unsere
Newsletter, einfach anmelden unter **kosmos.de/newsletter**.

© 2016, Franckh-Kosmos Verlags-GmbH & Co. KG, Stuttgart
Alle Rechte vorbehalten
ISBN 978-3-440-15089-4
Redaktion: C. Salata, S. Tommes, A. Albrecht
Grundlayout: Peter Schmidt Group GmbH, Hamburg
Satz: DOPPELPUNKT, Stuttgart
Produktion: Markus Schärtlein
Printed in Italy / Imprimé en Italie

Pflanzen bestimmen
—— mit der Nummer 1

448 Seiten, €(D) 14,99

Bestimmen Sie ganz einfach über 550 Blumen – mit der bewährten Einteilung nach Blütenfarbe und Blütenform und mehr als 1.300 Fotos und Zeichnungen. Je Blume mehrere Fotos und eine Zeichnung mit Hinweispfeilen für wichtige Bestimmungsmerkmale. Verwechslungsarten mit Fotos und alle Informationen zur Unterscheidung helfen bei der präzisen Bestimmung. Extra: 40 Nutzpflanzen und die wichtigsten essbaren Wildpflanzen.

kosmos.de

Was fliegt denn da? Typische Flugweisen

Singflug des **Baumpiepers** > S. 48
Waldschnepfe > S. 286
oder **Blauracke** > S. 178

Keilformation der
Weißwangengans > S. 348
auch **Kraniche** > S. 258
und andere **Gänse** > S. 342

Schwarmwolke des **Stars** > S. 138
auch **Goldregenpfeifer** > S. 272
Strandläufer > ab S. 298

Wellenförmige Flugbahn
vom **Blutspecht** > S. 190
auch **Steinkauz** > S. 204,
Finken > S. 142
Raubwürger > S. 126